室内设计教程

第 3 版

霍维国　霍光　编著

机 械 工 业 出 版 社

本书基本理论、基本知识和基础资料并重，包括室内设计一般原理、室内设计分类原理。全书通过精到的文字和 500 多幅插图，对室内设计的理念、原则、学科的发展概况和走向均作了必要的阐述，对住宅、餐饮、宾馆、酒店、娱乐休闲、办公、商业等各类建筑的室内设计原理进行了有实用意义的讲解，并对 50 多个优秀室内设计实例进行了评析。

本书可作为大专院校室内设计专业和相关专业的教材或参考书，也可以作为有志于学习室内设计的人员的自学读物。

图书在版编目（CIP）数据

室内设计教程/霍维国，霍光编著. —3 版. —北京：
机械工业出版社，2016.9（2024.1 重印）
ISBN 978-7-111-54225-4

Ⅰ.①室…　Ⅱ.①霍…②霍…　Ⅲ.①室内装饰设计—教材
Ⅳ.①TU238

中国版本图书馆 CIP 数据核字（2016）第 154852 号

机械工业出版社（北京市百万庄大街 22 号　邮政编码 100037）
策划编辑：赵　荣　责任编辑：赵　荣　邓　川
责任校对：刘怡丹　封面设计：张　静
责任印制：李　飞
北京中科印刷有限公司印刷
2024 年 1 月第 3 版第 2 次印刷
184mm×260mm　·23.25 印张·13 插页·612 千字
标准书号：ISBN 978-7-111-54225-4
定价：65.00 元

凡购本书，如有缺页、倒页、脱页，由本社发行部调换

电话服务　　　　　　　　　　网络服务
服务咨询热线：010-88361066　机工官网：www.cmpbook.com
读者购书热线：010-68326294　机工官博：weibo.com/cmp1952
　　　　　　　010-88379203　金 书 网：www.golden-book.com
封面无防伪标均为盗版　　教育服务网：www.cmpedu.com

第3版前言

这本书是 2005 年写成并付印的，至今，已经过去十多年。2011 年曾经修订为第 2 版。此次修订主要考虑了两个问题：一是坚持以室内设计和相关专业的学生及青年室内设计工作者为对象，大体保留原有的结构；着重阐述和介绍基本理论、基本知识和基本资料，着眼于打基础；便于读者自学，并有较好的实用性。二是关注室内设计及室内设计教育的发展，体现与时俱进的精神。从这一点出发，在此次修订中，适当增加了一些理论知识；删减了一些具体的、过时的内容；还增加了一些新的插图和实例。

一本教学参考书的完善是很不容易的。敬请广大同行和读者多提意见和建议。

在此次修订中，解学斌老师做了许多具体的工作，谨向他表示诚挚的谢意。

霍维国

2016 年 8 月

第2版前言

本书第 1 版是 2005 年底写成、2006 年第 1 次印刷的。四五年后，我有了进一步修改的想法，这想法得到责任编辑赵荣的支持，于是，便有了今天这个第 2 版。

从教材和自学读物的角度看，第 1 版的框架结构、章节顺序还是可以的。因此，这次修改基本未动第 1 版的"筋骨"，除对错漏之处进行了纠正外，主要是在以下三个大的方面作了修改、删减和增补：

一、增写了一些理论知识，目的是使定义、概念、结论等更准确。

二、修改了部分插图，特别是工程图。第 1 版的工程图中，关于垂直界面的图样既有剖面图又有立面图，现在大都改用立面图。

三、取消了"附录"，因为其中的一部分文件已经过时，也因为要使本书的内容更加集中些。

我始终认为，教材和自学读物应具有较强的科学性：内容要尽可能准确，定义、结论要尽可能严密，篇章结构要尽可能完整和系统，选例要尽可能具有典型性，……。我有此希望，也朝着这个方向努力，但希望与结果间往往会有距离，呈现在各位面前的这个"第 2 版"肯定还有不足之处，希望广大读者和同仁批评指正。

霍维国

2011 年

第1版前言

大概是在高等学校任教时间太久了，所以，每要写点什么，总是首先想到在校学生和毕业不久的年轻人。这本书就是为在校大学生和年轻的室内设计人员编写的。它可以作为室内设计专业和相关专业的教材或教学参考书，也可以作为年轻室内设计人员的自学读物。

这类书已有一些，它们各有特点。这本《室内设计教程》的出版，将使读者多一份选择。

本书的特点之一是基本理论、基本知识和基础资料并重。搞室内设计没有一定的基本理论是不行的，至少要了解设计的理念、原则及整个学科、专业的发展概况和走向。搞室内设计还要掌握相关的知识和资料，为此，本书分别通过文字和插图作了必要的提示。

本书的特点之二是分别写了"室内设计一般原理"和"室内设计分类原理"。前者，从纵向介绍了空间、家具、陈设、装修、色彩、自然景物等的作用和设计要点。后者，从横向分别介绍了住宅、餐饮建筑、办公建筑、娱乐休闲建筑、宾馆酒店和商业建筑等类型，阐述了完成其室内设计与装修应该具备的理念、知识和资料，并提供了部分工程设计图。这种纵横交错的写法，估计对正在学习的大学生、培训生和年轻的室内设计师们会有较大的帮助。

应该指出，室内设计与装修涉及的学科和专业十分广泛，不要说几十万字的一本书，就是所谓的"全集"、"大全"等也无法囊括所需的内容。从这个角度来说，本书的作用仍然是开阔思路，提供线索，而不是给出终极的答案。

本书的特点之三是选编了部分相关规范与标准，以方便读者查阅。同时，还选编了部分作品，作了简要的介绍和评价。选编作品是一件很伤脑筋的事，因为古今中外的优秀作品实在是太多了。笔者的基本想法是：适当照顾类型，适当照顾不同的风格，把着力点放在启发读者的思维上。请读者们不要把这种"选编"误认为"评优"，更不要把它们作为简单模仿的对象。

本书由两位作者执笔，霍光执笔第二篇的第八章和第三篇，并参与了"作品赏析"的选编与评介。戴碧峰、贾清华、赵矿美老师在提供资料和光盘制作过程中给予了帮助，在这里，谨向他们表示衷心的谢意。

霍维国

2005 年 12 月

目　　录

第一篇　总　　论

第二篇　室内设计一般原理

V

第三篇 室内设计分类原理

作 品 赏 析

第一篇

总　论

DESIGN

一、环境的概念

研究建筑外环境设计和建筑内环境设计即室内设计，应该首先搞清环境的概念。

《辞海》给环境下的定义是"周围的状况"，说法似嫌笼统。一般来说，环境乃是一定范围内的社会状况和自然状况的总和。无论采用哪种说法，都不难看出，环境是一种客观存在，是相对于某种主体，如人、某种动物或某种植物而言的。对于人类而言，环境就是影响人类生存发展的客观条件。

人类所处的环境相当庞杂，归纳起来，不外三个方面，即自然环境、人工环境与社会环境。

自然环境包括地理、气候、山、水、阳光、空气、土壤、野生动物和植物等。

人工环境包括城市、乡村以及它们之中和之间的建筑、道路、桥梁等，它们是人类创造的成果，又反过来影响人类的生存与发展。

社会环境包括政治、经济、文化、民族和宗教等。家庭、学校、社区等都是与人密切相关的社会环境。

上述三个方面是相互关联的，其中，自然环境着重反映人与自然的关系，人工环境着重反映人与人造物的关系，社会环境则着重反映人与人之间的关系。

应该特别说明，环境艺术设计的成果属于人工环境，但这决不表示环境艺术设计可以脱离自然环境和社会环境而独立。恰恰相反，进行任何一种环境艺术设计，都必须充分考虑该项目所处的自然环境和社会环境，因为，从本质上说，正是自然环境和社会环境决定着环境艺术设计的形成、走向、风格与特点。

建筑外环境与建筑内环境设计与自然环境的关系复杂而紧密。首先，要利用，如充分利用良好的朝向、充足的自然通风及采光和优质的自然景观等。其次，要规避，即规避自然环境可能带来的不利影响，如风沙的侵袭等。再次，要改造，即化劣为优，变废为宝，如将原有的高洼地改造为小山或水池等。最后，也是最重要的，要保护，即使其免遭或轻或重的破坏。

社会环境与自然环境一样，参与并制约环境设计。其中，经济状况、科技水平、文化背景、宗教信仰等因素对环境设计的影响尤为显著。环境艺术设计工作者在设计实践中，要高度重视社会环境的影响，与此同时，又要以高品质的成果为提高人们的生活质量和文明素质及创建和谐社会做贡献。

二、环境艺术设计的内容

"环境艺术"一词，是近三四十年才出现的。从字面上看，是对环境进行艺术设计，但是，这种艺术不同于绘画、雕塑等纯艺术，而是一种与人的实际生活息息相关的艺术。

环境艺术设计的目的是为人们创造理想的生存和生活空间，是人们的一种有意识的、有目的的创造活动。应该看到，从有人类的那天起，人们就在不停地调整着自身与自然的关系，不断地完善着自身生存和发展的环境。城市、乡村等人工环境的出现，给人们的生存和发展提供了诸多便利，但也带来不少负面影响，于是，人类在追求理想空间的过程中，除了要协调人类自身与自然环境的关系外，还要协调人与现有人工环境的关系以及人与人、人与社会的关系。

我们可以给环境艺术设计下一个简短的定义，即环境艺术设计是以客观存在的自然环境为基点，以技术和艺术为手段，以满足人的物质需要与精神需求为目的，协调人与自然、人与人及人与社会的关系，使人的生存和发展的环境更加理想的艺术创造活动。

环境艺术设计是一个新兴的学科和专业，是从城市设计、建筑设计、风景园林等传统学科和专业衍生出来的。正因为如此，环境艺术设计无论是与上述传统学科和专业之间，还是与相关学科和专业之间，都有千丝万缕的联系。在设计内容方面尤其有许多相互交叉、相互渗透甚至是难解难分的部分。

从三十多年的发展情况看，当今的环境艺术设计实际上包括两部分内容：一是建筑外环境设计，如居住区的外环境设计，校园、厂区的外环境设计等；二是建筑内环境设计，即现在统称的室内设计。

与建筑外环境设计和建筑内环境设计相近的学科和专业有：

（1）城市景观设计，包括广场、商业街、标志物、夜景照明、城市雕塑、大型水景和室外壁画的设计。

（2）园林绿化设计，包括城市公园、森林公园、湿地公园、街头绿地的设计。

（3）展示设计。

（4）店面设计。

展示设计可以说是室内设计的分支，是随着展示业的崛起而逐渐形成的相对独立的学科和专业。店面即商业建筑的立面，其设计本是建筑设计的一部分。但在商品经济异常发达的今天，许多商店不断易主，不断改变经营品种，于是，也要求商店相应地改变自己的立面形象，久而久之，店面设计也就成了一个相对独立的行业。店面设计涉及入口、墙柱、橱窗、广告、招牌和灯光等，它们直接影响街道乃至城市的形象。

三、环境艺术设计的特性

环境艺术设计既然纳入艺术，自然要具备艺术的特质，即与音乐、绘画、书法、雕塑等艺术门类具有共同性。但从另一方面说，它既然是一个独立的艺术门类，自然又应具有与音乐、绘画等艺术门类不同的特殊性。

艺术的门类相当丰富，艺术的分类相当复杂。

从时间和空间角度看，可把艺术划分为时间艺术（如音乐）、空间艺术（如绘画、雕塑等）和时空艺术（如舞蹈、戏剧、电影等）三大类。音乐等所以被称为时间艺术，是因为它以动态的方式在时间中先后承接地显现；绘画、雕塑等所以被称为空间艺术，是因为它们以静态的方式在空间中显现；而戏剧、电影等所以被称为时空艺术，是因为它们既能以动态的方式在时间中显现，又能以静态的方式在空间中显现。

环境艺术设计的成果往往由多个空间组成，以室内设计为例，较复杂的项目就可能包括多个厅、室、连廊等。在这样的项目中，人们既可静观一个固定的空间，又可在一定的时间内，动态地、连续地感受一个个其他的空间。其实，即使在一个空间内，人们也可以变换位置，从不同的角度欣赏空间，并获得不同的感受。因此，这样的设计成果实际上就兼有了空间艺术和时间艺术的特点。环境艺术设计也就兼有了空间艺术和时间艺术的性质。

从如何表达思想情感的角度看，还可把艺术划分为再现艺术和表现艺术两大类。再现艺术如绘画、雕塑等，侧重于再现客观事物；表现艺术如建筑等，侧重于表达相对抽象的氛围和理念。

环境艺术设计成果是由多种元素构成的。仍以室内设计为例,其空间环境内就可能包含大量家具、设备、绘画、雕塑、摄影、工艺品、灯具和自然景物等。这里的建筑空间与家具等,具有表现艺术的特点;而绘画、雕塑、摄影等,则具有再现艺术的特点。由此可以看出,环境艺术设计又必然兼有再现艺术和表现艺术的性质。

为了清晰地表明艺术的类别,也为了清晰地表明环境艺术设计的特殊性质,特列表,见表 0-1。

表 0-1 艺术的类别

类 型	显现于空间的	显现于时间的
再现型	绘画、雕塑、摄影	戏剧、电影
表现型	书法、家具	音乐
再现与表现兼具型	环境艺术设计	

下面,进一步分析环境艺术的特性。

(一) 从功能上看,具有双重性

人类创造的文明成果有两大类,即物质产品和精神产品。厂房、机器等属于物质产品;音乐、绘画等属于精神产品。在一般情况下,物质产品仅有物质功能,即供人使用;精神产品只有精神功能,即供人欣赏。但也有一些产品包括环境艺术成果在内,同时具有物质功能和精神功能,也就是具有功能上的双重性。

以城市广场为例,它要解决交通运输、人流集散、集会、休闲及照明、排水等使用和技术方面的问题,也就是要使广场具有完善的物质功能。但它还必须以自己的形象、绿化、美化等反映城市的特色、风貌,给人以鼓舞和美的享受,即让该广场具有精神方面的功能。

环境艺术所以具有双重功能,根本原因在于它所服务的对象——人本身就具有双重性。从哲学观点看,人既有自然属性,又有社会属性。人的自然属性决定了他有衣、食、住、行等物质需求,人的社会属性决定了他有审美、自尊、自我实现等精神需求。

对环境艺术设计者而言,深刻理解环境艺术的双重功能是十分重要的,只有深刻理解这一点,并将这种理解全面地体现于设计之中,才不会顾此失彼,才可能避免片面性。

(二) 从理论基础上看,具有多学科交叉性

环境艺术以多种学科为基础,既涉及自然科学和技术科学,又涉及社会科学与人文科学。属于前者的有城市规划学、建筑学、人体工学及通风、电气、照明等学科,属于后者的有哲学、历史、民族、宗教、美学、心理学、行为学及相关的艺术。

涉猎如此广泛的学科,自然不是一件易事,但是,任何一名环境艺术设计工作者都必须清醒地认识到,只有具备深厚的理论基础,才能设计出功能合理、造型美观、内涵丰富的优秀之作。

(三) 从构成要素看,具有综合性

任何一个完整的环境艺术作品,都是由多种要素构成的。

以建筑外环境为例,可能涉及广场、道路、石景、水景、绿化、亭台、椅凳、路灯及雕塑等;以室内环境为例,则会涉及家具、日用品、工艺品、绘画、雕塑、摄影作品以及山石、水体和绿化等。

(四) 从信息的传递方式看,具有多渠道性

同所有艺术作品一样,环境艺术作品必须能够为人所感知,因为只有被人感知,才能供人使用和欣赏。但是，不同的艺术设计作品传递信息的方式是不同的。从另一个角度说，人们感知不同艺术作品的方式是不同的：感知音乐主要靠听觉，感知绘画、雕塑主要靠视觉，感知环境艺术作品则是在依靠视觉的同时，兼用听觉、触觉和嗅觉。以感知宾馆大堂为例，人们依靠视觉可以看到空间及空间内的有形要素；还会依靠听觉听到悦耳动听的背景音乐、琴声、鸟声及水声；人们会嗅到花草的芳香；或许还会自觉不自觉地去触摸那晶莹光亮的大理石墙面、柱面及台面，即依靠触觉更加真切地去感知自身所处的环境。

（五）从要素与要素及要素与整体的关系看，强调和谐性

环境艺术作品中的任何一个要素都应是美观合用的，但究竟美与不美，合不合用，不仅看它自身，还要看它是否适合于这个特定的环境。一幅画，单独欣赏时，也许不失为一个好作品，但放到一个特定空间时，则要看它的内容、尺度、色调和风格是否与该空间的用途、性质、体量及整体格调相协调。如果不协调，本身再好也不可用。

上述几点，并未穷尽环境艺术的特点，但也足以使我们看到，它与音乐、绘画等所谓纯艺术确有明显的区别。可以说，环境艺术是一个融时间、空间、自然、社会及各相关艺术门类为一体的综合艺术，是一个多种要素和谐共处、多种专业协作的系统工程。

四、环境艺术设计的理念

设计理念是设计的灵魂，是关于设计思想的高度概括。它反映设计者对设计本质的理解，体现设计者的整体素质，统率并渗透于设计的内容、形式、手法、风格、特点和全过程。

为了研究环境艺术设计的正确理念，让我们首先涉猎几个与此相关的概念：

（一）以人为本

"以人为本"是科学发展的本质。"以人为本"的基本内涵是人类社会的一切活动、经济和社会发展的最终目的都是为了人本身，都是为了满足人的需要、利益和愿望。

从环境艺术设计的角度看，应从以下两个方面理解"以人为本"的精神：

第一，是全面满足人的需求。人的需求是多方面的，有自然需求和社会需求，有个体需求、群体需求和总体需求，有物质需求和精神需求。因此，在设计中环境艺术工作者必须充分考虑人的生理特点、心理特征和行为规律，体现人性化的原则。环境艺术设计的成果是为人自身服务的，绝不能本末倒置，使人沦为"艺术成果"的"奴隶"。

第二，是引导人们走向健康、向上、文明、科学的生活方式。人们的生活方式是在长期的生产实践和生活实践中逐步形成的，有很多必然因素和合理成分。但社会在进步，科技在发展，昨天看来合理的生活方式，在今天看来也许就不那么合理了。作为环境艺术设计工作者，应该主动地、积极地引导人们走近新的生活方式，使之更加健康、向上、文明和科学。

实施上述引导既是应该的又是可能的，这是因为，人可以塑造环境，环境也可以塑造人。

引导人们采用健康、向上、文明、科学的生活方式，说到底是提高人的身体素质、心理素质和文化素质，也就是在不断推进社会进步的同时，促进人类自身的全面发展。

"满足"和"引导"是一个问题的两个方面，不可孤立和对立起来。"满足"不是消极迁就，"引导"不是强加于人。关键是要全面考虑需要和可能，认真考虑时间和空间。

"以人为本"应该是全方位的，既要关怀成年人、健康人，更要关怀儿童、老年人和残疾人，要充分考虑他们的特殊困难和特殊需求，从一点一滴做起，体现"无微不至"的精神。

（二）增强生态意识，坚持可持续发展的原则

"以人为本"的提法，不可误解为为了满足人的需求可以无节制地向自然索取，甚至可以破坏大自然。因为从根本上说，人本身也是大自然的组成部分，也是生态系统中的一个环节，破坏了大自然，破坏了生态系统，也就危害了人类自身的存在与发展。

两百多年来，人类社会发生了巨大的变化，经济的发展和科学的进步给人类带来巨大的财富和便利，同时也对原有环境造成了很大的破坏。空气污浊、水源污染、水土流失、土壤沙化、能源日少、垃圾遍地的现象已经十分严重，人类引以为自豪的高楼大厦、道路、汽车等，也给人们带来不小的麻烦。尤其值得注意的是，在环境恶化的多种原因中，有相当一部分与建筑和装修有着直接的关系。有资料表明，在能源消耗方面，建筑、装修业消耗的能源日益增加；在木材消耗方面，全国建筑与装修业所用木材就约占我国木材总消耗量的一半。

上述种种情况，让人们不得不进行反思，不得不重新考虑人、社会和环境之间的关系。

在涉及环境艺术设计时，人们常常使用绿色设计、生态设计和可持续发展等提法，其实，这三种提法并无本质的区别，只是角度和侧重点有所不同而已。

按1992年里约热内卢世界环境发展大会的定位，可持续发展原则的基本含义是：既满足当代人的需求，又不危及后代人。提出可持续发展的原则，反映了人类对自身与生存环境关系的再认识，是人类对自身发展从非理性的"无限增长"，到悲观的"增长极限"，进一步到"理性发展"的一个重要标志。

生态设计和绿色设计的含义有两个主要内容：一是在人工环境的规划、设计、建造、使用和废除过程中，资源和能源的消耗要最少，包括节约使用、重复使用、循环使用资源和能源，用可再生能源和资源代替不可再生能源和资源等。二是在同样的过程中减少废弃物的排放，包括减少垃圾、污水、有害气体的排放，还要减少光污染和噪声污染。

（三）兼顾社会效益、经济效益和环境效益

当代环境艺术设计已逐步走向专业化。它除了具有艺术创作的性质外，还有了文化活动、技术活动和经济活动的性质。因此，也就与社会效益、经济效益和环境效益搭上了关系。

在社会效益、经济效益和环境效益中，最容易被忽视的是社会效益和环境效益。在建筑外环境设计和商业、餐饮、娱乐、休闲建筑的室内设计中，尤其如此。

有些设计，往往会因片面追求经济效益而有意无意地忽视甚至损害社会效益和环境效益。盲目抄袭，粗制滥造，品位下降，影响使用和损害良好的环境，都是一些常见的现象。

环境艺术是一种最为普及、最贴近人的生活的艺术，它随处可见，不管人们愿不愿意，总是"强迫"人们去接受，因此，它甚至被称为"强迫性"的艺术。鉴于这种特性，环境艺术工作者一定要有高度的社会责任感，坚持把优秀的作品奉献给社会和人民。

综合以上各点，可以得出一个简要的结论：环境艺术设计的正确理念应该是求得人与社会、人与自然的和谐，体现全面、协调、科学、绿色的发展观。它不仅仅以服务于个别对象和满足物质需求为目的，还要进一步实现技术、艺术、人文、自然的整合，使设计成果符合时代潮流，具有丰富的生态科技含量和深刻的历史文化内涵。

第二篇

室内设计
一般原理

DESIGN

第一章　室内设计总论

第一节　室内设计的任务

室内设计的基本任务是运用物质技术手段和艺术手段为人们的生活创造理想的室内环境。

上述"生活"是一个内容宽泛的概念，包括休息、起居、学习、工作、娱乐、购物等。

上述的"室内环境"也是一个内容宽泛的概念，不可片面地理解成"艺术环境"或"视觉环境"。

室内环境的内容所以宽泛，是因为它要满足人的多种需求，包括物质需求和精神需求。如果说得更加具体些，就是美国心理学家马斯洛指出的五个方面，即温饱需求；安全、秩序、脱离痛苦和威胁的需求；爱情、友谊、自立方面的需求；自尊和受人尊敬的需求以及自我表现的需求。按马斯洛的见解，上述五方面的需求是由低向高排列的，在一般情况下，只有低层次的需求得到满足后，才会寻求层次更高的需求。

人的一生，大部分时间是在室内度过的，换句话说，人的全部活动大部分是在室内进行的。因此，室内环境状况如何，理所当然地应该受到人们的关注。

"室内环境"的内涵，至少可以概括为以下几个方面：

空间环境：包括单个空间的形状、大小、比例、开敞或封闭的程度，多个空间的组合方式以及内部空间与外部空间的关系等。

物理环境：包括室内的光线、空气、温度、湿度等，事关人的生理需求。

心理环境：包括给人以怎样的心理感受，能否给人和给人以什么样的联想和启示等，事关人的心理需求。

设施环境：包括是否具有完善、合用、先进的家具、设施和设备等。

视觉环境：包括是否具有美观的形式，能否给人以美感乃至是否具有深刻的意境等。

生态环境：包括是否符合健康、低碳、环保、节能、减排等要求。

上述几个方面并未穷尽"室内环境"的全部内涵，但也足以表明，"室内环境"不等于"视觉环境"，那种把室内设计仅仅理解成"让房子里边好看"的观点是片面的。

第二节　室内设计的内容

室内设计是一个独立的学科和专业，因而，必然具有相对独立的工作任务和研究对象。对于这个问题，人们的看法和说法尚不完全一致，以致相关行业一直杂用着"装修""装饰""装潢"等名称。

从字面上说，"装修"系指房屋表面的保护层。设置保护层的目的是使房屋表面免受或少受外在因素的损害，并使表面更加美观。"装饰"是指在房屋表面之上附加一些饰物，以便使环境更具装饰美。"潢"有染纸的意思，"璜"本指半壁形的玉石，"装潢"与"装璜"自然也有使物体更美的意思。总之，"装修""装饰""装潢"与"装璜"的意义都在于强调"美观"。但"美观"虽然是室内设计的一种追求，却不是室内设计的唯一追求，因此，用"装修""装饰"与"装潢"等概括室内设计的目的与内容是不够全面的，也是不够准确的。

室内设计既然以创造理想的室内环境为目的，其内容就必然涉及"室内环境"的各个方面，诸如：

空间处理，包括在建筑设计的基础上或在改造旧房的过程中，调整空间的形状、大小、比例，决定和解决空间的开敞与封闭的程度，在实体空间中进行空间的再分隔，解决多个空间组合过程中出现的衔接、过渡、统一、对比、序列等问题，并处理好内部空间与外部空间的关系。

家具陈设，包括设计或选择家具与设施，并按使用要求和艺术要求进行配置。设计或选择各种织物、地毯、日用品和工艺品等，使它们的配置符合功能要求、审美要求和环境的总体要求。

界面装修，包括对底界面、侧界面、垂直界面、主要构件和部件进行造型设计和构造设计，决定它们的材料和做法。

装饰美化，包括设计或选择壁画、绘画、书法、挂毯、挂饰、雕塑和小品等，并合理地进行配置。

灯具照明，包括确定照明方式，选择或设计灯具，并合理地进行配置。

自然景物，包括设计石景、水景和绿化，直至设计规模较大的内庭。

上述几个方面，并未涵盖室内设计的全部内容，但也足以表明，室内设计是不能用"室内装修""室内装饰"或"室内装潢"等概念代替的。

第三节　室内设计的要求

室内设计的任务不是创造"一般的"室内环境，而是创造"理想的"室内环境，那么，什么样的室内环境才能称得上是"理想的"室内环境呢？这个答案也就是对于室内设计的基本要求。

一、适用性

适用性含有合用、舒适、方便、有效、安全、经济等意思，是对室内环境的最为基本的要求。

"合用"主要指满足物质功能的要求，如观众厅要满足演出、视、听、疏散要求；教室要满足教、学要求；展览馆要满足展示、观览要求等。

"舒适"带有安逸、舒畅、惬意等意思，是生理和心理方面的反应与感受。

室内环境是否适用，涉及空间组织、家具设施、灯光、色彩等诸多因素，在设计中要注意优化整合，并要树立动态发展的观点。

二、艺术性

室内设计既然属于环境艺术，其成果就自然应有艺术性。由于不同室内环境的功能和特点互不相同，对艺术性的要求也不同。一般说来，室内环境必须美观耐看，给人以美感，进一步说，则应体现一定的氛围，具有一定的风格特征，乃至具有深刻的意境。

三、文化性

文化，广义指人类在社会实践过程中所获得的物质、精神的生产能力和所创造的物质、精神财富。狭义指精神生产能力和精神产品，包括自然科学、技术科学、社会意识形态，有时又专指教育、科学、文学、艺术、卫生、体育等方面的知识与设施。

作为一种历史现象，文化的发展具有历史的继承性，同时又有民族性和地域性。正因为有了不同民族、不同地域的文化，才使整个人类文化具有多样性。

室内设计成果与人类生活的联系十分紧密，几乎与人的全部生活包括最初级的物质生活和最精微的精神生活都有联系，这种特性决定了它体现文化的必然性。

室内设计成果具有丰富的构成要素，无论是建筑空间，还是其中的家具、书法、雕塑、绘画等，都是一种语言，这一点，又决定了它体现文化的可能性。

基于以上理由，室内设计成果一定要积极主动地体现国家的、民族的、地域的历史文化，使整个环境具有深刻的历史文化内涵。

历史文化是宽泛的，又是生动和具体的，如某个城市、某个地区曾经发生过的重大事件和出现过的著名人物，就是历史与文化的内容，如果能在这个城市和地区的重要建筑的室内设计中有所反映，就会在一定程度上开拓人们的视野，增加人们的知识，使人们在潜移默化中受到启迪和教育。

10

四、科学性

室内设计应该充分体现当代科学技术的发展水平，符合现行规范和标准，具有技术和经济上的合理性。

在室内设计中，一些人惯用"主观标准"评价设计的好坏，在讲究科学性的今天，应在保留主观评价的同时，采用更多的客观评价，尤其要认真执行现行标准和规范。

要根据需要和可能，适时引入先进的材料、技术、设备和新的科学成果，包括逐步推进建筑的智能化，落实节能减排的措施。

要特别重视来自材料、家具、设备等方面的污染，采取有效措施，保证室内环境有利于人的身心健康，有利于保护人类的大环境。

近年来，发生在室内设计与装修领域内的灾害事故屡见不鲜，有些事故已给人们的生命财产造成极大的损害。为此，要特别强化防灾意识，按照技术要求，切实保证环境具有足够的防灾能力。

五、生态性

生态性系指生物在一定自然环境中生存和发展的状态。

在地球上，生物群落构成一个既有相互对应、相互制约又相互依存的相对稳定的平衡体系，这种体系所表现的相对稳定平衡的态势就是生态的平衡。生态平衡如受严重破坏，会危及整个生物群体，也必然会危及人类自身。因此，在室内设计中，必须维护生态平衡，贯彻协调共生原则、能源利用最优化原则、废弃物产量最少原则、循环再生原则和持续自生原则。与此同时，让环境免受污染，让人们更多地接触自然，满足其回归自然的心理需求。

在室内设计中，体现生态性原则的主要措施是：

（一） 节约能源，多用可再生能源

太阳能、风能、潮汐能等被称为可再生能源，因为污染相对较少又被称为清洁能源。由于技术上的原因，这些能源的利用还不普遍，但从生态和可持续发展角度看，积极开发和利用这类能源无疑是一个正确的途径。煤、石油等属于不可再生能源和非清洁能源，应减少消耗，并减弱其污染。

（二） 充分利用自然光和自然通风

充分利用天然采光，它不仅能够满足室内的光照要求，增强室内环境的自然色彩，还能有效地节约能源。

利用自然风解决室内通风问题具有同样的意义，因为它有利于健康，有利于节能，也有利对于自然环境的保护。

空调制冷技术的诞生是建筑技术上的一大进步，但空调制冷又有诸多负面作用，过分依赖于它，不仅耗能太大，污染空气，还会使人的抵抗力下降，引发人们常说的"空调症"。

在当前的不少设计中，能开窗而不开窗，执意采用人工照明和空调技术者不在少数。为追求所谓的时尚，完全采用玻璃幕墙、落地玻璃窗，并不设可以开启的窗扇者同样不在少数。诸如此类的空间，冬季大量热量白白散失，夏季大量辐射热侵入室内，必然耗费大量的能源。

（三） 利用自然要素，改善室内小气候

人是自然生态系统中的有机组成部分，他不仅具有社会属性，也具有喜好阳光、空气、山水、绿化等自然要素的自然属性。室内空间因有界面而与自然要素相隔，因此，可适当引入某些自然要素（水、石、植物等），以满足人们亲近自然的需求，并使室内的小气候得到一定的改善。

室内设计不能只管大门之内的事，还要设法通过门、窗、洞口、柱廊等把内外空间尽可能地联系起来，包括把室外的自然景观引入室内。

（四） 因地制宜地采用新技术

生态建筑的相关技术不断涌现，例如用材料吸热、隔热，用构造通风、降温等就是许多设计师常用的手段。由于经济等多方面的原因，短期内这些技术尚难大面积推广，但作为有生态意识的室内设计师，应该主动地去学习、熟悉、探索这些技术，并且视需要与可能将其运用于自己的设计中。

六、个性

室内设计应该有个性，这是因为建筑的类型是多种多样的。不同建筑类型的室内环境应有不同的个性；不同民族、不同地区的建筑具有不同的文化背景和地理背景，室内环境应有不同的个性；不同业主的年龄、性别、阅历、职业、文化程度和审美趣味不同，室内环境应有不同的个性；设计师在长期的工作实践中，会形成一种相对稳定的风格，因此，不同设计师的作品也会具有不同的个性。

人类的文化是丰富多彩的，具有个性的室内设计，在总体上必将有助于显示人类文化的多样性。

第四节 室内设计的程序和文件

室内设计的进程，大体上可分为四阶段，即准备阶段、方案设计阶段、施工图设计阶段和跟踪总结阶段。

一、准备阶段

室内设计任务的来源有两种：一种是业主直接委托的，另一种是在招标中中标的。

不管来源如何，设计者都要首先熟悉工程项目以及与工程项目相关的情况，包括功能性质、规模大小、等级标准、控制造价、设计期限及业主关于环境风格特点的要求等。为了获得这些情况，设计者要认真研读委托任务书或招标文件，充分了解业主的意图，要拿到建筑图样和相关的资料。如有可能，还应亲自到现场进行勘察，看现状是否与图样相符，看工程项目周围的环境如何，必要时，还要通过拍照、勾画草图等，加深对工程项目的了解。

接受任务后，应与业主签订合同，明确双方的义务、责任、收费额度和设计的时限。

二、方案设计阶段

方案设计即根据任务要求进行构思，并绘制相关的图样。在方案设计阶段，设计者应进一步收集有关资料和信息，如是比较复杂或者比较生疏的任务，还应参观一些已经建成的同类项目，或查阅有关的图样、图片和值得参考的资料。

方案设计要从草图开始，基本定案后，再绘成正式方案设计图，制成完整的文件。这些文件包括平面图、立面图、天花图、彩色透视图、主要材料的样板等，还应有一个言简意赅的说明和概算。

方案设计是供业主审查的。如为投标，则是供评标小组审定的。

三、施工图设计阶段

方案审定后，即可进行施工图设计。

施工图要达到能够指导施工的深度，除基本图要按要求注明全部尺寸和材料外，还要提供大量构造详图和其他工种(如水、电、通风等)的图样和预算。

当工程项目较小又比较简单的时候，可能不作完整的方案图，而是在草图初定后，直接绘制施工图。例如，一般住宅的室内设计，很可能就是由设计者当面为业主绘制方案草图，在业主同意后，直接绘制施工图并提供预算等文件。

四、跟踪总结阶段

施工前，设计人员应向施工人员交代设计意图和施工时应该注意的事项，帮助施工人员搞清全部图样，俗称"交底"。

施工中，设计人员要经常深入工地，了解施工情况，与施工人员进行沟通，随时解决施工中出现的问题。

交付使用后，设计人员应走访业主，一方面搞好"售后服务"，一方面总结经验教训，以便进一步提高自己的设计水平。

第二章　室内设计中的基本问题

如前所述，室内设计是一项系统工程，无论从理论方面说，还是从实践方面说，其中都包含着复杂的矛盾和复杂的关系。进行室内设计，从某种意义上说，就是正确认识和处理这些矛盾和关系。

第一节　室内设计与建筑设计的关系

建筑设计是室内设计的基础，室内设计是建筑设计的继续、发展、深化和再创造。

室内设计是在建筑设计提供的实体之内进行的，但这并不表明室内设计者毫无主动性，恰恰相反，室内设计师完全有可能在一定的范围内深化建筑的主题，提高建筑的文化艺术品质和科技含量，突出建筑的风格特点，强化建筑的功能。

之所以会有上述可能，盖因室内设计与建筑设计在体现设计对象的目的、功能和性格方面既有相同点又有不同点。

室内设计与建筑设计的共同点是：都要同时考虑物质功能和精神功能，都受材料、技术和经济条件的制约，都须符合形式美的法则，都要表现设计对象的风格与特点。一句话，建筑设计与室内设计的目的是一致的，手段和原则是相似的。这样，室内设计便可以通过自己独有的手段，强化设计对象的功能与性格，弥补建筑设计的不足乃至消除建筑设计的缺陷。

室内设计与建筑设计的不同点是：室内设计更加重视生理作用和心理作用，更加重视材料的质感和色泽，更加重视细部处理，因而给人的感受会更加精致和细腻。这是因为建筑设计涉及的空间大，室内设计涉及的空间小，室内的各种要素与人的关系更直接、更接近，也更密切。

深入了解室内设计与建筑设计的关系，不能不进一步分析两者艺术特性的异同。建筑设计和室内设计作品都有艺术属性，但它们表达的情感却不尽相同。建筑所表现的是一种抽象的情感，而不是个人的具体情感，如通过雄伟、壮丽的空间激发豪放振奋的热情，通过粗犷、沉重的造型形成一种压抑感，通过对称的构图渲染一种庄重严肃的氛围等。室内环境不完全如此，它的某些要素如绘画、雕塑、摄影作品等能精确地描绘对象，表述真实情节，表现作者的个人情感，如利用《外滩风光》《珠江夜韵》表现上海、广州的发展与成就等。这一特性表明，在反映社会生活、表达思想情感方面，室内设计，比建筑设计具有更多的途径和更大的灵活性。

通过上述种种分析，不难理解，室内设计作为建筑设计的继续、发展、深化和再创造，是由其根本任务和艺术特性决定的，是完全合乎逻辑的。

完成"继续、发展、深化和再创造"的任务，有赖于室内设计师与建筑师的沟通与配合，有赖于室内设计师对建筑师的设计意图的充分了解。这种沟通、配合和了解最好开始于建筑设计之初，而又贯彻于建筑设计和室内设计的全过程。

室内设计师不仅要与建筑师密切合作，还要与结构、水、电、通风等工程师密切合作。

在设计实践中，常有室内设计师或因对其他工种不甚了解，或因与其他工程师合作不够充分而遇到麻烦。如天花上的通风口、自动喷淋、扬声器等就常常由于上述原因，或者破坏天花造型或者不能充分发挥应有的机能。

第二节 室内环境的物质功能与精神功能的关系

室内环境与建筑一样，都具有功能上的双重性。但不同的室内环境和建筑，由于用途和性质不同，物质功能和精神功能的孰轻孰重也不同。

就建筑而言，低标准的公寓、设备用房和仓库等，物质功能强，精神功能微乎其微，甚至等于零；一般的学校、办公楼和商店等，有一定的精神功能，但物质功能仍占较大的比重；博物馆、剧院等，物质方面的要求和精神方面的要求都很高；至于纪念碑、纪念塔等，则接近雕塑，几乎只有精神功能而没有什么物质方面的功能。

室内环境与建筑的情况不完全一样，几乎没有什么室内环境只有精神功能而没有物质功能，即便是精神要求极高的纪念馆、纪念堂和教堂等也必须慎重考虑陈设、参观或进行宗教活动等功能。

在当今的室内设计实践中，强调物质功能而忽视精神功能以及强调精神功能而忽视物质功能的现象兼而有之，但应该着重防止的是片面追求形式忽视内容、片面追求视觉效果忽视其他环境效果，即片面强调精神功能忽视物质功能的倾向，尤其是不惜牺牲功能要求随心所欲地玩弄技巧的倾向。

古罗马时期的优秀建筑师维特鲁威，在他的《建筑十书》中，对建筑设计的基本原则做过全面的阐述，他指出，一切建筑都应当恰如其分地考虑到坚固耐久、便利实用、美丽悦目等重要因素，并要求建筑师要把这种思想贯彻到建筑设计的各个方面。维特鲁威的这一观点，对建筑设计具有指导意义，对室内设计同样具有重要的意义。长期以来，我国的建筑设计工作者贯彻执行"适用、经济、美观"的原则，其精神实质与维特鲁威的观点是完全一致的。贯彻执行"适用、经济、美观"的原则，是由建筑的本质决定的，"适用""经济"与"美观"相互联系，缺一不可，在多数情况下，"适用"将占有首要的地位。如果忽略甚至牺牲"适用"，片面追求对于感观的刺激，那就是抹杀建筑设计、室内设计与相关艺术门类的区别，把建筑设计、室内设计与绘画、雕塑等艺术等同看待了。

总之，室内环境的物质功能和精神功能都必须受到重视，只是要根据室内环境的类型把握好二者孰轻孰重的关系。

第三节 室内设计的艺术手段与技术手段的关系

艺术手段与技术手段是室内设计的两大手段，必要交叉运用，密切配合，为实现同一个目标，高度地统一起来。

在认识和对待艺术手段与技术手段的关系上，有两种偏颇而又相互对立的思想倾向，一种是忽视技术的重要性，即不顾及材料、结构、设备、技术对室内环境的制约作用，追求与技术联系甚少的造型，把室内设计当成了诸如绘画、雕塑一般的纯艺术。如用钢筋混凝土仿造木结构中的斗拱，用木板仿制大跨横梁等。另一种是不顾功能要求，刻意表现所谓"技术美"，认为只要符合技术潮流的东西就自然能够给人以美感。在这种思想指导下，设计者常常有意暴露结构、暴露管线、暴露构件接头，或不分场合地大量使用粗糙的混凝土墙面、镜面玻璃、镜面不锈钢等。

上述两种思想倾向的共同点是把艺术和技术割裂开来并对立起来。正确的做法应该是充分发掘技术中的装饰因素，寻求与新材料、新结构、新设备相互对应的新形式，实现功能、形式和技术的统一。

著名意大利工程师奈尔维说过这样一段话："无论何时何地，一个建筑物的普遍规律，它所必须满足的功能要求、建筑技术、建筑结构和决定建筑细部的艺术处理，所有这一切，都构成一个统一的整体，只有对复杂的建筑问题持肤浅的观点，才会把这个整体分划为互相分离的技术方面和艺术方面。建筑是，而且必须是一个技术与艺术的综合体，而并非是技术加艺术"。奈尔维的这段话对正确理解建筑设计和室内设计是非常有益的。奈尔维被誉为运用钢筋混凝土的巨匠，他在自己的建筑创作中，坚持建筑技术与建筑艺术统一的原则。他在使用钢筋混凝土这种材料

图 2-1　罗马小体育馆的拱顶

时，总能既体现功能结构上的要求，又给结构以强烈的艺术表现力。罗马小体育馆采用了一个预制球形顶，预制构件具有高度的精确性，外露部分抹灰，只在节点处抹平并刷白，整个拱顶具有鲜明的简洁美(图 2-1)。意大利都灵劳动宫屋盖为 16 块互相分离的方形板，分别由带有 20 根悬臂钢梁的柱子所支撑。这些带有悬臂梁的柱子像把把大伞，又像棵棵棕榈，使人感到十分有趣和新鲜(图 2-2)。

马歇尔·希带耶善于利用材料、结构和设备，善于处理细部，善于通过形体增加建筑的感染力。他为美国设计的圣约翰大教堂就是一个最好的例子，该教堂中的小礼拜堂由密集的混凝土格子形成一个完整的图案，具有极强的装饰性，与地面上的木制座椅形成了鲜明的对比(图 2-3)。

理查德·迈耶设计的美国亚特兰大高级美术馆，空间干净利落，没有任何纯装饰，结构本身具有很强的表现力，从而大大地显示出环境的特点(图 2-4)。

贝聿铭设计的美国国家美术馆

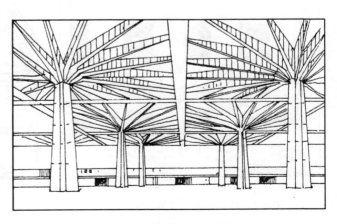

图 2-2　都灵劳动宫的结构

图 2-3　圣约翰教堂小礼拜堂的内景

东馆，魅力十足，其中庭尤其是一个具有魅力的部分。该中庭的玻璃顶棚的网架由精细的铝合金制成，构图呈三角形，构造精巧，态势生动，不用多余的装饰就显示出很强的艺术表现力（图 2-5）。

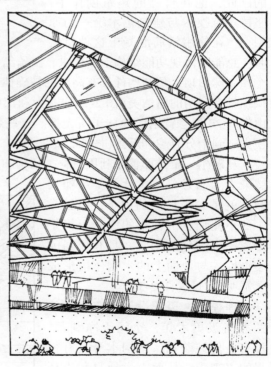

图 2-4　亚特兰大高级美术馆的中庭　　　　图 2-5　美国国家美术馆东馆的中庭

坚持功能、形式与技术的统一，是我国传统建筑及内檐装修的一大特点。在这方面我们已经积累了丰富的经验，相关例子将在其他章节介绍，故不赘述。

第四节　室内设计的时代性与地域性的关系

任何室内设计都必然同时处于特定的时间和空间中，换句话说，任何一个室内设计都是实际的而非虚拟的，都是特定时代和特定地域的产物。

室内设计的时间因素决定了它必然为经济、政治、科学、技术、社会意识所制约，因而应该也能够在一定程度上反映社会物质生活和精神生活的特点，即具有时代性。室内设计的空间因素决定了它必然要受所在地域的地理(地形、地貌、气候、资源等)以及民族、信仰、风俗、习惯、传统生活方式和思想观念的影响，从而又具有民族性和地域性。图2-6、图2-7、图2-8分别为维吾尔族、藏族、蒙古族民居的内景，由图可知，其内部环境各有不同的特色，而这种特色正是由不同的地理环境和文化因素所决定的。

图 2-6　维吾尔族民居内景

图 2-7　藏族民居内景

图 2-8　蒙古族民居内景

地域性的强弱与交通、信息和地区的开放程度有关。交通越发达，信息交流越便捷，开放程度越高，外域文化的输入就越快和越多，地域文化遇到的冲击就越大。拿中国来说，正是在改革开放之后，在科技发达、交通方便、信息顺畅的今天，大量地接触了外域文化，使传统的地域文化受到了强烈的挑战。我们所处的时代是一个多元文化并存的时代，各种文化思潮都可能对室内设计的发展带来或大或小的影响，即便是具有悠久历史和优秀传统的中国室内设计也不例外。

中国室内设计受到的挑战主要来自两个方面，一是西方文化，前一个时期，"欧陆风情""希腊柱式""罗马拱券"和西方雕塑大行其道就是一个明显的例证。二是商业文化，商业文化具有强烈的推销意识，招揽生意、取得利润是其首要的目的。前一个时期，在我国的许多室内设计中所表现出来的滥用材料、哗众取宠、炫耀财富、片面追求感官刺激，以致"住宅设计宾馆化、歌厅化"，就是深受商业文化影响的表现。

如此说来，室内设计的民族性与地域性会不会逐渐消失呢？不会，因为在影响室内设计发展的诸多因素中，有相当一部分因素是相对稳定的，特别是地理因素中的地形、地貌与气候等。而有些因素如风俗习惯、生活方式、民族性格等，即便可以改变，也不是一朝一夕所能改变得了的。从设计者角度看，创造具有民族和地域特征的室内环境不仅能够体现因地制宜的原则，显示历史的延续性，唤起人们对于历史的尊重，唤起民族自尊心和自信心，还可使整个人类的文化更具多样性。对某些比较特殊的室内环境，如旅游、休闲等环境来说，更要突出它们的地域性和民族性，以便使享用者能够有更多的机会欣赏异国、异地的风土人情，获得美的享受，丰富自己的知识和阅历。

在世界变得"越来越小"的今天，不同文化的碰撞、交流和融合是不可避免的，室内设计师要善于把追踪时代和尊重历史统一起来，既要自觉地体现时代精神，又要积极地体现历史的延续性，把先进的文化和优秀的传统融合于自己的作品之中。

在这里，不妨举几个例子进行一些具体地分析。安藤忠雄建筑研究所设计的名古屋世界博览会日本馆建于 1992 年。特殊的功能决定它既要体现日本的科学技术，又要体现日本的文化与建筑传统。日本的传统建筑基本上属于木结构体系，并以洗练、简洁、优雅、精巧而见长。名古屋日本馆具有木结构的神韵，梁柱搭接精准轻巧，在色彩方面也保持了淡雅、清新的传统(图2-9)。

　　我国人民大会堂同样是一个既有时代气息又有民族特色的典范。大会堂中的大礼堂，空间高敞，气势恢宏，中轴明确，左右对称，体现了各族人民在中国共产党的领导下团结奋进的意境(图2-10)。大会堂中的宴会厅，柱廊贴金，顶饰彩画，入口的大楼梯以汉白玉贴面，气氛庄重，更具中国传统建筑文化的神韵(图2-11)。

　　最后，让我们引用毛泽东的两段话，结束关于室内设计中时代性与民族性、地域性的关系的讨论。毛泽东说："一切外国的东西如同我们对于食物一样，必须经过自己的口腔咀嚼和胃肠运动，送进唾液胃液，把它分解为精华和糟粕两部分，然后排泄其糟粕，吸收其精华，决不能生吞活剥地毫无批判地吸收"。"清理古代文化的发展过程，剔除其封建性的糟粕，吸收其民主性的精华，是发展民族新文化提高民族自信心的必要条件，但决不能无批判地兼收并蓄……"。

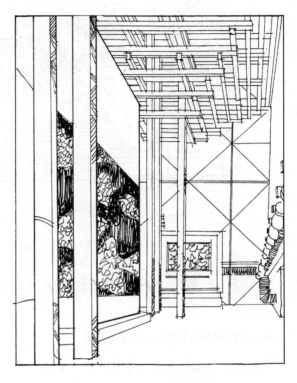

图 2-9　名古屋日本馆

19

图 2-10　人民大会堂大礼堂

图 2-11 大会堂宴会厅的大楼梯

第五节 室内设计与人体工程学和心理学的关系

一、室内设计与人体工程学

人体工程学也称人类工学或人类工程学，是第二次世界大战后发展起来的一门新学科。它以人机关系为研究对象，以实测、统计、分析为基本的研究方法。人体工程学是从战争中诞生的，首先用于军事上，主要用来解决各种武器如何便于操作，如何提高命中率和更加安全可靠等问题。第二次世界大战结束后，人体工程学迅速渗透到空间技术、工业生产、建筑设计及生活用品等领域，并且成了室内设计不可缺少的基础学科之一。

在日本等国，人体工程学已经成为一个比较成熟的学科。1984 年，我国正式决定对人体尺寸进行测量和统计，这对建立适合我国国情的人体工程学来说，是一个极为重要的举措。

人体工程学在室内设计中的作用主要体现在以下几方面：

第一，为确定空间范围提供依据。

影响空间大小、形状的因素相当多，但是，最主要的因素还是人的活动范围以及家具、设备的数量和尺寸。因此，在确定空间范围时，必须搞清使用这个空间的人数，每个人需要多大的活动面积，空间有哪些家具、设备以及这些家具和设备需要占用多少面积等。

作为研究问题的基础，首先要准确测定出不同性别的成年人与儿童在立、坐、卧时的平均尺寸。还要测定出人们在使用各种家具、设备和从事各种活动时所需空间的面积与高度。这样，一旦确定空间内的总人数，就能定出空间的合理面积与高度。

下面，用几个简图具体地说明一下人体工程学与确定空间范围的关系。

图 2-12 是一个沙发组所需空间的尺寸图。

20

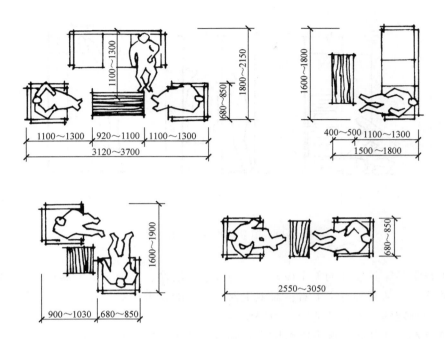

图 2-12　沙发组所需空间图

图 2-13 是使用衣柜所需空间的尺寸图。

第二，为设计家具提供依据。

家具的主要功能是实用，因此，无论是人体家具还是贮存家具都要满足使用要求。属于人体家具的椅、桌、床等，要让人坐着舒适，书写方便，睡得香甜，安全可靠，减少疲劳感。属于贮藏家具的柜、橱、架等，要有适合贮存各种衣物的空间，并且便于人们存取。为满足上述要求，设计家具时必须以"人体工程学"作为指导，使家具符合人体的基本尺寸和从事各种活动所需的尺寸。

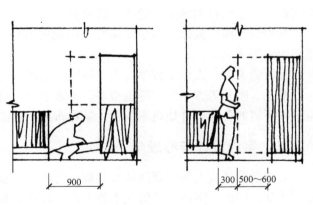

图 2-13　使用衣柜所需空间图

以设计柜、橱、架为例。柜、橱、架的高、宽尺寸，首先决定于贮存衣物的种类和方式。从"人体工程学"的角度看，必须做到存取方便、稳定安全。柜、橱、架的高度应以人们伸手能够存取为原则，一般不宜超过 1800mm。悬吊式柜、架，当下面另有家具时，可以低一些。如下面没有其他家具，则应使其底面超过头顶，以免影响人在下面活动或通过。电视机柜的高度应保证屏幕的中心与坐观者的视线高度相一致。至于有些供坐着工作的人们使用的柜、橱、架等，则要考虑人们不起身时，可以自由存取物品的极限尺寸(图 2-14)。

柜、橱、架的深度要适合最大限度地存贮衣物和充分利用其容积，也要考虑人们存取是否方便。显然，深度过大、人们伸平手臂仍然摸不到底的柜、橱、架等，是不符合使用要

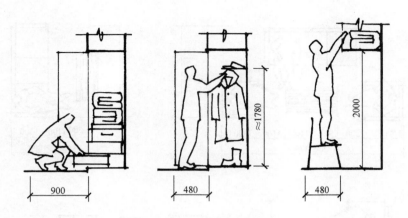

图 2-14 柜架高度与人体的关系

求的。

人体工程学与家具设计的关系极密切，与脸盆、浴盆、马桶等卫生器具的设计同样具有不可分割的联系。从某种意义上看，对卫生器具尺寸的要求比对一般家具更严格。

第三，为确定感觉器官的适应能力提供依据。

人的感觉器官在什么情况下能够感觉到刺激，什么样的刺激是可以接受的，什么样的刺激是不能接受的，是人体工程学需要研究的另一个课题。

人的感觉能力是有差别的。从这一事实出发，人体工程学既要研究一般规律，又要研究不同年龄、不同性别的人感觉能力的差异。

在视觉方面，人体工程学要研究人的视野范围（包括静视野和动视野）、视觉适应及视错觉等生理现象。

在听觉方面，人体工程学首先要研究人的听觉阈限，即什么样的声音能够被听到。

触觉、嗅觉等方面的问题也很多。不难想象，研究这些问题，找出其中的规律，对于确定室内环境的各种条件如色彩配置、景物布局、温度、湿度、声学要求等都是绝对必要的。

二、室内设计与心理学

心理学是研究人的心理活动及其规律的科学。室内环境的精神功能主要在于影响人们的心理活动，因此，室内设计师就不能不研究心理学和运用心理学。

心理学的研究对象有两部分，即人的心理过程和心理特征。

心理过程包括认识过程、情感过程和意志过程，即所谓的知、情、意。其中，认识过程是基本的，因为，人们要弄清各种事物必须先要看、听、摸、嗅，以产生感觉和知觉。人脑对事物的个别属性（如颜色、形状等）的反映称感觉，人脑对事物整体的反映称知觉。除感觉、知觉之外，记忆、想象、思维等都属于认识过程。人们在认识客观事物的过程中，会产生满意、厌恶、喜爱、恐惧等情感，即经历情感过程。伴随这种情感还会产生意愿、欲望、决心和行动，即经历心理过程中的意志过程。

认识、情感、意志这三个过程是密切相关、联系在一起的。只有认识了事物，才能产生情感和意志。反过来说，产生了情感和意志又能深化对于事物的认识。以商店的室内设计为例，顾客进入商店后，看到室内井井有条的陈设，听到服务员热情接待的声音，嗅到化妆品的芳香气味，以至被某一广告或某种商品所吸引，进而对商店有了一个初步的印象，这些都属于认识过程。在这个基础上，顾客很可能对商店产生某种信任感，这就是情感过程。其后，顾客可能产生购买某种商品的欲望和行动，这样，其心理就由情感过程进入到意志过程。反过来说，人们在购买商品的过程中，对商店的认识也会更全面和更深刻，这就表明，意志过程必然会促使前两个过程的深化和发展。

心理学研究的另一个主要内容是人的心理特征，即兴趣、能力、气质与性格等。心理特征是人们共有的东西，但具体到每个人，又会表现出许多的差异。例如，有的人爱动，有的人爱静，有的人喜欢明亮花哨的装饰，有的人偏爱淡雅素净的环境等。心理特征表现在个别人身上的典型的、相对稳定的特点，在心理学上称之为个性，所以，心理特征又称个性心理特征。

室内设计与心理学的关系，可概括成以下几方面：

第一，室内设计必须符合人的认识特点及其规律性。

以"知觉"为例，室内设计的各种要素，都要为人们所感知，然而，人们能够首先感知什么，选择哪些客体作为知觉对象，是由许多主客观条件决定的。心理学告诉我们，对象与背景的差别越大，越容易被感知。从这点出发，室内设计中的重点景物、重点装饰都应有合适的背景作衬托，即整个设计必须体现主次分明的原则。心理学还告诉我们，活动着的对象和新异的对象容易为人们所感知。从这点看，瀑布、喷泉、变化着的灯光、上下穿梭的观光电梯等，自然容易为人们所感知。不常见的东西也容易被人们所感知，如一种新的顶棚装修方法出现后，很可能引起设计师和参观者的兴趣，但是，当这种做法被到处套用后，就会逐渐失去吸引力。公式化的东西、概念化的东西之所以缺乏强烈的艺术感染力，道理也在于此。心理学又告诉我们，使人感兴趣的东西容易被人们所感知。因此，室内设计人员要认真研究不同性别、年龄、职业、文化程度的人的经验、需要、兴趣、情绪和个性，而不能仅以自己的好恶作为设计的依据。例如用小猫、小狗、小鸡、小鸭作装饰，在成人用房中可能不合适，在儿童用房中则是相宜的。

从上述情况可以看出，人的认识过程确有一定的规律，室内设计只有符合这些规律，才能首先被人们感知和进一步为人们所理解。

第二，进行室内设计必须研究人的情感与意志。

人是有情感的实体，人的情感是由一定的客观事物引起的，室内设计的精神功能就是要影响人们的情感，乃至影响人们的意志和行动。

设计英烈馆应该呈现出庄严、肃穆的气氛，唤起人们崇敬和缅怀英烈的情感，激励人们"发扬革命传统，争取更大光荣"的决心和信心。设计幼儿园应通过各种手段培养儿童"爱祖国，爱人民，爱科学，爱劳动，爱护公共财物"的情感与品质，激发他们"好好学习，天天向上"的意志和行动。

从上述观点出发，室内设计人员必须研究人的情感过程和意志过程的规律，以及室内设计的各种要素对人的情感和意志过程具有什么样的影响和作用。

第三，进行室内设计必须研究人的个性与环境的关系。

个性影响室内设计，室内设计影响人的个性。在诸如起居室、卧室等房间的设计中，主人往往就是设计师，其设计就不能不反映主人的兴趣、能力、气质与性格。对于室内设计师来说，重要的是了解使用者的个性特征，并通过室内设计影响其个性。这是因为，人的个性既是比较稳定的，又是可以或多或少或快或慢地改变的。

室内设计能够在不知不觉中影响人们的个性。从这一点看，室内设计者应该也可能运用各种手段去培养人们高尚的情操和健康的审美观。

随着科学的发展，用"普通心理学"的理论来指导环境设计已显不足，于是，在环境学与普通心理学的基础上，便产生了一门被称为"环境心理学"的新型学科。它以研究环境与人的行为之间的相互关系为任务，着重从心理学和行为学的角度探讨环境与人的关系，以期实现环境的最优化。该学科研究的重点问题是人如何认识环境，如何评价环境，已有环境如何影响人的感觉、情感和行为，从人的心理和行为看，什么样的环境才是理想的环境等。

其中，与室内设计特别是空间处理密切相关的问题是公共性、私密性、领域性、安全感和从众心理。

公共性。表现为人对公共活动、互相交往以及共同使用空间具有明显的需求。人们需要公共空间，希望借助公共空间沟通信息、交流感情，而这一切对人的身心健康具有十分重要的作用。有研究表明，人的精神状况与其儿童时代有无朋友、有多少朋友有一定的关系。朋友多而经常交往者，患精神疾病的概率会小很多。因此，应在建筑中尽量设计一些大家都能看到、都能使用的共享空间，吸引人们来此休闲和活动，并在这种休闲和活动中增强社会感。美国著名建筑师波特曼深悟此道，他本着为人而不是为物的原则，在旅馆中创造了极有特点和极富人情味的共享空间，丰富了室内设计的理论，也提供了极为宝贵的经验。

私密性。是指人或人群有控制自身与他人进行交往的特性，它与公共性是一对辩证统一的矛盾。无论是从环境心理学的角度看，还是从人们的现实生活看，人总是既需要彼此相识、相互交流，又需要在一定程度上自我隐匿、保留个人的隐私。

私密空间具有四种功能：一是支配，即完整地支配自己，保持独立感；二是自泄，即能够独立地进行自我表现，表达自己的情感；三是内省，即能安静地进行评估、思考，反省自身，检讨言行；四是隔离，即隔绝外部干扰，只在必要时进行联系。

住宅中的卧室、宾馆中的客房等都特别强调私密性。

领域性。系指人或人群为满足某种需要，要求占有一定的空间范围及范围之内的所有物的特性。这种领域有时是有形的，有时是无形的。几个朋友在一起聊天，突然有几个陌生人靠近，会使这几个朋友立刻警惕甚至是排斥，从理论上说，就是他们的领域受到了威胁和侵犯。几个朋友到餐厅进餐，很愿意坐到由隔扇或屏风分隔出的卡座，也是要显示其领域性，只不过这种领域是有形的，前一种领域是无形的。

安全感。在空旷的空间中，人们往往希望有依托，而不愿把自己置于一个没有"依靠"的位置上。出于这一心理特征，在原野上，人们喜欢背靠大树或石头休息；在室内，人们习惯于靠墙、面门而坐。因此，在设计经理室、主管办公室的时候，必要让经理、主管正面或侧面对门，而不是背对门口。

从众心理。人在行为方面有盲目跟从多数的特性，心理学称它为从众趋势。根据这一特性，在公共场合（如商场、博物馆等）的室内设计中，一定要重视空间、照明、标牌、音响的设计，方便而正确地组织人流，确保在紧急情况下顺利地将人们疏散出去。

环境心理学是一门新兴学科，随着学科的成熟，必然会有更多的环境设计问题能从心理学中找到理论依据，从而使环境设计建立在一个更加科学的基础上。

第六节　室内设计的风格、流派与发展趋势

一、风格、流派的概念

（一）风格

风格可以理解成精神风貌与格调。

艺术风格则指艺术家从创作总体中表现出来的思想与艺术的个性特征。这些特征，不只是思想方面的，也不只是艺术方面的，而是从创作总体中表现出来的思想与艺术相统一的并为个人独有或作品独有的特征。

风格要通过特定的艺术语言来表现，在室内设计中，就是要通过室内设计的语言来表现。室内设计语言会汇集成一种式样，风格就体现在这种特定的式样中。在这里，应该强调说明两点：一是风格要靠有形的式样来体现，它不可能游离于具体的载体之外，故"风格"和"式样"常常混称，如"和风"有时又称"和式"或"日式"等；二是风格又是抽象的、无形的，要求欣赏者根据"式样"传递的信息加以认识和理解。

风格具有时代性和民族性。

风格的时代性系指由时代的社会生活所决定的时代精神、时代风尚、时代审美等在作品格调上的反映。同一时代的艺术家，个人风格可能各不相同，但无论是谁的作品，都不能不烙上这个时代的烙印。

风格的民族性系指民族特点在艺术作品格调上的反映。一个民族的社会生活、文化传统、心理素质、精神状态、风土人情和审美要求等都会反映到艺术作品中，因此，不同民族的艺术作品也就往往会因各有各自的风格而不同。以室内设计为例，中国的、日本的、伊斯兰教的……均有独特的风格，其中的一些"式样"，甚至历时久远而不衰，以致成了"经典"和"传统"。

（二）流派

流，有流变之意；派，有派别之意。艺术流派可以理解为在艺术发展长河中形成的派别，即在一定历史条件下，由于某些艺术家社会思想、艺术造诣、艺术风格、创作方法相近或相似而形成的集合体。

与流派相联系的另一个概念是"思潮"，它可以理解为具有广泛社会倾向性的潮流或运动。

艺术流派可以带动艺术潮流。

艺术流派的传播方式有三种，即人与人之间的感染传播、媒体传播和由于崇拜偶像而出现的效仿传播。

从以上简要介绍中不难看出，风格与流派是两个不同的但又相互联系的概念，流派更加接近社会思潮，风格更加依靠"式样"。

二、室内设计的主要流派

20世纪后，室内设计流派纷呈，这是设计思想空前活跃的表现，也是室内设计发展进步中必然经历的过程。室内设计的流派在很大程度上与建筑设计的流派相呼应，但也

有一些流派是室内设计所独有的。我们研究和了解这些流派的目的不是为了模仿或照抄，而是要探究不同流派产生的背景和原因，分析其向背曲直，进一步寻求正确的设计原则和理念。

（一）白色派

因在室内设计中多用白色，并以白色构成基调而得名。白色环境朴实无华、纯净、文雅、明快，有利于衬托室内的人、物，有利于显示"外借"的景观，故在后现代的早期就开始流行了，直到今天仍为一些人们所喜爱。白色派在欧洲更加流行，除室内设计外，还波及汽车业和家具业。图2-15是白色派作品之一例，即史密斯住宅的内景。

（二）光洁派

盛行于20世纪六七十年代。其主要特点是善于抽象形体的构成，空间轮廓明晰，要素具有雕塑感，功能上讲究实用，加工上讲究精细，没有多余的装饰，符合现代主义建筑大师密斯提出的"少就是多"的原则。

光洁派又称"极少主义派"，由于缺少"人情味"，其影响已经很小，但直到今天仍能看到这类作品。

（三）高技派

又称重技派。其特点是突出表现当代工业技术的成就，崇尚所谓"机械美"或"工业美"。在他们看来，真正把工业技术的先进性表现出来，自然也就取得了一种新的形式美。高技派的常用手法是使用高强钢材、硬铝和增强塑料等新型、轻质、高强材料，故意暴露管线和结构，提倡系统设计和参数设计，构成高效、灵活、拆装方便的体系。高技派流行于20世纪50年代至70年代，著名作品有法国巴黎的蓬皮杜文化艺术中心（图2-16）及中国香港的中国银行等。

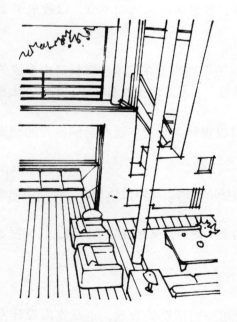

图2-15　史密斯住宅的内景

图2-16　高技派作品蓬皮杜文化中心的内景

高技派还有一个分支，称"粗野主义"派。这一派别，多用混凝土结构，喜用庞大的体量和粗糙的表面，借以表现结构的合理性和可靠性(图 2-17)。

（四）繁琐派

又叫新"洛可可"派。

"洛可可"派是 16 世纪风行于法国和欧洲其他国家的一种建筑装饰风格。它是贵族生活日益没落、专制制度走向晚期的反映。其主要特点是崇尚装饰，繁琐堆砌，纤细矫俏，体现了上层社会腐朽的生活观，具有浓重的脂粉气。

繁琐派继承了"洛可可"派的基本特点，不同的是他们不过多使用附加的东西，而是通过新型的装饰材料和现代的加工技术取得华丽而略显浪漫的效果。他们的常用手法是大量使用光洁材料，充分利用灯光照明，选用鲜艳新款的地毯和家具(图 2-18)。

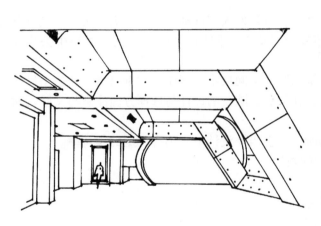

图 2-17　"粗野主义"派作品举例

图 2-18　新"洛可可"派作品举例

（五）后现代主义派

也称装饰主义派或隐喻主义派。

产业革命后，人类进入了工业化时代，与此相适应，建筑上也出现了注重功能、排斥装饰、应用现代材料和技术的现代主义，并出现了大量造型简洁的"国际式"建筑。出现这一现象有它一定的合理性，但这类建筑几乎千篇一律，久而久之，人们便感到冷漠和厌烦。

进入后工业社会即信息社会后，人类文化包括设计文化逐步走向多元化。到了 20 世纪 60 年代，建筑设计中便逐步流行起后现代主义派，并在相当一个阶段受到了人们的推崇。

后现代主义派，强调建筑的复杂性与矛盾性，反对简单化和格式化，讲究文脉，崇尚隐喻和象征手法。在室内设计中，常常使用传统元件，但又运用新的手法重组或变化，使室内环境显现出含糊复杂的性格(图 2-19、图 2-20)。

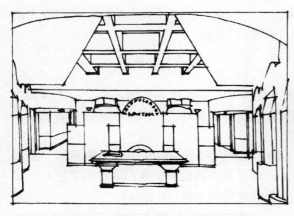
图 2-19 纽约圣保罗银行总部内景

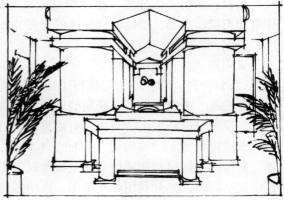
图 2-20 纽约哥伦比亚广播电影部办公室的入口处

(六) 历史主义派

也叫新古典主义派。

工业社会给文化方面带来的负面作用之一，就是使人们逐渐远离了历史。历史主义派反映了人们的怀旧情结，其口号是"不能不知道历史"，并号召设计者"到历史当中去找灵感"。

历史主义派的主要特点是运用传统美学法则，空间典雅、端庄，注重风格，在造型设计方面谋求与传统形式间的神似，重视装饰，在家具、陈设的设计与选择方面注意与文脉之间的联系。

历史主义派适合设计富丽、典雅的场所，故在当今设计中，仍有一定的支持率。

图 2-21 是北京凯宾斯基饭店苑园餐厅的内景。

图 2-22 是莫斯科的一个地铁站。

图 2-21 历史主义派作品例一

图 2-22　历史主义派作品例二

（七）超现实主义派

超现实主义派又称非现实主义派。

其基本倾向是追求所谓的超现实的纯艺术，力求在室内设计中创造"无限的空间"，创造一个现实生活中根本没有的环境。超现实主义派的思想倾向与某些颓废派、嬉皮士、厌世者的思想相接近，都是想利用虚幻的东西填补心灵的空虚，满足一种猎奇的心理。超现实主义派在室内设计中常用的手法是造就奇形怪状、令人难以捉摸的空间形式，采用五光十色、变幻莫测的灯光照明，使用弯曲或富有流动感的界面和线条，布置造型奇特的家具和设施，

图 2-23　超现实主义派作品举例

选用浓重的色彩、现代绘画、抽象雕塑以及毛皮和树皮等（图2-23）。

三、几种比较典型的风格

在室内设计的发展史上，出现并流行过多种多样的风格。其中的一部分由于流行时间长、影响范围广，早已超越了时代和国界，成了所谓传统的风格。

这些风格概括起来无非有三大类，即传统的（包括中国的和外国的）、现代的以及传统与现代结合的。由于篇幅原因，也考虑到其影响力的大小，本节着重介绍几种在历史上和当

代室内设计中都有广泛影响的风格。

（一） 中国传统风格

中国已有五千多年的历史，就古代室内设计而言，成就最高、影响最大的莫过于明清两代。故所谓中国传统风格，主要就是明清风格，当今的所谓"中式"室内设计，在一定程度上也是明清室内设计风格的摹写、借鉴与发展。

以明清为代表的中国传统建筑的室内设计与装修有以下主要特点：

1. 在内外关系上注意关联性

组织空间是室内设计的一项重要任务，它不仅涉及内部空间的组织，如空间的形状、大小、衔接与过渡等，还涉及如何处理内外空间的关系。而正是在这一方面，中国传统建筑的室内设计为我们提供了极其有益的启示和十分丰富的经验。

从总体上看，中国传统建筑确有内向、封闭的特点，几乎所有建筑又都与其外的空间如广场、街道、庭园、院落等具有密切的联系，这种联系表现为以下几种方式：

（1） 直接沟通（图 2-24a），即室内的厅、堂及店铺等直接面对广场、街道、天井或院落。中国的许多传统建筑都在厅、堂、店铺的进口处设置隔扇门，它由多扇隔扇组成，可开、可闭甚至可以拆卸，开启时，可以引入自然风和天然光；拆卸后，可使内外空间连成一体。如拆卸了堂屋前的隔扇门，堂屋便与院落相连，院落也就成了堂屋的补充和延续。在农村，这种室内室外连成一体的空间，是进行劳作，举行婚、寿庆典最为理想的场所。

（2） 经过过渡（图 2-24b），即内部空间与外部空间之间有一个过渡空间。以民居为例，屋前的廊子便是一个可以避雨、防晒、小憩和从事某些家务劳动的过渡空间。

（3） 向外延伸（图 2-24c），即通过挑台、月台等把厅、堂等内部空间直接延伸至室外。这种情形多见于园林建筑，这些挑台和月台或者进入花丛，或者架在水面之上，多面凌空，贴近自然，置身其上的人们，可以抬头赏月，可以俯身观鱼，心旷神怡之境界，是很难用言语表述的。

（4） 借景，包括"近借"与"远借"（图 2-24d）。借景是中国造园中的一个重要的原理与手法。所谓"近借"，指的是通过景窗、景门或玻璃窗等，将外部的奇花异石等引入室内；所谓"远借"，指的是通过合适的观景点，将远山、村野纳入眼帘，正像计成在《园冶》中所说的那样："纳千顷之汪洋，收四时之烂漫。"

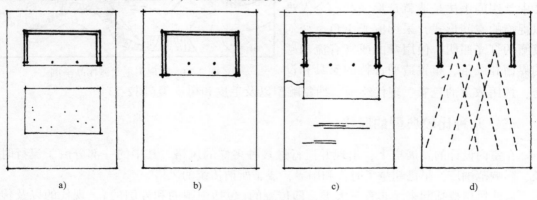

a)　　　　　　　　b)　　　　　　　　c)　　　　　　　　d)

图 2-24　内外空间沟通的形式

　　图 2-25 表示的是苏州留园五峰仙馆前的隔扇门，它们可以全部开启，开启后，馆内空间便与外部的园林紧密地结合在一起了。

图 2-25　内外空间相通的实例

　　中国传统建筑室内设计的上述特点，对今天的室内设计仍有重要的意义。它表明，室内设计绝非"闭门造车"，必须把正确处理室内外的关系、加强室内外的联系作为一项重要的任务。

　　2. 在内部空间的组织上具有灵活性

　　中国传统建筑以木结构为主要结构体系，用梁、柱承重，门、窗、墙等仅起维护作用，有"墙倒屋不塌"之说。这种结构体系，为灵活组织内部空间提供了极大的方便，故中国传统建筑中多有互相渗透、彼此穿插、隔而不断的空间，并有隔扇、罩、屏风、帷幕等多种特色鲜明的空间分隔物。图 2-26 是苏州留园鸳鸯厅的屏板和圆光罩，它们把该厅分成了前后两部分。

　　中国传统建筑的这一特点，为建筑的合理利用、为丰富空间的层次、为形成空间序列和灵活布置家具提供了极大便利，也使内部空间因为有了许多独特的分隔物而更具装饰性。

　　3. 在装饰与陈设上具有综合性

　　中国传统建筑中，不仅有成就极高的家具，还有绘画、书法、雕刻、日用品、工艺品等门类众多的陈设，其中的许多陈设如书法、盆景、奇石、宫灯、民间工艺品等都是外国少有或没有的。

图 2-26　留园鸳鸯厅的屏板与圆光罩

31

综观中国传统建筑的陈设，可以看出两个问题：一是重视陈设的作用，即在界面装修相对简单的情况下，着重用陈设体现空间的特色；二是注重陈设的文化内涵，把陈设看成审美心理、人文精神的表露，用陈设表达丰富的意愿与情感。图2-27表示了北京故宫太和殿的陈设，由图可知，其中的屏风、香炉、仙鹤等均取对称式，它们除有自身的功能和含义外，无一不在烘托轴线上的宝座，也就是强调帝王的地位。

图 2-27　北京故宫太和殿的陈设

4. 在总体构图上注重严整性

中国传统建筑的空间形式大多十分规则，多个空间组合时，常常组成一个完整的系列。在稍微重要些的空间中，室内陈设往往由轴线控制，采取左右对称的布局。这种情形，折射了中国人的伦理观念、哲学思想和审美习惯，直到今天仍然为人们所乐见。

图2-28表示了中国传统厅、堂陈设的格局，这种格局，在中国传统建筑的室内设计与装修中具有一定的代表性，充分反映了中国人在审美方面追求完整、均衡、稳定、和谐的心境。

5. 在形式与内容的关系上具有统一性，即功能、技术、形象具有高度的统一性。

图 2-28　传统厅堂的陈设格局

在中国传统建筑中，许多构件既有结构功能，又有装饰意义。许多艺术加工都是在不损害结构功能甚至还能进一步显示功能的条件下实现的。

以隔扇为例。隔扇本是空间分隔物，由于在格心裱糊绢、纱、纸张，格心就必须做得密一些。这本属功能需要，但匠人们却赋予格心以艺术性，于是，便出现了灯笼框、步步锦等多种好看的形式（图 2-29）。

再以雀替为例。雀替本是一个具有结构意义的构件，起着支撑梁枋、缩短跨距的作用，但外形往往被做成曲线，中间又常有雕刻或彩画等装饰，从而又有了良好的视觉效果（图 2-30）。

图 2-29　格心为冰纹的隔扇

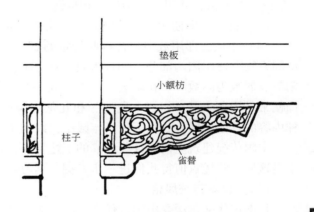

图 2-30　雀替的轮廓与装饰

斗拱是我国木结构建筑中特有的构件，本来是为了承托深远的屋檐而设计的，但经过加工后，又成了一个极好的装饰。

柱脚下垫的石块称柱础，作用是增加支撑面积和防潮，但人们总要对它进行这样那样的艺术加工，使其形状和表面更富装饰性。唐代喜欢在柱础上雕刻莲瓣，宋、辽、金、元除使用莲瓣外，还大量使用石榴、宝相、牡丹、蕙草、云纹和水波纹（图 2-31）。

上述种种实例可以充分表明，在中国传统建筑中，几乎所有装修和装饰无不体现出美观、功能、技术统一的原则。只是到了清代，才有部分构配件（如斗拱）逐渐丧失了功能意义，成了纯粹的装饰，并且越来越繁琐。

6. 在装修装饰手法上具有象征性

象征，是中国传统艺术中应用颇广的一种创作手法。按《辞海》"象征"条的解释，"就是通过某一特定

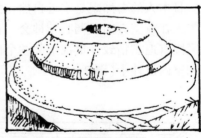

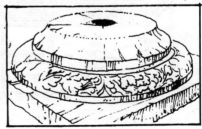

图 2-31　宋代的柱础

的具体形象表现与之相似的或接近的概念、思想和情感"。在中国传统建筑的装修与装饰中，就常常使用直观的形象，表达抽象的感情，达到因物喻志、托物寄兴、感物兴怀的目的。

常用的手法有以下几种：

（1）形声，即用谐音使物与音义巧妙应和。如金玉（鱼）满堂、富贵（桂）平（瓶）安、连（莲）年有余（鱼）、喜（鹊）上眉（梅）梢等。在使用这种手法时，装饰图案是具象的，如"莲"和"鱼"，暗含的则是"连年有余"的意思。

（2）形意，即用形象表示延伸了的而并非形象本身的意义。如用翠竹寓意"有节"，用松、鹤寓意长寿，用牡丹寓意富贵等。这种手法在中国传统艺术中颇为多见，绘画中常以梅、兰、竹、菊、松、柏等作为题材就是一个极好的例证。何以如此？让我们先看两句咏竹诗："未曾出土先有节，纵凌云处也虚心"，原来，人们是把竹的"有节"和"空心"这一生物特征与人品上的"气节"和"虚心"作了异质同构的关联，用竹来赞颂"气节"和"虚心"的人格，并用来勉励他人和自勉。

（3）符号，即使用大家认同的具有象征性的符号，如"双钱""如意头"等。

（4）崇数，即用数字暗含一些特定的意义。中国古代流行阴阳五行的观念，并以此把世间万物分成阴阳两部分，如日为阳、月为阴、帝为阳、后为阴、男为阳、女为阴、奇数为阳数、偶数为阴数等。在阳数一、三、五、七、九中，以九为最大，因此，与皇帝相关的装饰便常常用九表示，如"九龙壁"和九龙"御道"等。除此之外，还有许多用数字暗喻某种内容的其他做法，如在天坛祈年殿中，以四条龙柱暗喻一年有四季等。

中国传统建筑室内设计与装修的上述特点，也是中国传统建筑室内设计与装修的优点，正是这样一些优点值得我们进一步发掘、学习和借鉴。

（二）日本传统风格

日本古代文化深受中国古代文化的影响，但日本室内设计的传统风格又非常明显地体现着日本民族特有的思想观念、审美情趣和本土精神。

日本人的自然观是亲近自然，把自己看作是自然的一部分，追求的是人与自然的融合。日本人在审美方面强调心领神会。在艺术创作方面强调气氛和神韵。日本国土面积较小，所以国民有追求精致、重视细部的个性。而所有这一切，几乎全都清楚地表现在日本的建筑设计和室内设计中（图2-32）。

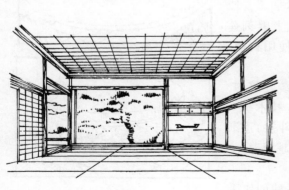

图2-32 日本传统风格举例

日本室内设计的传统风格主要表现在以下几个方面：

（1）空间形状和尺度适合"榻榻米"的规格，符合席地而坐、席地而睡的习惯。内部空间惯用隔扇、推拉门、幔、帘等分隔。空间规整、通透，与庭院具有密切的联系，有利于人们接触大自然。

（2）造型简洁，干净利落，重视细部，做工精美。正像丹下健三在《我的履历书》中所说的那样：它的细部，它的每一条缝的处理都十分精确，都给人以极深的印象。

（3）日本传统建筑多为木造，日本人在使用木材的过程中高度重视材质的表现力，能充分利用其触感、色泽和肌理。事实上，日本人不仅善用木材，也善于使用竹、草、树皮、泥土和毛石等天然材料。他们不仅合理地将这些材料用于结构和构造上，还能充分展示其美的本质。可以说，日本匠师对于自然材料潜在美的认识能力，是出类拔萃的。

（4）日本传统建筑的室内陈设也十分讲究。无论是插花、盆景，还是灯具，都能渗透出一种平静、内敛的神韵。

（三）伊斯兰风格

伊斯兰教与佛教、基督教并称世界三大宗教，创建至今已有1400多年的历史。大约在唐初，伊斯兰教正式传入我国，到目前为止，我国有回、维、哈萨克、东乡等大约10个民族信奉伊斯兰教，他们多数集居在新疆、宁夏、青海和甘肃等省和自治区。

伊斯兰教建筑的主要类型是清真寺，此外，还有宫殿、陵墓等。伊斯兰信徒的住宅也受伊斯兰建筑风格的影响，但风格特点没有清真寺等鲜明和突出。不管是清真寺，还是其他建筑，在材料、技术等方面，大都能与当地的建筑文化和建筑技术相结合，中国的伊斯兰教建筑尤其如此。

综观伊斯兰教建筑特别是中国伊斯兰教建筑的室内设计与装修，主要特点有以下几点：

（1）内外空间相结合。清真寺的空间多用横向划分，中亚等地区的清真寺中间常有一个用三面廊子围成的庭院，院落的中央为水池（图2-33）。中国清真寺的大殿，多数安装可以随时装卸的隔扇门，夏季可以完全取下，形成通敞的开口，使大厅具有良好的通风。

（2）内部空间划分灵活，可以根据需要分隔成大小不同的部分。中国的清真寺大量采用隔扇、罩与屏风等灵活空透的分隔物，内部环境具有相互贯通、隔而不断、分而不死的特征。中亚、西亚地区和我国新疆等地的清真寺，常常采用穹顶和拱券，拱券的形式有马蹄形、火焰式、花瓣形和双圆心的尖形（图2-34）。

（3）装饰纹样有花草纹、几何纹和阿拉伯文

图2-33 清真寺内景举例

字三大类。根据伊斯兰教的教义，不用人物、动物等具象纹样。

上述三类纹样，可以交错组合，故能形成千姿百态的并能连成一片的图案。这些图案构图严密，不留空白，从而能使环境具有独特的、富丽幻想的艺术效果和宗教气氛（图2-35）。

（4）伊斯兰教的宗教活动有的在晨曦进行，有的在晚间进行，故大殿内常常悬吊各种灯具。它们形态繁多，装饰性强，不仅是照明工具，还能有效地烘托出宗教的气氛。

图 2-34 拱券的主要形式

图 2-35 伊斯兰教建筑的主要纹样

（5）大殿中的圣龛及后窑殿是装饰的重点，是特别要进行艺术加工的地方，不仅细部丰富，用料考究，做工也非常精美。

（6）装饰手法多样。中国的清真寺喜用拼砖、琉璃、彩画、石膏花以及木雕、石雕、砖雕等。中亚、西亚等地自然景色相对枯燥，故建筑内常常使用色彩浓烈、图案华丽的壁毯和地毯等。

（四）西方传统风格

在西方古典、近代建筑风格的演变中，出现过许多辉煌的时期，也出现过不少优秀的作品和颇有影响的样式。古希腊柱式、古罗马柱式及拱券等能够流行至今，就很能说明这一问题。

下面，着重介绍几种至今尚有较大影响的风格。

1. 古希腊风格

雅典卫城的主题建筑——帕提农神庙是古希腊最具代表性的建筑。它平面呈矩形，周围为陶立克柱廊，山墙的三角墙上布满了雕刻。

古希腊在建筑上的最高成就是柱式，图 2-36 是陶立克、爱奥尼和科林斯柱头的样式。

图 2-36 三种古希腊柱式的柱头

古希腊的室内设计状况只能从文学作品、浮雕和绘画中进行考察，这些资料表明，希腊人热衷建造壮丽的公共建筑，在这些公共建筑和富人的住宅中，有精心制作的沙发、椅子、桌子和铜制台灯，还有织物、垫子、彩色墙壁和嵌花的地面等。

2. 古罗马风格

古罗马继承了古希腊晚期的风格，兼有古埃及建筑的震撼和古希腊建筑的优雅，又有自己的浑厚和英气。其突出成就是发展了柱式并发明了混凝土和拱券，从而丰富了空间形式，扩大了空间尺度，创造了古代建筑史上宏大雄伟、气势非凡的乃至惊心动魄的大空间。

罗马万神庙以内部宏伟、具有巨大的圆球大厅而闻名于世，它的球形大厅直径和高度都是 43.43m，这在只能使用石材和混凝土而没有钢材的年代，无疑是一个很难实现的奇迹（图 2-37）。

古罗马时期，公共浴室十分盛行。其主要特点是体积庞大，空间高敞，功能齐全，并有华丽的装饰（图 2-38）。

古罗马时代，贵族生活奢侈，宅邸十分考究。典型的布局是列柱式中庭，前后两院，前院有大型接待室，后院设家属用房。内部有大理石墙面、华丽的壁画、灯具和暖炉。

图 2-37 罗马万神庙内景

3. 哥特风格

12 世纪后，欧洲兴起了哥特艺术，哥特式建筑就是在这个时候出现并开始流行的。哥特式建筑的杰出贡献是首次打破了多年来用厚重墙体支撑屋盖的做法，改用轻巧的十字拱和飞券，从而能够建造高耸挺拔的建筑，也给人们带来一股轻快感。哥特式建筑的主要特征是竖向排列的柱子，尖形向上的拱券，火焰纹的窗口以及卷蔓、螺旋纹形成的线脚和装饰。还喜用大理石、马赛克等材料和贴金、壁画等装饰。哥特式建筑的最高水平体现于教堂，其总体气氛是表现宗教的神秘性和上帝的至高无上的地位。图 2-39 为巴黎圣母院的内景。

4. 文艺复兴时期的风格

14、15 世纪，意大利等国出现了空前的文艺繁荣，史称"文艺复兴"。

这一时期的建筑和室内设计，冲破了中世纪封建封闭的装饰风格，重视个人在现实世界中的发展，恢复了古典柱式和严谨的构图。

图 2-38　卡瑞卡拉大浴室内景

图 2-39　巴黎圣母院内景

在室内设计方面，环境多为古典式，空间高大，常取对称布局，追求形式美，喜用镶嵌、蒙面、雕刻等装饰。图 2-40 为圣彼得大教堂的内景，该教堂是文艺复兴建筑的典范，它有规范的柱式，中轴对称的布局和富丽堂皇的装饰。四周的壁柱连接成一个引人入胜的大空间，壁柱之上为一个穹窿顶，整体氛围实现了由神秘向人文的转变。

5. 巴洛克风格

巴洛克风格盛行于 17 世纪的欧洲，其名称的原意为"畸形的珍珠"，是一个贬义词。

巴洛克风格包含着尖锐的矛盾着的倾向，它打破了古典的和文艺复兴时期的"常规"，体现了对现实生活的热爱和对于世俗美的追求，创造出不少富有生命力的新手法、新样式和新细部，但也存在着非理性、反常规和形式主义的一面，并因此而受到古典主义者的批评和抵制。

图 2-40 圣彼得大教堂内景

巴洛克风格的主要特点是：

（1）具有欢乐豪华的气氛，追求感官享受和卖弄财富，过于繁琐，甚至离奇、破碎和神秘。

（2）强调变化，在使用直线的同时大量使用曲线，具有滚动的效果。

（3）大量使用绘画、雕刻和工艺品，将它们用于家具和陈设。墙面常挂精美的壁毯，或镶嵌大型镜面和大理石。大量使用名贵木材，用拼缝、镶边等方法进行美化。线脚厚重，重重叠叠，具有高水平的细木工艺。

（4）色彩丰富，气氛华丽。常在家具上使用丝绸、割绒等覆面材料及涂金、镀金等工艺。

图 2-41 为法国凡尔赛宫的小型会客厅，图 2-42 为凡尔赛教堂的镜厅。

图 2-41 凡尔赛宫国王的小客厅

图 2-42　凡尔赛教堂的镜厅

公元 1650 至 1700 年间，出现了殖民时期的建筑风格。这种风格带有母国建筑的传统特征，又植入了当地建筑的某些形式，图 2-43 所表示的是一个建于 17 世纪初期的美国的巴洛克风格的起居厅。

图 2-43　美国的巴洛克风格的起居厅

6. 洛可可风格

17 世纪末到 18 世纪初，法国专制体制出现了危机，在君权衰退的情况下，贵族沙龙主导了文化艺术，于是，便出现了一种卖弄风情、妖媚柔靡、代表着贵族趣味的艺术风格——"洛可可"。

洛可可风格的主要特点是：

（1）从总体上看，反映贵族们苍白无聊的生活和娇弱敏感的心情。他们受不了巴洛克的喧嚣，也不接受古典主义的理性，追求的是更为温软、细腻和纤巧的情调。

（2）在室内设计中，排斥一切建筑母题，如在过去用壁柱的地方，改用镶板或镜子，以凹圆线脚和涡卷代替檐口和山花等。

（3）排斥前一时期最爱使用但又冷又硬的大理石，认为它不适于小巧舒适的空间，故除壁炉外，几乎全用木板，初期漆白色油漆，后期多用木材本色并打蜡。

（4）装饰题材更加具有自然主义的倾向。最爱用的是千变万化的舒展着的或纤缠着的草叶，此外，还有蚌壳、蔷薇和棕榈等。为了彻底显示植物流转变幻的自然形态，陈设、布局多不对称，甚至一个镜子的四个角都不一样。

（5）喜用娇艳的颜色，如嫩绿、粉红、猩红、蓝天、白云等，线脚和边框多为金色的。

（6）喜欢闪光夺目的效果。大量使用镜子、带有晶体装饰的灯具和绸缎幔帐，喜欢在家具上镶嵌螺钿，惯用镜前烛台和瓷器皿。

总体上说，洛可可风格格调不高，但与巴洛克和古典主义相比，更显亲切温雅，更接近人们的日常生活，故在室内设计方面产生了久远的影响。

图 2-44 为法国路易十五时期洛可可风格的客厅，图 2-45 为洛可可风格墙面的样式。

图 2-44　法国路易十五时期的客厅　　　　图 2-45　洛可可风格的墙面

7. 欧洲新艺术运动风格

新艺术运动开始于 18 世纪后期，该运动的代表人物针对建筑和艺术品的设计，力求摆脱历史上固有的风格，创造出一种前所未有的、与工业生产相称的式样。他们模仿自然界的草木，使用单纯的曲线，并把这种做法渗透到建筑和家具，特别是墙面、栏杆、窗子等部位。由于曲线图案难于成型，故普遍流行铁件。新艺术运动在反对复古、开辟未来的过程中，显示了积极的作用，曾先后流行于法、英和西班牙等国，但由于过分追求奇特的形式，忽视材料和造价等因素，到 19 世纪末和 20 世纪初，便逐渐衰落了。图 2-46 为新艺术运动时期所建住宅的内部。

（五）现代风格

现代风格的起源以 1919 年兴起包豪斯学派为标志。该学派的创始人为著名建筑大师格罗皮乌斯，他创建的包豪斯工艺美术学校和以他为首的包豪斯学派，致力于创新，重视功能和空间，推崇简洁的造型，反对多余的装饰，注意材料的质地和色泽，强调工艺操作以及设计与生产之间的联系，在推动现代建筑的发展方面起了巨大的作用。当今的室内设计尽管流派纷呈，风格各异，但上述现代风格的特点和原则始终为许多设计师喜欢和接受。

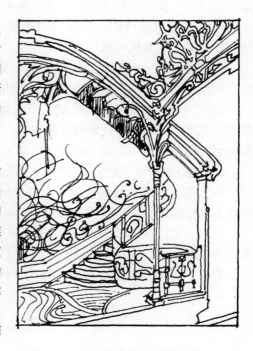

图 2-46 新艺术运动时期的住宅内部

与格罗皮乌斯齐名的还有密斯·凡德罗、勒·柯布西耶和莱特。密斯·凡德罗在空间处理上主张灵活多变，在造型设计上主张"少就是多"。他潜心研究细部，对空间和细部均有独道的见解。其代表作有住宅和巴塞罗那展览馆等。图 2-47 为密斯设计的住宅，图 2-48 为密斯设计的巴塞罗那展览馆。它们是密斯的代表作，也是现代风格的代表作。

图 2-47 密斯设计的住宅

图 2-48 密斯设计的巴塞罗那展览馆

勒·柯布西耶是建筑师也是绘画师和雕塑师。他善于使用新的建筑语言，对模数制和工业化生产有着浓厚的兴趣。主要代表作有马赛公寓和朗香教堂等。

莱特是一位美国的建筑师，他不守陈规，不走老路，走的是一条与上述几位欧洲大师并不完全相同的路。他对农村、土地和大自然有着深厚的感情，他的作品均与大自然密切结合，均能充分体现他的人本主义的价值观。图 2-49 是他的一个工作室——西泰里森的内部景观。

图 2-49　西泰里森内景

现代风格的出现是建筑史上的一次飞跃，对之后的乃至当今的建筑设计和室内设计产生了极大的影响，图 2-50 和图 2-51 均为现代风格的作品。

图 2-50　现代风格的室内设计之一

图 2-51 现代风格的室内设计之二

四、室内设计的发展趋势

室内设计是一个古老而又年轻的学科和专业。说其古老，是因为自有建筑活动起，也就有了室内设计的活动。说其年轻，是因为直到工业社会后，室内设计才逐渐地从建筑设计中分离出来，并成了独立的学科和专业。就我国的情况而言，现代室内设计的历史只有几十年。

室内设计的发展是一个长期的并且经历了诸多变迁的过程。古代与近代室内设计的发展主要表现在风格的演变上，一部古近代欧洲室内设计史，几乎就是一部风格变迁史。进入现代后，室内设计明显受各种思潮的影响，流派纷呈，大有"你方唱罢我登场"之势。

综观从古至今的室内设计，影响其发展的因素大致有两类：一类是不断发展的，包括社会的政治、经济状况，生产力和科学技术的发展水平，人们的生活方式和思想观念等；另一类是相对稳定的，包括地理、气候等自然条件以及长期积累形成的民风、民俗、宗教、信仰等。前一类因素能使室内设计表现出一定的阶段性，即所谓的时代性；后一类因素能使室内设计表现出明显的风格特点，即所谓的民族性和地域性。

就当今的情况而言，文化因素对室内设计的发展更加明显。在多元文化交流、碰撞、融合的背景下，本土文化、外域文化、商业文化、现代文化甚至宗教文化与时尚潮流，都在影响室内设计的发展。这种复杂的文化背景，再加上地理因素的不同，社会因素的差异，必然会使室内设计专业走上"和而不同""多元并存"的道路，出现百花争艳的局面。受少数权威支配、为某种潮流左右的时代，将一去不返。

44

当今的室内设计，无论从形式上看，还是从内容上说，都与古代甚至近代的室内设计具有显著的区别。它不仅仅是一般的形式设计，也不仅仅是对于所谓风格的追求，而是包括形式设计在内的整体环境的设计。它不是室内设计师的独角戏，而是室内设计师与相关艺术家、相关专业工程师的协调、配合及合作。它不仅要满足业主的需求，为个别对象服务，还要考虑和兼顾经济效益、社会效益和环境效益，放眼全局与未来。整个室内设计将以消费为引导，为大众传媒所影响。既重技术，又重情感；既植根于传统文化的土壤，又吸取先进的外域文化和现代文化；既充分考虑人的物质需求与精神需求，又高度关注人与人、人与社会、人与自然的和谐共处。

总之，未来的室内设计就是要以科技和艺术为手段，对功能、形式和技术进行协调，对人、社会和自然进行整合，为人们创造出更理想的生活环境。

第三章 室内环境的艺术价值及表现

第一节 室内环境的艺术价值

室内环境具有多种价值，包括实用价值、艺术价值、社会价值、伦理价值及生态价值。本章重点分析它的艺术价值。

室内环境的艺术价值，又可细分为以下功能，即认识功能、审美功能和教育功能。所谓认识功能，就是通过室内环境的内容和形式，能让人们认识不同时代、不同民族、不同社会背景的人们的生活、风俗、习惯、行为、观念乃至各种设施和器物。所谓审美功能，就是能够通过室内环境培养和提高人们对美的事物、美的形式的敏感性、辨别力和感受力。所谓教育功能，就是能够通过室内环境的内容和主题对人们的思想品德施加积极的影响，有利于培养人们在对待自然、社会、人生、他人以及自我判断方面的积极态度和热情。

举例说明：幼儿园活动室的墙壁上有一幅大型壁画《龟兔赛跑》。在这个活动室中，儿童们能够通过壁画，认识花草树木、乌龟和白兔；可以通过壁画的色彩、构图和形象获得美感；可以在老师的指导下，逐步树立"胜不骄，败不馁"的精神意志。这一切，就是这一室内环境具有认识、审美、教育功能的例证。

应该着重指出，上述三种功能在不同的室内环境中，会有强弱不同的表现。一般地说，纪念性和宗教性建筑的室内环境，教育(教化)功能要强一些；普通建筑的室内环境，如宿舍、店面等，教育功能要弱一些。

室内环境的艺术价值是通过所有要素以及由这些要素组成的整体体现出来的。室内环境的艺术价值能否充分得到体现，前提是要素和要素组成的整体要能够为人们感知和感动。因此，设计怎样的形象及这些形象将在多大程度上为人们所感知和感动，就成了室内设计的一个重大课题。从这点出发，室内设计师必须认真研究室内环境的类别、功能和性质，通过创造性的劳动，设计出完美的形象，充分而又恰当地体现出室内环境的艺术价值。

第二节 室内环境美的表现

室内环境是由多种要素构成的，具有综合艺术的性质，因此，室内环境美的不少形态是其他艺术所少有甚至是没有的，如空间美和自然美等。

一、空间美

空间美是建筑外环境和室内环境独有的美。绘画是平面的，只有长、宽两个维度。雕塑是立体的，具备长、宽、高三个维度，但人们也只能在外部欣赏，而不能进入其内部。即使有些雕塑是"空心"的，多数也是出于经济、技术上的要求，而不是让人们走入"空心"去欣赏，更不是让人们在其内生产和生活。只有建筑的内外环境特别是室内环境，具有

"容器"的性质，可以成为人们进行各种活动的场所，并感受其艺术性。

室内环境的空间美主要表现在四大方面：一是单个空间的形状、大小、比例、色彩等产生的美；二是多个空间组合时所产生的美，如空间与空间的对比统一、交叉渗透、序列体系等"关系"所产生的美；三是单个空间或组合空间所产生的态势美；如静态美和动态美；四是由于空间性质的模糊、界面性质模糊所产生的朦胧美。关于空间与空间美的详细介绍，可见本书的第四章《室内环境艺术的语言与表达》。

二、装饰美

装饰起源于巫术，最早的装饰是人体装饰，之后的装饰，多出现在陶器等生活用具上。建筑环境的装饰出现较晚，但很快就成了人类应用最广、最多的装饰。

前已提及，从概念上说，装饰与装修甚至装饰与陈设常被混淆。但从设计实践中看，装饰与装修、装饰与陈设，有时确实是很难严格分清的。以中国传统建筑中的油漆彩画为例，其初始目的完全是保护木构件，即避免它受潮变腐，但其色彩和图案又明显具有美化环境的意义，因此也就成了很有特色的装饰。

在一般情况下，室内环境中的装饰系指附加在界面上的主要用于美化而没有多大实用价值的艺术品和民间工艺品，如绘画、雕塑、摄影、书法、挂毯、刺绣等。

关于建筑环境特别是室内环境是否需要装饰这一问题，历史上曾经有过尖锐的论战。在反对的言论中，最激烈的言论莫过于"装饰是罪恶"。此言论来自奥地利建筑家阿道夫·卢斯的著作《装饰与罪恶》，该著作发表于 1908 年。

有关论战一直延续到现代。盛行于 20 世纪的"少就是多"也是这一论战中较为典型的言论。

但从实际情况看，古今中外的室内环境始终没有摒弃装饰，装饰美也始终是室内环境美的一种重要的表现。室内环境中的装饰有多种意义，包括完善构图、营造气氛、体现特色、突显主题等。因此，关于装饰的争论焦点不在要不要装饰，而是要怎样的装饰和怎样配置装饰。

三、技术美

技术美可以说是社会美的一种表现，但当它表现为结构、部件、配件、材料、设备和工艺的时候，就能够被人们感知，甚至引发人们的感动，而成为室内环境美的一种形态。

技术美与艺术美有相同之处，如都有形象，都能引发人的情感反应，但又与艺术美不完全相同：一是它有明显的功利性，技术必须满足室内环境的功能要求，而不像艺术美那样超越功利性；二是它有明显的实践性，即要通过人的劳动、机械的加工和安装等，构成特定的形式，因此，必然会与生产方式和加工工艺等形成紧密的联系；三是它有明显的时代性，因为结构、材料、设备等都与社会生产力的发展水平特别是科学技术的发展水平相关联。

总之，室内设计师必须从室内环境的功能出发，优先考虑结构、材料、部件、配件的技术要求，在此基础上赋于它们以美的造型，使之成为室内环境美的表现形式。

四、自然美

室内环境中有许多自然要素，如花草树木、山石、水体及各种观赏动物等。严格地说，上述自然要素，已经不是原生自然物了，因为它们均已受到人的干预，是所谓的"人化自然物"但是，由于它们仍然存在许多自然属性，因此，仍然能够表现出自然美，进而使室内环境美显得更加生动和丰富。

自然美具有原生性。现代人已经见惯了甚至厌烦了大批量生产和多次复制的人造物。与这些人造物相比，自然物充满野性，千姿百态，完全没有人工雕琢的痕迹。

自然美具有生命性。自然物中的动植物都是有生命的，即便是山石等非生命体，也能与动植物一起，带给人们关于生命、岁月的感悟。室内环境中的花草树木、锦鲤、鹦鹉、喷泉、瀑布等动态十足，生动有趣，都能使置身其中的人感到愉快和振奋。

自然美具有多变性。喷泉、瀑布的形态不断变化，花草树木也会随着季节的变换，或多或少地改变自己的形态及颜色。阳光有可能从侧面或顶部照射至室内，室内的柱廊、花格等的影子也会发生变化，这种光影变化同样会显示出特殊的魅力。

自然美具有多样性。俗话说得好："没有两朵同样的花"，也"没有两片同样的叶"。自然物色彩丰富，形态各异，其丰富性远非人工造物所比拟。

总之，自然美可以与空间美、装饰美、技术美相辅相成，形成互补的态势。因此，室内设计师理应充分创造条件，使室内环境的自然美得以显示，以进一步提高室内环境的活力与生机。

人来源于大自然，热爱自然、亲近自然是人的天性。让室内环境具有自然美，一定会使人们心旷神怡，达到放松心情、修身养性的目的。

第三节　室内环境美的层次

第二节着重介绍了室内环境美的形态，基本问题是室内环境作为一种客观存在，能够从哪些方面表现出自身的美。本节着重讨论的是室内环境美的层次，基本问题是作为感受者的人，能够从哪些层面去感受室内环境的美。

室内环境美有三个不同的层次，即形式美、意境美和意蕴美。形式美是一个浅表的层次，指的是因造型要素本身所表现出来的美，是一种能够悦耳、悦目从而能够让人愉悦的美。意境美和意蕴美是一个较深的层次，指的是那种能够导致情景合一，神与物游的美。

室内环境种类繁多，功能性质也不一样，不一定都要体现出意境美和意蕴美，但它们都应具有形式美。从这个意义上说，形式美乃是意境美和意蕴美的前提和基础。

一、形式美

形式美是一个相当重要也是一个相当模糊的概念，不同的美学家往往会作出不同的解释。结合室内环境说，形式美就是室内环境中的各种要素在色彩、形状以及排列组合等方面所显现出来的美。

形式美属于造型设计的范畴，与物质因素距离较远，在一定意义上，可以脱离室内环境的内容而成为相对独立的审美对象。

室内环境如要具有形式美，其要素的造型以及诸要素之间的关系必须符合"形式美的基本法则"，这一法则，也称构图原理或构图原则。形式美的基本法则包括尺度、比例、对称、均衡、稳定、节奏、韵律等，核心是多样统一。

形式美的基本法则是人们在长期的社会实践中积累起来的一种审美经验。如"山"下大而上小，给人以"稳定"的感觉，以至人们常用"稳如泰山"来形容某种形态和神态，久而久之，便认为下大上小的东西稳定，也很美。再如蝴蝶、蜻蜓等都是左右对称的，久而久之，人们便感到对称的东西看起来比较美。下面，结合室内环境设计的实际，分别对主要原则做一些具体地分析。

（一）比例

一般说来，比例乃是事物的形式在数量上合乎一定规律的组合关系。古希腊的毕达哥拉斯学派，早在公元前六世纪就已提出：美是数的和谐，也就是恰当的比例关系。并提出了所谓"黄金分割"比，比值大约为 $1.618：1$ 或 $8：5$。

室内设计中的比例系指要素各部分、要素与要素之间以及要素与总体之间的数量关系。这种数量关系的确定，与影响要素、整体的客观因素（如功能的需要和技术条件的制约等）有关系，又与人的主观经验有关，如房间过于狭长客观上可能影响使用，主观上也会感到不舒服。

在室内设计中，比例的恰当与否可以体现在环境的各个领域。门、窗框的高宽比，柱子、壁柱的细长比，柱头、柱身、柱基之间的比例等，属于要素自身的比例；办公桌与桌上台灯的比例，条案与案上陈设的比例等属于要素之间的比例；大型壁画、中央吊灯与整个空间的比例，则属于要素与整个空间的比例。几乎人人都有这样的经验：宾馆大堂的中央吊灯，如果悬吊于住宅的卧室会使空间拥塞不堪；床头柜上的台灯，如果摆在大堂副理的台子上会显得十分小气，……。所以如此，原因不在吊灯、台灯本身，皆因要素与空间的比例关系不合适。

环境艺术是一种整体艺术，环境中的任何一件器物，任何一件装饰，任何一个构件、部件和配件，是否具有存在的价值，能否给人以美感，不仅要看它们自身如何，更要看它们与其他要素和整个空间是否具有良好的比例关系。

还应进一步指出，良好的比例是不能规定成一定的数字而到处套用的，哪怕是所谓的"黄金比"。良好的比例全靠设计师凭借自己的审美经验去把握。

（二）尺度

尺度关系到环境要素的具体尺寸是否符合人体自身和进行活动的要求。

尺度与比例是两个具有联系但又互不相同的概念。比例反映物与物的数量关系，尺度反映物与人的关系。比例是否恰当，主要影响视觉效果；尺度是否合适，则影响人的使用。这是因为许多构件、部件和环境要素的尺寸都是依据人的生理特点决定的。试举几例：踏步高度约为150mm，过小或过大，行走时都会感到不便。楼梯栏杆的高度约为900mm，过低不够安全，过高攀扶起来则较吃力。一般居室的门宽约900mm，高约2100mm，过小难于过人，更难于搬运家具等物品，过大则会笨重而难于为人们所启闭。诸如此类的例子足以表明，与人们的活动密切关联的环境要素，其尺寸是不能随意更动的。

有些时候，为了保持合适的尺度，有可能影响要素与整体环境的比例。以图 3-1a 中的双扇门为例，从使用角度看，是无可挑剔的，但由于所处空间太大，看上去则太小气。如果保留门扇的原有尺度，而在其上加一个较大的腰头窗，改成图 3-1b 的样子，就可以在使用要求不受影响的前提下，大大改善门与空间的比例关系。

在一般情况下，环境的各个要素包括各种构件、部件和配件，都应该具有宜人的尺度，以使人感到合用、亲切和惬意，但在特殊情况下，也可以根据总体意图的需要，故意采用夸张的手法，让某些要素或整体具有反常的尺度，以取得设计师原本就在追求的那种特殊的效果。有些神庙和宫殿，特意加大殿堂的体量，用以显示神和帝王的"至高无上"以及平民的"卑微渺小"；有些教堂故意采用特小的窗口，引入扑朔迷离的缕缕光线，用以烘托神秘的气氛，就是一些典型的例子。图 3-2 是古埃及阿蒙神庙的柱廊，该柱廊的尺度和布置固然受到了当时的材料条件和技术条件的制约，但客观上也确实彰显了神的超人地位和威慑力。

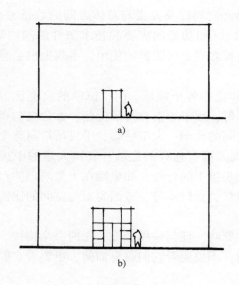

图 3-1　尺度与比例的关系　　　　　　　图 3-2　古埃及阿蒙神庙柱廊

对室内环境而言，首要的是要正确把握内部空间的尺度。一般建筑的内部空间尺度可分三大类，即自然尺度、亲切尺度和超人尺度。自然尺度是一种自然而然存在的尺度，其特点是满足实用要求，与人的生理机能保持正常的关系。处在其中的人在情感上会保持相对平静的状态。一般的室内环境如卧室、书房、办公室等，都应采用这种自然的尺度。亲切的尺度略小于自然尺度，在满足实用要求的同时能给人以更多的亲切感。住宅中的茶室、阁楼等可以采用亲切的尺度。超人的尺度也称夸张的尺度，是一种有意采用的、远远大于自然尺度的特殊尺度。在这种尺度的空间里，人可能会自感渺小。在历史上，这种空间往往被用于宫殿和教堂；在现代，这种空间往往被用于银行大厅及酒店大堂等，目的是显示财富，感染和吸引顾客(图 3-3)。

（三）节奏

节奏本是来自音乐的一个概念，指的是声音有规律地出现强弱、长短的现象。

建筑与音乐同为表现性艺术，建筑艺术的手段与音乐艺术的手段有许多相似之处，节奏、韵律、序列等就同时适用于音乐与建筑。图 3-4 所示的墙面，由于壁柱与壁灯、壁柱与挂画有规律地交替出现，其情形就犹如音乐中"强—弱""强—弱—弱"等节奏。

图 3-3　采用超人尺度的大厅

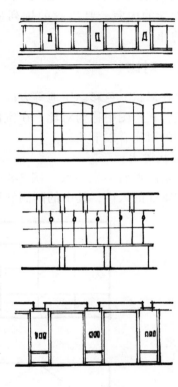

图 3-4　室内设计中的节奏

图 3-5 为北京颐和园的长廊，其梁枋等构件的排列很有规律，是一个节奏感非常鲜明的实例。

如果给节奏下一个宽泛的定义，节奏即审美对象中各种物性因素由于有规律的重复显现而形成的运动形式。在宇宙万物中，节奏的种类非常繁多，且随处可见：四季更替，潮汐涨落，月圆月缺，脉搏跳动等都有节奏性。也正因为如此，有些学者还把节奏与生命联系起来，并进一步认为，节奏可以使审美对象具有生命力。

（四）韵律

韵律，同样是来自音乐的概念，其本意应指乐曲发展变化的规律。在室内设计中，可以理解为要素按一定规律发展变化的趋势。彰显韵律，可以避免杂乱无章的弊病，有效地显示环境的统一性。

室内要素的韵律有三种表现形式：一是重复的韵律，即要素反复不断地出现（图 3-6a）；

二是渐变的韵律，即要素按算数级数或几何级数由多变少或由少变多，由大变小或由小变大，由疏变密或由密变疏（图 3-6b）；三是交错的韵律，即要素的显现符合一正一负的规律（图 3-6c）。

图 3-7a 是一个隔断，其构成方法显示了交错变化的韵律，图 3-7b 是沙特阿拉伯石油矿业大学的内庭，其拱廊的排列显示出了重复的韵律。

（五）对比

要素在形状、色彩、质地等方面表现出较大的反差，在构图中称为对比。在室内设计中经常运用的对比有以下几种：

1. 形状对比

即要素的形状差别较大。图 3-8 为北京香山饭店四季厅的入口，其中的圆洞和墙壁上的

图 3-5　颐和园长廊的节奏性

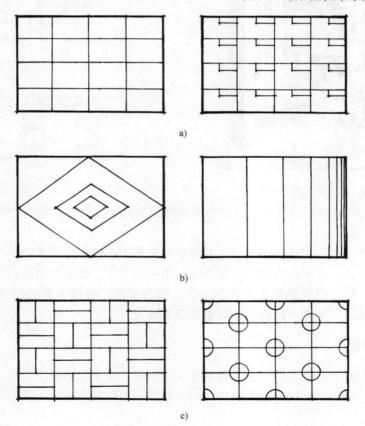

a)

b)

c)

图 3-6　室内设计中的韵律

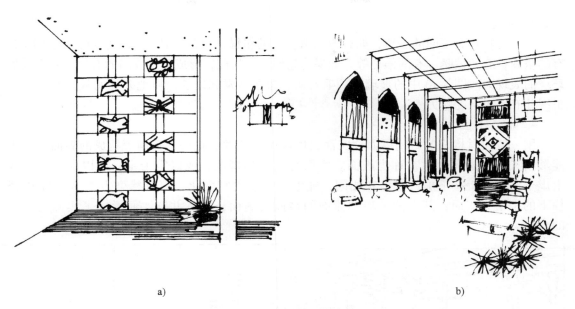

a)　　　　　　　　　　　　　b)

图 3-7　具有韵律性的实例

菱形窗差异明显，属于形状对比，正是由于这种对比，使环境有了较强的视觉冲击力。

2. 方向对比

室内设计中的方向对比，常常表现在墙面的划分上，如用垂直划分强调高耸，用水平划分强调舒展等。除此之外，还可能表现在不同方向的构件之间，如倾斜的楼梯、自动扶梯与垂直的柱子和水平横梁的对比，平展的排椅与列柱式的灯柱间的对比等。图 3-9 中，两侧的列柱强调了垂直向上的方向，天花上的造型强调了水平延伸的方向，二者间的对比就是方向的对比。

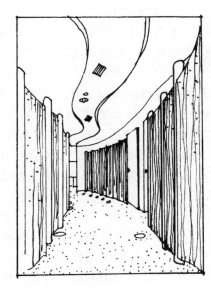

图 3-8　形状对比举例　　　　　　　图 3-9　方向对比举例

3. 质地对比

不同材料具有不同的质地，如有的光滑，有的粗糙；有的轻薄，有的厚重；有的柔软，有的坚硬；有的偏暖，有的偏冷等。如果将它们适当搭配，形成或强或弱的对比，必将增加环境的表现力。图 3-10 中的玻璃窗、毛石墙、布艺沙发和地毯，质地差异明显，空间环境也因此有了极强的魅力。

4. 虚实对比

用一般建材构成的封闭界面称实面，用玻璃、柱廊、花格、孔洞等构成的界面，由于能够给人以空透感，常常称为虚面。实面与虚面相搭配，或以实为主，或以虚为主，或上虚下实，或上实下虚，或虚实相间，能够使空间更富变化，更有感染力。图 3-11 中楼梯下的柜子为实面，其上的玻璃和侧面的镜面为虚面，两者并置，便形成了实面与虚面的对比。

图 3-10 质地对比举例　　　　图 3-11 虚实对比举例

5. 体量对比

体量大小相差很大时，可以引起强烈的情感反应。欧洲的很多教堂，在大厅的前部都设一个低矮的门廊，人们经过门廊而猛见高敞的大厅，无不产生一种豁然开朗的感觉，从而也更增加了对于"上帝"的敬畏。这种手法可谓"欲扬先抑"，就亲临其境者来说，往往会有"山穷水尽疑无路，柳暗花明又一村"的心理感受（图 3-12）。

图 3-12 体量对比举例

6. 色彩对比

色彩可以从色相、明度、饱和度等多方面形成对比。人们通常提及的色彩对比多属色相对比，对比最强的当然是红—绿、蓝—橙、黄—紫等对比色。色彩对比是一种简便而又有效的设计手段，如果再加上灯光，往往能够取得极其显著的效果。

构图方面的对比，除上述几种外，还可以表现在其他领域，如动静对比等。

（六）均衡

环境要素各有自己的视觉分量，即在整个环境中各有或强或弱的吸引力。如果某些要素或某几组要素的视觉分量或吸引力基本相等，那么它们就处在一个大体均衡的状态。

均衡状态有三种基本形式：一是对称式，即有清晰的轴线，轴线两侧的要素完全相同（图 3-13a）。二是放射式，即要素环绕一个中心点，向外扩散，或向内聚集（图 3-13b）。三是非对称式，即不同要素或几组要素，造型、色彩、大小等均不相同，但视觉分量和吸引力基本相等（图 3-13c）。在上述三种形式中，对称式最为严谨，故常能烘托出庄严、肃穆的气氛。非对称式最为灵活，适应性也最强，需要注意的是不可过度松散，以致失去应有的秩序。

（七）统一与变化

统一与变化的原则，也称对立统一的原则，它是形式美的基本法则中最重要的原则，甚至是最为根本的原则。只有统一，才能使环境要素的组织更加秩序化和理性化；只有变化，才能使环境要素显示出丰富性和生命力。

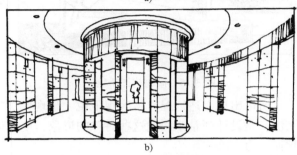
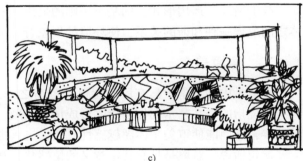

图 3-13 "均衡"的三种状态

过分统一而无变化，必然单调、呆板；过多变化而缺乏统一，必然杂乱无章，从而失掉秩序性。在室内设计中，在多大程度上强调统一，在多大程度上强调变化，要视环境的功能和性质而定，"恰到好处"是理想的境界。

形式美的基本法则不止上述几个，其核心是强调要素与要素、要素与整体应该具有令人赏心悦目的关系。

还须特别指出，在当代造型设计和当代室内设计中，常常遇到与上述美学法则相悖的做法，即设计者有意突破传统美学法则的束缚，运用翻转、倾斜、扭曲、断裂、破损等手法，创造出非常规的、非传统的形象，如倾斜的门窗、断裂的梁柱、破损的墙面与顶棚等（图 3-14、图

图 3-14 翻转构图举例

3-15、图 3-16）。

图 3-15　倾斜构图举例　　　　　　　　　　　　　　图 3-16　残缺构图举例

　　所以出现上述情况，从客观上说，是现代材料和技术能够使这些手法得以实现；从主观上说，是设计师希望通过这些特殊的形象，使人们感到惊奇，受到刺激，借以提高环境的视觉冲击力。

　　综上所述，运用形式美的基本法则的最终目的就是使环境的要素与要素之间、要素与整体之间取得一种和谐的关系，使环境的形象符合多数人的审美习惯。

二、意境美

　　意境是中国美学中具有民族特色的范畴之一，也是中国文化中最具世界贡献的一个方面。意境指的是在艺术创作中能够形成情景交融、虚实统一的状态，达到深刻表现思想情感的地步，从而能使审美主体超越感性具体，进入更加广阔的艺术境界。

　　换句话说，意境是具有特定意义的情感状态和人生体验，是由审美对象引起的，再经审美主体的积极努力，从而达到"神与畅游"的地步。

　　室内环境的意境美是室内环境精神功能的较高层次，也是室内环境艺术价值的有效体现。室内环境的意境美也有高低不同的层级，低层级的意境美表现为特定的氛围，高层级的意境美含有更多的情感因素。

　　氛围是室内环境给人的总印象。美或不美都是一种总印象，但氛围则更加接近于个性，是能够在一定程度上体现此环境与彼环境具有不同个性的东西。我们通常所说的轻松活泼、庄严肃穆、安静亲切、欢快热烈、朴实无华、富丽堂皇、古朴典雅、新潮时尚等就是关于氛围的表述。

　　室内环境应该具有怎样的氛围，是由其用途和性质决定的。在住宅类的建筑中，还与主人的职业、年龄、性别、文化程度、审美情趣等具有密切的关系。

　　从概念上说，室内环境应该具有何种氛围是容易决定的，如起居室、会客室应该亲切、平和，宴会厅应该热烈、欢快，会议厅应该典雅、庄重等。但实际上，由于室内环境的类型相当复杂，即便是同一大类的建筑，当规模、使用对象不同时，其体现的氛围也可能是完全不同的。如同为会堂，国家会堂和一般科技会堂不可同样看待；同是餐厅，总统套房的餐厅和一般用于婚、寿、节庆的宴会厅的氛围也不可能相同。对此，设计者必须本着具体情况具体分析的精神加以判断和处理。

高层级的意境比一般的氛围更有深度，也更具指向性。其中之"意"，可以理解为"意图""意愿"或"意志"等，类似文章的主题思想，是设计者想要表达的思想情感。其中之"境"，可以理解为"场景"或"景物"，是用来传达设计者思想情感的"形象"。

情感和形象是任何艺术门类都应具备的基本要素，有情感而没有合适的形象构不成艺术，不能表达情感的形象同样算不上艺术。

要使室内环境具有深刻的意境美，从创作角度说，就要"意在笔先""先意后象"，在立意之后，寻找最合适的形象表达立意，即托物寄情；从欣赏角度说，就是欣赏者能够从感知的形象中，受到启发、感染、陶冶甚至震撼，引起思想情感上的共鸣，即触景生情。分析几个实例：

实例一：广州白天鹅宾馆中庭

广州白天鹅宾馆是 20 世纪 80 年代即改革开放初期设计的涉外宾馆，以外国宾客、海外侨胞和港澳台同胞为主要接待对象。宾馆门厅后，有一个四层高并带玻璃屋顶的中庭，是一个宽阔的共享空间，自然也是室内设计的重点部位。

面对这样一个设计任务，设计者要相继解决立意和景物两大问题。从主观意图说，或者反映中国的历史文化，或者反映改革开放的意识，或者反映宾馆的热情好客，都是可以的；从景物上看，选择中式家具，陈列中国的传统工艺品，使用以大好河山为题材的挂毯、壁画，也都是可以的。但该中庭的设计者并没有这样做，他以表现海外赤子与祖国母亲的血肉联系为主题，以假山、瀑布、金瓦亭、水池、曲桥、游鱼、绿化和假山上的石刻"故乡水"为元素，组成了一组名

图 3-17　白天鹅宾馆中庭主景"故乡水"

为"故乡水"的主景，并以此构建成中庭的景物（图 3-17）。设计者立意之妙，在于凝练、深刻地抓住了事物的本质；所选景物之妙，既在于切合空间体量，生机勃勃，更在于它具有典型性，准确地体现了立意，做到了情景交融，实现了内容与形式的统一。

须知，用家乡的山、家乡的水来代表养育自己的土地、祖国是极为贴切的。李白在诗作《渡荆门送别》中，就曾用"仍怜故乡水，万里送行舟"的词句，来表达他对于家乡、故国的眷恋。不难想象，当远道而来的海外赤子跨入中庭，看到这组主景时，必然会受到强烈的感染和震动。

实例二：河南博物馆的序厅与大厅

河南博物馆从 1992 年开始设计，至 1998 年建成。该馆的序厅采用对称格局，上有连续天窗。走廊采用具有装饰性的象鼻柱，暗寓河南的简称"豫"字，体现的是河南先民从远古走向文明的意境（图 3-18）。中央大厅地坪高起，地面上的图案为一个经过夸张和演绎的"太极八卦图"。大厅的正面有一雕塑，形象是一个巨人推开两侧的大象，寓意着先民与大自然的斗争与融合，也体现着"天人合一"的思想。雕塑的后面有一幅巨型壁画，中间是

57

若隐若现的古文字与当地的历史文物,两边是两扇敞开的古建大门,象征着历史的大门已经
敞开(图3-19)。

图 3-18 河南博物馆的序厅

图 3-19 河南博物馆大厅的雕塑和壁画

在这个实例中,象鼻柱、雕塑、壁画等是"意境"中的"境",即形象或形式,而它们
暗寓的思想则是"意境"中的"意",即设计者想要抒发和表达的情感与内容。

实例三:陕西历史博物馆的序厅

陕西历史博物馆于1991年建成。该馆序厅面阔11间,空间高敞,是进入展馆的必经
之地。从功能上看,如果把以后的各馆比作教科书的各个章节,那么,这个序厅无疑可
以比作该书的绪论。为了"写"好这个"绪论",设计者在大厅的正中安放了一尊取自咸
阳唐顺陵的巨型石狮,神态异常威猛。作为背景的后墙,则用了一幅巨型壁画,展现出

茫茫黄土高原和奔腾咆哮的黄河，使大厅更有一股磅礴的气势。这里的石雕与壁画都是"形象"，前者，反映了陕西历史文化雄浑、豪迈的特性；后者，说明了陕西历史的地理文化背景。应该说，作为"绪论"的序厅，通过此番设计与装修，已经很好地完成了自己的任务。

通过上述分析，可以得出一些结论，即凡是意境深远的设计，其"意"必要准确、深刻，能够反映事物的主流和本质；其"境"必要典型，具有概括性，能够起到"一语道破"的作用。

三、意蕴美

意蕴美也是审美主体在审美体验中生发的情态。从这个意义上说，意蕴美与意境美并无十分明显的界限。如果一定要作一个比较，那就是意境美的文化深度相对较浅，意蕴美文化深度更深，能够带给审美主体更加深刻的体验和感悟，并把这种体验和感悟指向人生意识、历史意识和宇宙意识。由此可知，意蕴美乃是艺术品中能够让人们超过具体的、有限的物象、事件、场景，进入无限的空间和时间，进而引导人们对人生、历史、宇宙等获得理性感受和领悟的那种美。

南京大屠杀纪念馆的广场和室内环境，以黑灰色为基调，采用雕塑、枯树、砾石等元素，呈现枯、死、残、寂的氛围，能够诱发人们关于善恶、生死的种种思考，是一个意蕴深刻的作品。

王芝文陶艺微书展览馆是用于展示王芝文大师的陶艺和微书的。展览馆中，有一处残垣断壁式的展区：在黑色的地板上和粗犷的混凝土柱子上，散放着大量陶瓷和微书的碎片，用以表明王芝文大师百折不挠的创作精神，也用以表明高超的技艺不是轻而易举就能掌握的。参观如此这般的环境，人们会悟出很多关于人生、生命的道理，这种环境所显示的美也是意蕴美。

总之，室内环境美是有层次的，浅表层次的是形式美，较深层次的是意境美和意蕴美。

第四章　室内环境艺术的语言与表达

艺术要通过语言表达思想，与人对话，这是艺术生命力之所在。不同的艺术，各有自己的语言，室内环境艺术自然也有自己的语言以及与此相应的语言要素、语法规则和表情达意的方式。

第一节　室内环境艺术的语言要素

这里所说的语言要素，大体相当于口头语言和文字语言中的词汇。它是室内环境表情达意的基础。

室内环境的语言要素有两大类：一类是符号类要素，另一类是实体类要素。

一、符号类语言要素

室内环境中的任何一个物质要素，都可以或多或少地体现室内环境的社会、经济、文化、审美等意义，但它们又都可以被抽象为一种图形、一种符号，进而成为整体构图的一部分。一幅画、一盏灯可以被抽象为一个点；一行绿篱、一条小溪可以被抽象为一条线；一面墙、一方地毯可以被抽象为一个面。这些点、线、面、体等就是符号类的语言要素。

（一）点

几何学意义上的点，只有位置，而无大小。室内环境中的所谓点，则有不同的情况。有些点如长方体空间的几个角，确实只有位置，而无大小，但许多其他的点式要素如一盏台灯、立灯、射灯、一幅绘画、一座雕塑等，不但有明确的位置，还有大小、形状和颜色。

从构图上看，点有单点和群点之分。

单点是独立的存在，可能成为构图中心和视线的焦点，甚至在环境整体中起到稳定全局的作用，造型特别的坐凳就是如此(图4-1)。

图4-1　能够统领全局的"单点"

正确把握单点的布局，既要看它自身的大小、形状和颜色，更要看它与相关要素特别是整个空间的关系。墙上的一幅画、顶棚上的一盏灯，与所在墙面和顶棚都具有"图底"关系。从审美角度上说，人们不光会欣赏绘画与吊灯，更会关注它们与整个环境的关系。

群点可能呈线式或面式。呈线的群点可能为直线或曲线，两者均有一定的动势，相对而言，曲线式会更加生动和有趣。呈面的群点也有两种态势：一种是整齐排列的，另一种是自由排列的。前者如许多顶棚上纵横间距相等的灯具，后者如草坪上零零落落的散石。采用自由排列的群点，要特别处理好各点的大小、高低、远近等关系。图 4-2 表示了群点的表现力。

图 4-2　群点的表现力

（二）线

几何学意义上的线，只有长短，而无粗细。室内环境中作为符号的线大多既有长短又有形状和颜色。栏杆、绿篱、小溪和界面上的装饰线都是如此。只有界面的交线等可以看作是没有粗细的。

不同的线具有不同的性质：直线指向性强，曲线更具动感，折线尖锐有力，能更多地吸引人们的注意力。

线可以成"束"，成"束"的线表现力更强。倾斜的自动扶梯、活泼的螺旋梯都具有线"束"的性质。

成"束"的线有明显的装饰性，图 4-3、图 4-4 中的线就成了室内环境中装饰性极强的要素。

（三）面

室内环境的界面以及草坪、水池等均可视为面。有些面积较大的隔断、帷幕等也可视为面。面有平面、曲面之分。单单就面而言，表现力可能有限，但如果能处理好面与其他要素的关系，如在水池上架设小桥，在水池中饲养锦鲤、种植睡莲等，这个作为面的水池便会陡增表现力。

图 4-3　曲线的装饰效果　　　　　　　　　　　图 4-4　直线的装饰效果

　　面与线相比较，线有动势，面趋静止。平面与曲面相比较，平面较稳，曲面较活，如弯曲的墙面就有一定的导向性(图 4-5)。

图 4-5　弯曲的墙面具有导向性

（四）体

体有虚实之分。室内空间本身为虚体，室内环境中的亭子、巨柱等为实体。

体的表现力主要来自体量、形状和比例。如巨大的空间可使置身其中的人感到渺小，过扁过低的空间，可以让人感到压抑；过长的走廊，可以使人感到单调等。

有些室内环境故意设置一些大体量的构件和设备，目的是吸引眼球，给人以震撼。某商厦直达六层的自动扶梯、毕尔巴鄂大酒店的巨形"碎石柱"就是这类构件与设备。

图 4-6 表示了一个形体奇特的内部空间，是虚体的实例。本书"作品赏析"中的彩图 083 表示的毕尔巴鄂大酒店的"碎石柱"，是实体的实例。

图 4-6　形状奇特的内部空间

63

（五）质地

质地也称肌理，常与质感相混淆。其实，二者是有区别的：质地系指材料或制品本身所呈现的状态，如结构的疏密、表面的粗细等；质感是材料或制品能够被人感知的属性，如冷暖、燥润等。

不同的质地会引发不同的质感，也能形成不同的外在形式。如粗糙的材料或制品能使环境显得平实、朴素；光洁的材料或制品能反射周围的景物，使环境显得丰富和炫目等。广州大剧院的走廊和大厅大量使用清水混凝土，其环境就富有朴实无华但又耐看的特色(图 4-7)。

图 4-7　清水混凝土的运用

除上述种种符号类语言要素外，色彩也是一种重要的语言要素。有关色彩方面的问题，以后的章节会有专门的论述。

符号类语言要素的主要功能是形成室内环境的外在形式。

二、实体类语言要素

室内环境中的实体类语言要素共有四大类，即自然物、人造物、艺术品和建筑主体。

自然物包括山石、水体、花草树木及观赏动物等。

人造物包括家具、陈设、灯具、日用品、界面装修以及各种亭、廊、小桥、栏杆、台阶、坐椅、坐凳、画廊、报廊、招牌、匾额、音箱和果皮箱等。陈设中可能有许多旧物和杂品，如旧纺车、旧织机、旧电话、旧电扇、旧留声机以及斗笠、蓑衣、渔网、渔篓、弓箭、猎枪、体育用品和文娱用品等。

艺术品主要指没有实用功能而仅有审美功能的绘画、雕塑、书法、艺术摄影以及各种民间工艺品，如年画、泥人、香包、刺绣、风筝、剪纸、竹编、草编、扎染、蜡染等。

上述三类实体类语言要素的主要意义是体现室内环境的功能和性质，表达特定的思想情感，甚至讲述这样那样的故事。举例来说，墙上的一个斗笠，当其作为符号看待时，可能成为视觉焦点，成为整体构图的一部分。但作为实体看待时，它就有可能在讲述主人公一段令人难忘的经历。这样的例子很多：

　　某餐厅的墙壁用青花瓷盘作装饰，一方面比较直观地表现了环境的功能，与此同时，也使环境有了较浓的文化气息(图4-8)。

图4-8　用青花瓷盘装饰的墙面

　　一家餐厅在大厅悬挂大量鱼形吊饰，使环境表现得极富动感，同时，也暗示了该餐厅以经营海鲜为主的特色(图4-9)。

图4-9　大厅中的鱼形吊饰

某宾馆在通高的中庭中，悬挂了红色的纸伞和纸扇。这些要素多被用于"和式"风格的环境中，用在这里可以取得热烈而不喧闹、生动而不花哨的效果(图 4-10)。

图 4-10　悬吊的红伞与扇子

作为语言要素的建筑主体，包括空间和空间内的建筑构配件，如柱子和楼梯等。从表情达意方面看，这类语言要素远不如自然物、人造物和艺术品那样直接和明确。相对来说，建筑主体的表情达意更加含蓄和模糊。当然，不同的建筑主体情况是不同的，人民大会堂通往宴会厅的大楼梯，就能在一定程度上，传达出热情、好客、礼貌等信息(参见本书"作品赏析"中的图 016)。

第二节　室内环境艺术的语法规则

表达室内环境的主题和内容，体现设计师的思想与情感，既要有丰富而恰当的语汇，又要使语汇的组合符合一定的规则。

符号类语言要素的组合要符合形式美的基本法则，因为这类语言要素的基本任务是解决造型问题。实物类语言要素的组合要注意以下几个问题。

一、功能上的无害性

室内环境属实用艺术。室内环境首先要满足人们对于环境的使用要求。实物类语言要素中，有的具有实用功能，有的没有实用功能。选有实用功能的要素时，其功能应与环境的整体功能相一致；选用没有实用功能的要素时，不能损害环境的整体功能。

举例来说，一套古老的家具，可能具有纪念意义，甚至具有文物价值，但如果配置在特定的室内环境中，影响了人的活动，堵塞了交通线路，就须重新布局，如减少数量，或全部移至另一个空间等。

二、用语上的典型性

表达同一种思想情感，可供选用的语言要素可能有很多。在这种情况下，一定要选用那些具有典型意义的。某设计公司办公室的室内环境以蜂巢中的六角形作为母题，打造了隔断，并装修了顶棚和地面。意在激发职工团结协作的精神。在这里，作为实物类语言要素的隔断、顶棚和地面等，很容易让人联想到蜂巢和蜜蜂，联想到蜜蜂辛勤劳动、分工协作的精神，进而暗示人们应该像蜜蜂那样去进行劳动与创造。毫无疑问，这些六角形的实物类语言要素具有很强的典型性，用于办公室乃是一种不错的选择。

三、风格上的一致性

室内环境中，有多种实物。作为语言要素，应该具有大致相同的风格。"混搭"是可以的，但"混搭"也要有序，也要有主次。"混搭"是一种设计手法，不是随心所欲地抛撒。好比说话，在普通话中适当夹杂一两句方言，可能会使话语显得生动有趣，但如果一会儿夹杂这种方言，一会儿夹杂那种方言，甚至还夹杂几句外语，那就不但不美，还会使听者不知所云。

四、与人的和谐性

实物类语言要素之间要相互呼应、相互配合、相互对话，但作为室内环境的构成部分，它们最终和最重要的对话对象是人，是置身于室内环境之中的人。首先要让人了解含义，最好还能感动人和教育人。一些有实用价值的实体，要能够服务于人，使人们不仅能够得到美的享受，还能够享受到舒适、完美的服务。

新加坡樟宜机场的航站楼素以完善的设施和周到的服务而闻名于世。该机场的 2 号航站楼有一站式的综合娱乐中心，2、3 号航站楼还有 24 小时可以观影的电影院。航站楼中有许多花园，可以让旅客们在候机时观赏自然景观，以消除焦躁的心情，缓解身体的疲劳。机场中还有蝴蝶园、兰花园和露天仙人掌花园，在这里，人们可以看到许多稀奇的植物和锦鲤等动物。诸如樟宜机场这样的室内环境，宗旨十分明确，那就是为人服务，促进人与人、人与社会、人与自然的和谐。

第三节　室内环境艺术的表情达意

从表情达意方面看，不同艺术各有不同的方式。就是同一种艺术，表情达意的方式也是不尽相同的。以绘画为例，所用语言要素相同，但作品却有写实的（具象的）、写意的（意象的）和抽象的。具象绘画以写实和再现为主，形象上注意形似，表达上采用叙事方法，故作品容易被欣赏者感受和领悟。意象绘画追求形神兼备，形象上处于似与不似之间，表达上既有一定指向性，又给欣赏者留有一定的想象空间。抽象绘画着重表现要素本身，没有具体的人物、事物和情节，给人的感受相对模糊，面对同一作品，不同的人可能有完全不同的感受。

室内环境是一个特殊的艺术门类，它构成要素多，既有绘画之类的艺术品，又有多种非艺术品，其表情达意的情况，当然也要复杂些。

从总体看，室内环境表情达意的方式与意象艺术特别是抽象艺术相似，即具有一定的抽象性和模糊性。这是因为多数室内环境重在表现一种与环境本身、地域和时代相关的氛围，如古朴、传统、现代、前卫等，而不是着力表现室内设计师个人的感情。不可否认，有些室内环境确实能够表达具体的思想、情感和主题，如某些纪念馆等，但这样的室内环境在总体上只是较少的一部分。

简要地说，室内环境的表情达意相对含蓄，不像具象艺术那样直接了当，而这种含蓄主要是通过联想、想象和象征等手法体现出来的。下面，稍微详细地说说什么是联想、想象和象征。

一、联想

联想是一种重要的心理现象，其含意是曾被一定对象唤起过情感反应的人，在类似相关条件的刺激下，引发起过去的经验和情感。联想的主要形式有四种，即接近联想、类似联想、对比联想和关系联想。

由某事物联想起与其在空间或时间上接近的另一事物叫接近联想。由室内环境联想到室外环境、由室内的自然景物联想到大自然中的花花草草和山山水水等，都是接近联想的例子。某海员俱乐部的花鸟厅以塑树为柱，以卵石砌墙，在厅内广置花草，人们漫步其间，脚下有流水潺潺，头上有小鸟啾啾，泉水叮咚悦耳，鲜花芬芳扑鼻，宛如欣赏美丽的大自然，其情感体验就属接近联想。

由某事物联想起与其在性质或形态上相似的另一事物叫类似联想。人民大会堂大礼堂顶部，以红色五星形灯为中心，围绕五星灯布置满天星的圆灯并饰以"葵花向阳"式的装饰，能够使人联想到全国人民紧密地团结在中国共产党的周围这一主题，就是类似联想应用于室内环境的实例。

与接近联想相比较，类似联想有更加广阔的领域。也正因如此，有些类似联想如红色的热烈感、绿色的安静感、直线的坚挺感、曲线的运动感等甚至由于让人习以为常而不被人们所意识。在古今中外的室内设计中，类似联想早已得到广泛地应用，用松柏寓意坚强、用翠竹寓意高洁、用海燕寓意矫健、用火矩寓意光明等，都是常见的例子。

由某事物联想起与其特点相反的另一事物叫对比联想。朗香教堂采用不规则的平面和毫无规律的窗户，墙面倾斜，光线暗淡，使整个室内环境充满神秘感。然而，也正是这种神秘的氛围，又很容易使人想到"上帝""天堂"与光明。

由事物之间的其他关系而引起的联想叫关系联想。室内陈设中的蓑衣、斗笠、马灯等可能让人联想起主人曾在农村劳动的经历；墙上的乐器、唱片、光盘等，可能让人联想到主人是一位音乐工作者或音乐爱好者。这种种联想就属关系联想。

联想能够使人透过知觉，直接去把握深刻的内容，进而产生认识与情感统一的效果，故常常被室内设计师作为重要的表情达意的手段。

联想的基础是记忆。是人们从"当下的见闻"勾起过去的见闻的一种心理活动。这

"当下的见闻"是一种诱发因素，在室内环境中就是那些具有诱发性的语言要素。室内环境能否通过联想而表情达意，首先决定于语言要素是否具有诱发性。具有诱发性的语言要素可能有以下一些：

（一） 空间形体

在一般情况下，空间形体只能创造一种氛围，如用高敞的空间显示大会堂的宏伟和庄重，用挺拔或怪异的空间显示教堂的神圣乃至神秘等。但某些比较特别的空间形体也可能使人产生比较具体的联想，如用蛋形空间做科学馆，可以使人联想到生命的起源；用穹窿做天象馆的屋盖，可以使人联想到宇宙星辰等。

（二） 平面图像

包括绘画、浮雕、壁毯、摄影等。

武汉东湖宾馆宴会厅有一幅大型壁画名为《楚乐》，反映了长江文化的源远流长；陕西博物馆门厅有一幅以黄土高原和黄河为题材的大型壁画，明确显示了陕西历史的环境背景；深圳华夏艺术中心演出厅入口处的大型壁画，以龙舟竞渡和中华传统文化、民族风情为内容，突出表现了中华民族的智慧和精神（图 4-11），都是用平面图像引发联想、深化意境的典型实例。

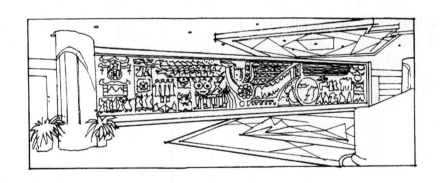

图 4-11 华夏艺术中心演出厅入口大厅的壁画

（三） 文字书法

书法艺术是我国传统艺术中一个相当独特的门类。它不仅能以轻重缓急、浓淡曲直的形式为人们所欣赏，还能通过其内容阐发环境的立意，起到浓炼、破题、画龙点睛的作用。

用于室内的书法艺术可能表现为挂画、刻屏、楹联和匾额等。

图 4-12 表示的是某茶艺馆中的一具牌匾，该牌匾与其下的扇形窗上下呼应，既点明了"题目"，也成了环境的焦点。

书法艺术历来深受我国人民的喜爱，长期被应用于室内设计与装饰中，到了今天，除传统用法外，还被用到玻璃、织物等领域。

（四） 装饰、陈设

陈设和各种工艺品，能够较为具体地体现环境的地域性、民族性以及主人的审美倾向等。装饰图案在体现立意方面更是具有不可忽视的作用。在毛主席纪念堂中，有不少青松、翠柏和向日葵等图案，它们有效地体现了毛主席名垂千古以及全国人民缅怀毛主席的主题思想。至于其中的梅花图案，更是容易让人们联想起"已是悬崖百丈冰，犹有花枝俏"和

"梅花欢喜漫天雪，冻死苍蝇未足奇"等诗句，进而联想到毛主席的伟大精神与品格。

（五）景物、场景

个别的石景、水景、绿化、雕塑、小品以及由若干景物组成的场景，都能令人产生联想，进而表达设计的主题。某"海洋餐厅"，以蓝色海浪图案装饰墙裙，在墙面上连续设置水柜，并在其内放养鱼虾，壁柱上挂有救生圈，墙脚处还有铁锚、锚链等饰物。此情此景，自然会让顾客产生关于海洋的联想，甚至大有身临其境的感觉，着实从艺术上烘托了"海洋餐厅"的气氛。图4-13和图4-14表示了杭州两个酒店的场景，走廊上的树形装饰、鸟笼和船桨，能够使人联想起西湖风光以及杭州人的生活情趣。大堂旁边的"井饰"，更是富有乡土特色，并暗示着酒店店址乃是以前的"大井村"这一重要的历史背景。

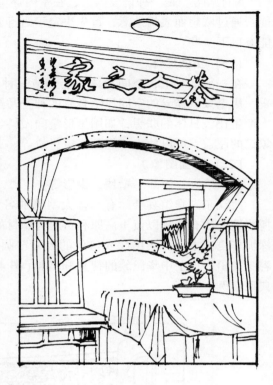

图 4-12　某茶艺馆的牌匾

图 4-13　某酒店走廊的景物

图 4-14　某酒店大堂边上的"井饰"

（六）灯具照明

灯光，是"无形的雕塑"，对营造环境气氛有着不可小觑的作用。不同颜色、不同角度、或动或静的灯光，能使环境豪华、明快、阴暗，甚至神秘和恐怖。灯具，由于有具体形状，在某些时候，还能传达更为具体的信息。如新疆科学馆门厅的吊灯，外形呈分子结构状，十分切合科学馆的主题；深圳华夏艺术中心大厅的晶体吊灯，形如巨龙，很能体现华夏文化的辉煌。

　　无论是人工照明还是天然采光，都能形成特定的光影效果，图 4-15 是某教堂的内景，由图不难看出，其内部的光影幽深奇特，有效地烘托了教堂的气氛。

　　在室内环境设计中，设计者能够采用的具有诱发联想的形象不限于以上几类，有些时候，设计者会创造性地使用许多新的形象，或综合利用多种形象，诱发联想，表达立意，以使环境具有深刻的意境。

二、想象

　　想象与联想既有相同点又有不同点。相同点是都以"当下的见闻"为基础，不同点是联想引发的是记忆中的另一事物，想象是主体创造的新事物。想象力对室内设计以及室内环境的使用者、欣赏者都很重要。相对来说，对室内设计师就更重要。只有具有想象力的室内设计师，才能不断设计出具有新意的作品。

图 4-15　某教堂内的光影效果

三、象征

　　与联想、想象相近的概念还有象征、隐喻和比兴，它们有相似之处，可以说都是联想的特殊形式。

　　象征指的是通过某个具体事物去暗示与该事物相对应的另一个具体事物或抽象的概念。与联想相比较，象征似乎更有指向性，即多少有些约定俗成的意味。

　　象征有形式象征和意义象征之分。

　　形式象征是以一种事物的形式暗示另一种具有可感形式的事物，如以枯山水中的白沙象征东海，以其上的三块黑石象征蓬莱、方丈、瀛洲三岛等。

　　意义象征是以一种事物暗示与之相应的抽象观念，如以红色象征忠诚、以火炬象征光明、以拳头象征力量、以握手象征友谊等。在中国传统室内环境中，意义象征常常表现为数字象征、色彩象征、图形象征和命题象征。

　　数字象征是用数字暗示季节、节气、月份、日期等。在当代室内设计中，用台阶的数量、旗杆的高度等暗示某人生日、某一重大事件的日期，就是数字象征的例子。

　　图形象征也可称符号象征，中国古有"双钱""双胜"等图形，现代有"中国结"等图形，其意都在暗示吉祥。以"石榴"象征"多子多福"，以"仙鹤"象征长寿也是图形象征的一种。

　　象征与联想一样，都是相对含蓄的表达方式，在许多情况下，采用诸如此类的方式去表情达意，容易取得引人思考、发人深省的效果。

第五章　室内环境的空间处理

第一节　空间的概念

空间是物质存在的一种客观形式，由长度、宽度和高度表示，是物质存在的广延性和伸张性的表现。

与人有关的空间有自然空间和人为空间两大类。前者，如自然界的山谷、沙漠、草地等；后者，是人工围合的，如广场、庭院、厅堂等。人工空间是人们为了达到某种目的而创造的，因此，也称目的空间。这类空间，是由"界面"围合的，底下的称"底界面"，顶部的称"顶界面"，周围的称"侧界面"。根据有无顶界面，人们又把人为空间分为两种：无顶界面的称外部空间，包括广场、庭院等；有顶界面的称内部空间，包括厅、堂、室等，也包括无侧界面的亭、廊等。

内部空间是室内设计的基础。空间处理是室内设计中的重要内容，这是因为，人的大部分活动都是在内部空间进行的，其形状、大小、比例、开敞与封闭的程度等，直接影响室内环境的质量和人们生活的质量。我们"看"建筑，"看"到的都是它的实体，如墙、柱、梁、板、门、窗等，但真正供人使用的，不是这些能够被人"看"到的实体，恰恰是由这些实体围成的空间。理论界常常引用老子在《道德经》中说过的一段话："埏埴以为器，当其无，有器之用；凿户牖以为室，当其无，有室之用。故有之以为利，无之以为用。"这段话的意思是，揉合黏土做成陶器，真正有用的是它空虚的部分；建造房屋，开门开窗，有用的也只是内部的空间。老子说这段话的本意是阐述虚实、有无的关系，但所举之例，却恰好为研究内部空间的作用提供了有益的启示。

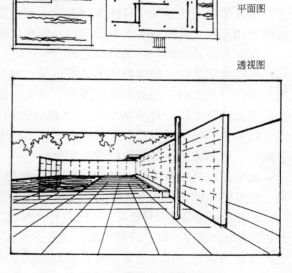

平面图

透视图

内部空间的作用不仅在于供人使用，还在于它可能具有很强的艺术表现力：宽大而明亮的大厅，会使人觉得开朗舒畅；广阔但低矮的大厅，会使人觉得压抑、沉闷，甚至恐怖，……。所有这一切都可以表明，空间是有精神功能的。如果再进一步进行装修和装饰，并把若干个空间组合起来，构成有机体，进而形成一个序列，身临其境者，还会完成更加丰富的体验。

进入近现代之后，空间观有了新发展，内部空间已经突破了六面体的概念。如图5-1

图 5-1　世博会的德国馆

72

所示,西班牙巴塞罗那世界博览会的德国馆,就没有被划分成传统的六面体式的房间,而是用一些平滑的隔板,交错组合,使空间成了一个互相交融、自由流动、界线朦胧的组合体。

空间观的发展还表现在把"时间"因素考虑到空间效果内,这是因为,人们欣赏建筑往往不是一个静态的过程,而是一个走进走出的动态过程。正像美国人哈姆林在《建筑形式美的原则》中所说的那样:"一个复杂建筑的完全评价,需要的不只是几分钟几个小时的工夫,而是许多天甚至几个星期的时间。由此,有些理论家又把建筑称为'四度空间'的艺术。

第二节 内部空间的类型

内部空间可以从不同的角度进行分类:

一、按空间的形成过程分类

按空间的形成过程可分成固定空间和可变空间。

由墙、柱、楼板或屋盖围成的空间是固定空间,这是因为,在一般情况下,很难改变墙、柱、楼板或屋盖的位置,即便可以改变,也不属于室内设计,而属于翻修改建的范围。在固定空间内用隔墙、隔断、家具、陈设等划分出来的空间是可变空间,因为隔墙、隔断等是非承重构件,可以因需要或建或拆,家具、陈设等更是可以随时移动的。

组成可变空间是空间处理中的一项重要内容,因为,正是这些空间可以直接构成人们从事各种活动的场所。

二、按空间的开敞程度分类

按空间的开敞程度可分为开敞式空间和封闭式空间。

开敞空间和封闭空间的区别主要表现于侧界面的开敞程度:以实墙或虽有门窗洞口但门窗洞口面积较小的墙体围合的空间称封闭式空间;以柱廊、落地窗、玻璃幕墙或带有大面积门、窗、洞口的墙体围合的空间称开敞式空间。在一般情况下,内部空间应尽可能与外部空间相沟通,这不仅有利于引入自然风、光,也有利于欣赏自然景观,符合人们亲近自然的天性(图5-2)。

有些时候,由于结构原因、气候原因或由于强调空间的私密性等原因,内部空间与外空间联系甚少,或根本没有联系,这种内部空间便成了封闭式空间(图5-3)。

三、按空间的灵活程度分类

有些空间,功能明确而单纯,可称单纯空间;有些空间,能够适应多种功能,可称

图5-2 开敞式空间举例

73

灵活空间。

在现代社会中，人们的生产方式、工作方式和生活方式是不断变化的。从生产方面看，产品不断更新换代，工艺流程不断改进；从工作上看，机构、人员、办公条件不断改变；从日常生活上看，人们的兴趣爱好逐渐增多，业余活动丰富多彩，社会活动日趋活跃，……。这一切都表明，功能单一的空间很难满足现代社会的需要，为此，必须逐步改变传统的、静态的设计观，代之以动态的设计观，设计更加灵活的空间。

图 5-3　封闭式空间举例

这里所说的灵活空间，大致有两种：一种是改变用途时不必或基本不必改变形态的，如常说的"多功能厅"，在不改变空间形态的情况下，就可以用于会议、联欢、展示或就餐等。这种空间的特点是"以不变应万变"，故也称多功能空间。另一种是改变用途时必须改变空间形态的，如在体育馆中用折叠式隔断划分空间，打开隔断时，空间较大，可打羽毛球；拉起隔断时，空间被分小，可打乒乓球等。

四、按空间限定的程度分类

空间与空间的联系表现在交通、视线、声音等诸多方面。有些空间范围明确，具有较强的独立性，人们便常把它们称为"实空间"。有些空间不是用实墙围合的，而是用花槽、家具、屏风等划分出来的，它们处于实空间之内，但又与其他空间相互贯通，在交通、视线、声音等方面很少阻隔，这种空间便是人们常说的虚空间。

虚空间又称虚拟空间、心理空间或"空间里的空间"，其基本特征是：用非建筑手段构成，处于实空间之内，但又具有相对的独立性。

虚空间的作用主要表现在两个方面：一在实际功能方面，一在空间效果方面。从实际功能上看，它能够为使用者提供一些相互独立的小空间，如图书馆中的研究席、办公室中的小间、餐厅中的卡座等，起到闹中取静的作用。从空间效果上看，它能够使空间显得丰富多彩，更有变化和层次(图 5-4)。

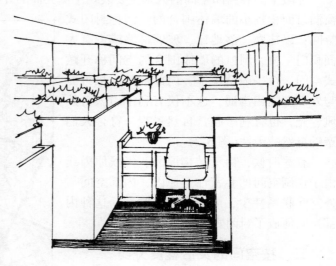

图 5-4　虚拟空间举例

五、按空间的私密程度分类

按空间的私密程度可分为私用空间、公共空间和共享空间。

以宾馆为例，客房及管理用房等私密程度较高，属私用空间；餐厅、舞厅等，私密程度较小，属公共空间；体量庞大(可能贯通几层楼)，功能复杂，集交通枢纽、休闲、购物、活动为一身的大空间，如四季厅等属共享空间。

共享空间是适应日益频繁的社会交际和丰富多彩的社会活动的需要而出现的。最初出现在酒店和宾馆，现在则扩展至办公、商业、博览、交通等建筑。美国著名建筑师和房地产企业家约翰·波特曼是现代共享空间的创始人，他所设计的共享空间，体量高敞巨大，有的高达数十米；空间富于变化，互相渗透、穿插；景观十分丰富，往往有雕塑、水池、绿化、天桥、走廊等多种景物和陈设。它们功能完善，不乏酒吧、电信、餐厅、商店、楼梯、自动扶梯、观光电梯等设施。波特曼认为，"人"是一大景观，"人看人"是一大乐趣，处于他所设计的共享空间内，确实既能享受服务，又能享受观景和"看人"的乐趣(图 5-5)。

图 5-5　共享空间举例

与公共空间、共享空间相对的是私密空间，设计私密空间，必须满足安全、隔声等要求，还要创造出平和、亲切的气氛。

六、按空间的态势分类

按空间的态势可分为静态空间和动态空间。

室内设计要素中，有一些活动的要素，如喷泉、瀑布、动物及变化的灯光等，但大部分要素是静止不动的。这里所说的静态空间和动态空间，是指人的主观感受。有些空间，要素虽为静止的，但如果能够使其具有动感，就可能成为动态空间。

动态空间又有几种不同的类型：一是由建筑的功能决定的，如博览建筑，其空间组织必须符合参观路线的要求；再如火车站、候机楼等建筑，其空间组织必须符合购票—候车(机)—检票—登车(机)等程序。二是由建筑的性质决定的，如歌厅、舞厅等娱乐场所，必须具备与其性质相符合的氛围，故而常常采用变幻莫测的灯光、起伏流畅的图案以及明朗欢快的色彩等。

静态空间气氛平静，利于人们休息和集中精力地工作，客厅、卧室、会议室、办公室等都取静态的。

动态空间与静态空间各有特点，各自适于不同的场合，设计师应该以建筑的功能和性质为依据，做到该动则动，该静则静。

第三节 单个空间的设计

单个空间的设计涉及空间的形状、大小、比例、开敞程度等问题。这些问题，在建筑设计过程中，已经基本解决了，但在室内设计中仍有调整、改善的余地。

一、空间的形状

空间的形状是由使用要求、技术条件和经济条件等多种因素决定的。

在一般情况下，矩形平面较为合用，也较为合理，因为它不仅容易建造，容易布置家具、设备，也容易适合生活起居等需要。有些具有特殊要求的建筑，可能使用一些较为特殊的平面和形体。以天象厅为例，为完成各种天象表演，宜用圆形平面和穹窿顶，这不仅利于天象表演，也符合人们"仰望星空"的习惯。剧场、电影院的观众厅常常采用六角形、钟形、扇形和马蹄形等平面，因为这些平面很容易布置坐席，也容易满足视听方面的需要。杂技场的表演区，大多设在观众坐席的中央，因此，杂技场的平面多用正圆形。

有些设计，不顾使用要求和技术经济上的合理性，只考虑造型的新奇，盲目采用怪诞的平面和形体，以致出现大量不规则的厅、堂和房间，不仅难以布置家具，难以适应活动需求，也难以让人有个愉悦的心情。

决定空间形状还要考虑它可能产生的心理作用。古代欧洲的哥特式教堂，空间高耸，又用尖拱、柱子等把人的视线引向上方，以致能使身居其中的人自感渺小，进而对"天国"、对"上帝"产生敬畏的心情（图5-6）。柯布西耶设计的朗香教堂，墙面弯曲，平面形式极不

科隆大教堂内景(德)   理姆大教堂内景(法)

图5-6 哥特式教堂的内部空间

规律，必然会使置身其中的人们感到神秘和恐惧（图5-7）。

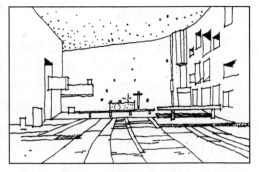

图5-7 朗香教堂的内部空间

空间形状所以能够产生不同的心理作用，盖因它们各有自己的性格，而这些性格实质上又是文化意味、情感色调的反映：如方形平面，双向力度相等，容易给人以稳定感；长方形平面和椭圆形平面，沿轴线方向具有动势，但如果两向力度相差不大，仍然具有足够的稳定性；圆形平面，各向力度均等，性格异常稳定，与正方形相比，更显丰满和圆润；三角形及其他多边形平面，性格尖锐，容易给人以紧张感；自由形平面，活泼流畅，但由于没有规律可循，不易辨别方向，很容易让人产生神秘莫测、无所适从的感觉（图5-8）。

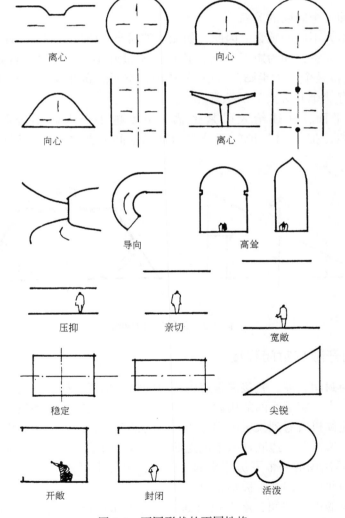

图5-8 不同形状的不同性格

二、空间的大小

空间的大小，主要由物质要求和精神要求所决定，但也要考虑技术、经济等因素。

有一些空间，功能明确，需要多大面积是可以按标准计算出来的，如教室、会议室、观众厅等，只要确定了使用人数，再乘以每人的面积标准，就能得出总面积，设计者最多只要做些调整就行了。有些空间，使用人数不固定，但精神方面的要求比较高，如宫殿、庙宇等，其面积和体量的大小，主要是依照所需气氛决定的。

在门厅、大堂设计中，要全面考虑人流集散、行李出入、交通运输、营运管理等要求，还要使它们能够显示建筑的性格，给人们一个完美的印象。值得注意的是，不少诸如此类的空间，为了追求所谓豪华、气派的效果，大而不当，不仅浪费了人力、物力、财力，也失掉了应有的亲切感。

三、空间的比例

空间的比例即三个向度的关系。

不同比例会给人不同的感觉，因此，如无特殊需要，应尽量调整，使之为人们所习惯。

一般的厅、堂、室，如为矩形平面，其长宽比最好不大于 2 :1，否则，即便还能"使用"，人们也会觉得是个"大走廊"。同样的道理，空间的高度最好不超过平面长边的 2 倍，否则，人们就会有"坐井观天"的感觉。

锐角过多的平面，往往给人以紧张感，角度越小令人越不舒服，因此，可设法"削"掉一些锐角，把"削"掉的部分改为辅助空间或弃之不用，以便取得更好的空间效果（图 5-9）。

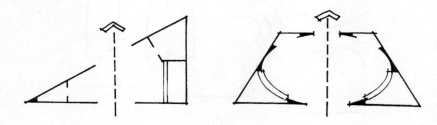

图 5-9　锐角空间的调整

四、空间的开敞与封闭程度

空间的开敞与封闭程度，直接关系室内环境的物质功能和精神功能。

开敞与否，首先决定于空间的用途，如候机大厅，往往向停机坪敞开，或向中央庭院敞开，这样做可以使候机者看到飞机的起降或庭院的景观，有助于消除候机时焦急的心情。旋转餐厅是供顾客一边进餐一边欣赏城市风光的，要尽量向城市敞开，故都将侧界面做成落地玻璃窗。图 5-10 是法国的一个平房住宅的平面图，由图中可知，客厅、卧室等全敞开向庭院，其情形与我国北方的四合院极其相似。

中国传统建筑的内部空间，素以敞向庭院、庭园而见长，它们用"借景"的手法，将院中的景物、园中的景物"借"入室内，不仅赏心悦目，也从根本上把人与自然联系起来。

宋代陈洁斋在海棠诗中写下："隔帘花叶有辉光"的诗句，清楚地道出了"隔窗观景"的妙处：既有隔窗，又有帘子，就必然有许多线条和花格构成分格线和取景框，从而使所观花叶显得更加别致。

中国造园理论中，既有"借景"的说法，又有"障景"的说法，其核心就是把最好的景观"借"进来，把不好的景观屏蔽掉。广州白天鹅宾馆的咖啡厅，以大片玻璃幕墙面向珠江，让顾客在品茶进餐的同时，有可能看到江面上的过往船只和对岸的幢幢大厦。华灯初上时，岸上霓虹倒入江水，航船灯光沿江左右，其动静交融的画面，尤其能让欣赏者痴迷陶醉。

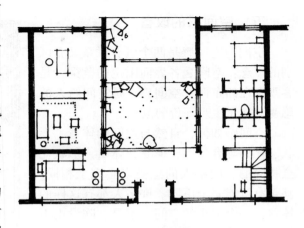

图 5-10 法国某平房住宅平面图

开敞空间有开敞空间的优点，封闭空间有封闭空间的长处，关键在于是否用之得当，是否切合空间的功能和性质。

有些空间，并非由于功能性质上的原因而封闭，而是由于技术上存在困难而不得不封闭，如许多大体量建筑的中央部分，就因为难以直接对外开窗而成为封闭式空间，因此，也难以"借"到自然风光和外部景物。对于这种出于无奈而出现的封闭式空间，必要时，可用室内设计手法适当消除其封闭感。

说到空间的开敞，人们马上会想到侧界面的开敞，包括一个、二个、三个或四个侧界面的开敞（图5-11），但事实上，在当代建筑中，尚有许多顶界面是开敞的，这些顶界面可能是玻璃顶，也可能与开敞的侧界面相互连接，往往能使空间环境更具独特的魅力（图5-12）。

图 5-11 加拿大某宅的客厅

五、空间感的改善

空间与空间感是两个既有联系又有区别的概念：空间是各界面限定的范围，是客观存在的东西；空间感，是空间给人的感受，属于主观评价的范畴。

空间感如何，自然与空间的体量、形状、比例等有关系，但是，体量、形状完全相同的空间给人的感受未必完全相同，甚至有可能完全不同。许多人都有这样的体验：一个很小的空间，家具、陈设也不算少，但给人的感觉却紧凑、有序而不拥塞。与此相反，有些空间体量很大，家具、陈设不多，却让人感到拥挤、杂乱、闭塞，缺乏应有的秩序感。这种情况表明，空间感虽与空间的体量、形状有关系，但并不完全决定于体量和形状，还与家具、陈设、色彩、灯光、界面装修的材料、做法、质地等多种因素有关系。因此，进行空间设计时，必须综合考虑上述种种因素可能产生的效果。建筑设计提供的空间壳体，从尺度、比例等方面看，可能是合适的，也是室内设计求之不得的，但是，在某些时候，空间壳体的尺度和比例不一定完全符合室内设计的要求，这时，就必须用室内设计手段对空间壳体的尺度和比例进行必要的调整，以改善空间的空间感。

图 5-12　某办公建筑的入口

室内环境的所有要素，对空间感的形成都有密切的关系，本书以后的各个章节，也将从这个角度对各个要素进行或繁或简的分析，为使内容完整，概念清晰，这里先就如何改善空间感的问题作个概括的提示。

改善空间感主要是改善空间的尺度、比例和空实的程度，它是对视觉效果进行调整，而不是对建筑实体进行重建和改造。

改善空间感的方法大致如下：

利用划分。水平划分可使界面"延伸"，垂直划分可使界面"增高"（图 5-13a）。

利用色彩。使用近感色可使界面"提前"，使用远感色可使界面"后退"。

利用材质。表面粗糙者"靠前"，表面光洁者"靠后"（图 5-13b）。

利用图案。大花图案的界面看来较近，小花图案的界面看来较远（图 5-13c）。

利用灯具。安装吸顶灯或镶嵌灯可使顶棚"上升"，安装吊灯特别是大型吊灯会使顶棚"下降"（图 5-13d）。

利用光照。直接照明空间显得紧凑，间接照明空间显得宽敞（图 5-13e）。

利用陈设。配置光洁透明的家具，可使空间变得开阔；配置粗糙色暗的家具，空间会显

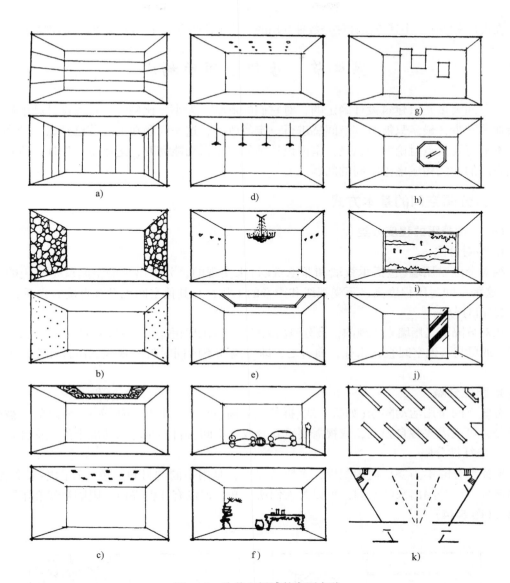

图 5-13 改善空间感的主要方法

得拥塞(图 5-13f)。

利用洞口。隔墙上开洞,背后发光,空间层次会因而丰富(图 5-13g)。在无直接采光的空间内设置灯窗(侧窗或顶窗)可使空间变得开敞(图 5-13h)。

利用错觉。在墙面上设置层次丰富、景深深远的壁画或照片(图 5-13i),或用镜面玻璃形成虚幻空间,可以使空间变大或富有戏剧性(图 5-13j)。

利用斜向图。利用斜向构图实际上也是利用视错觉。常见做法是让家具、设施与人的视线形成锐角,以增加空间视觉的深远感。也可以把三角形空间的长边作为欣赏景物的窗口,以扩大视野的范围(图 5-13k)。采用斜线构图时,要注意两个问题:一是要解决好家具与建筑实体的关系,如斜摆的家具很难与断面为方形的柱子相协调,如遇这种情况,不如把柱子的断面改成圆形或多角形的;二是要解决好空间利用问题,即充分利用一些锐角区。

在设计实践中，上述方法往往是数种并用的。除了这些方法外，设计者应不断创造新方法。

第四节 虚拟空间的构成

实空间大多是由建筑设计确定的，对它们的形状、大小、比例等，室内设计师能够调整的余地非常少，最多只能对其空间感进行一定的改善，这一问题在上一节已经做了较多的阐述。本节将要重点讨论的问题是：室内设计师如何根据功能需要，运用室内设计手段特别是分隔空间的方法构成虚拟空间的问题。

一、分隔空间的基本方式

（一）按分隔的程度分类

1. 绝对分隔

绝对分隔是用墙（包括承重墙和非承重墙）来实现的，分隔出来的空间就是常说的"房间"。这种空间封闭程度高，不受视线和声音的干扰，与其他空间也没有直接的联系。

2. 相对分隔

相对分隔不是用墙来实现的，被分隔出来的空间封闭程度较小，或不阻隔视线，或不阻隔声音，或可与其他空间直接来往，简言之，即分隔物不能同时阻隔视线、声音和交通方面的联系。

3. 弹性分隔

有些空间是用活动隔断（如折叠式、拆装式隔断，可拉开、收拢的帷幕等）分隔的，被分隔的部分，可视需要各自独立，或视需要重新合成大空间，目的是增加功能上的灵活性。

4. 象征性分隔

象征性分隔不需要任何构配件，多数情况下，是用不同的材料、色彩和图案来实现的。利用这种方法分隔出来的空间，可以为人们所感知，但没有任何隔声、阻隔视线和阻隔交通的意义（图5-14）。

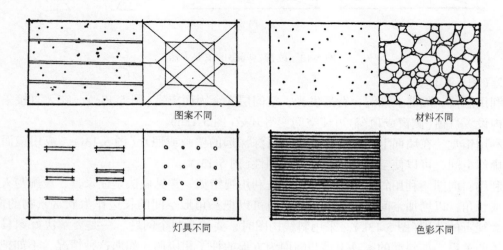

图5-14 象征性分隔举例

上述四类分隔中的第一类，分隔出来的是实空间；第二类、第三类和第四类分隔出来的均为虚拟空间。

（二）按分隔物的方向分类

1. 垂直分隔

垂直分隔就是利用与地面垂直的构配件和其他要素分隔空间，这些要素可能是列柱、家具和幔帐，也可能是绿化和假山等（图5-15）。

2. 水平分隔

水平分隔是用与地面平行的要素，将空间在高度方向上分为不同的部分。这些要素可能是挑台、吊板等，也可能是一种只具象征意义的台地或凹地（图5-16）。

二、分隔空间的具体方法

（一）列柱分隔

柱子大部分是建筑中的承重构件，但在空间中，整齐排列的柱子，又有分隔空间的作用，图5-17所示列柱之左为休息室，之右为绿化区，两区性质是两个借助列柱分隔的虚空间。

图5-15　垂直分隔举例

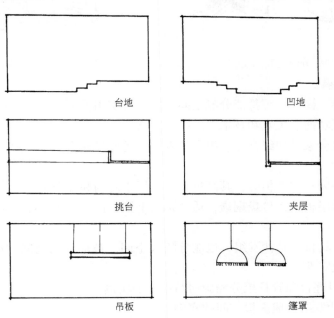

图5-16　水平分隔举例

有些时候，为了组织空间的需要，可能设一些假列柱，即非结构柱。它们可以到顶，也可以不到顶，后者，又常在柱顶上设置盆花、灯具或具有装饰性很强的柱头等。

（二）花格分隔

花格是一种观赏性很强的空间分隔物，由于它自身空透，不能完全阻隔视线和声音，有的也不能阻断交通线路，故分隔出来的空间也属虚拟空间。

花格的种类极多，从材料上说，有木的、金属的、竹的、玻璃的和琉璃的。有些隔断则可能是用多种材料制成的。

用花格分隔空间，能够取得隔而不断、层次丰富的效果，图 5-18 为花格分隔的实例。

图 5-17　列柱分隔空间的实例

图 5-18　花格分隔空间的实例

（三）家具分隔

沙发、柜、架、橱、桌等都能分隔空间。家具有实用价值，有的又相当美观，用它们分隔空间，极可能把功能、美观和技术三者统一起来。

当前流行的组合家具如组合柜、组合沙发等，延伸尺寸大，是分隔空间的理想家具，常常用于住宅的客厅。

各种货架和书橱、文件柜等，其高过人，多用于商场和办公室。

各种博古架和层板架，玲珑剔透，适合陈列书籍、古玩和工艺品，多用于博览建筑及居室、书房等。

成组布置的家具特别是沙发组，也能分隔大空间。被隔成的空间均属虚拟空间，因为，它们都有相对的独立性。

图 5-19 是用料理台和餐具柜分隔厨房与餐室的实例。

图 5-20 是用沙发组构成虚拟空间的实例。

图 5-19　用料理台和餐具柜分隔空间的实例

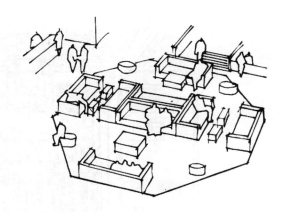

图 5-20　用沙发组构成虚拟空间的实例

（四）栏杆分隔

这里所说的栏杆泛指不太高的（约 900~1200mm）的空花栏杆、实心栏板以及矮墙等。这种栏杆有限定交通的作用，但不能阻隔视线和声音，故常常用来划分餐厅、茶室和酒吧的坐席，使之形成不同的区域。

栏杆的花式和所用的材料都有一定的观赏性，如能与绿化、灯具等结合，自会具有更强的装饰性，故常有设计师在栏杆柱的顶部设置灯具或在矮墙顶部设置花槽等。

图 5-21 为用栏杆划分餐厅席位的实例。

（五）屏风分隔

屏风，古已有之。可用于分隔空间，也可作为主要人物、家具的背景，北京故宫皇帝宝座后的独立式屏风就是典型的实例。

图 5-21　用栏杆分隔空间的实例

在当代室内设计中，用得最多的是联立式屏风和装配式屏风。前者由数扇组成，扇间用铰链连接，打开时平面呈锯齿形，故能自立，多用于住宅、医院等；后者是工业化生产的产品，可根据需要到现场组装，多用于开敞式办公室。屏板可以是平的，也可以是曲的，覆面材料多为木材、塑料、皮革或纺织物。

图 5-22 是用联立式屏风分隔空间的实例。

（六）隔扇分隔

隔扇广泛用于中国传统建筑的外檐装修与内檐装修。在当今室内设计中，有的使用传统色彩较浓的隔扇，以突出体现室内环境的中国韵味；有的则是在传统隔扇的基础上加以创新，即对传统隔扇进行简化和提炼，并使用一些新材料，这类隔扇往往既有传统色彩又有时代性。

中国传统隔扇是由格心、裙板和绦环板等组成的。格心的形式颇多，用于室内的有灯笼框和步步锦等式样。裙板多用如意纹装饰，有些裙板则雕刻琴、棋、书、画等图案。图 5-23 和

图 5-22 联立式屏风分隔空间的实例

图 5-24 分别为隔扇的组成和常见格心的式样，图 5-25 是用隔扇分隔空间的实例。

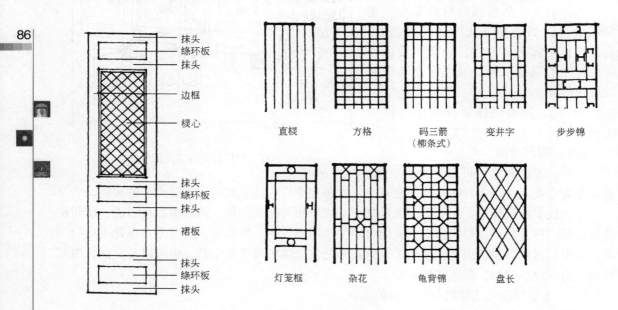

图 5-23 中国传统隔扇的组成　　　　　图 5-24 中国传统隔扇的格心

（七）罩分隔

罩，是中国传统建筑内檐装修中常见的空间分隔物，与隔扇一样也是一种独具特色的空间分隔物。

与隔扇相比，罩更轻盈，更通透。它既不阻隔交通，又不阻隔视线和声音，在很大程度上，更像是一种只有象征意义的要素。

传统建筑中的罩种类繁多，顶部附着于顶棚、两侧沿墙或柱向下延伸的称为"落地

图 5-25　用隔扇分隔空间的实例

罩"。落地罩的开口多种多样，因此，又依形定名，有了所谓的"圆光罩""八方罩"和"蕉叶罩"，……。罩两侧不落地时，专称"飞罩"，它多用名贵木材制成，雕刻成花纹者又可称"花罩"。除上述两大类外，还有"几腿罩""栏杆罩"和"炕罩"等。图 5-26 表示了罩的种类，图 5-27 是一个用罩分隔空间的实例。

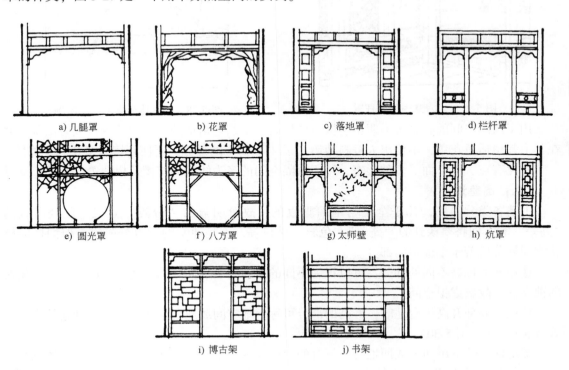

a) 几腿罩　　b) 花罩　　c) 落地罩　　d) 栏杆罩

e) 圆光罩　　f) 八方罩　　g) 太师壁　　h) 炕罩

i) 博古架　　j) 书架

图 5-26　罩的种类

在当代室内设计中，设计师仍然喜欢用罩来组织空间，特别是组织具有中国韵味的空间，但罩的形式往往是传统形式的简化和提炼。

（八）景物分隔

这里所说的景物，主要指水、石、绿化等自然景物。自然景物具有改善小气候，活跃室内气氛，让人直接接触自然等作用，也能组织空间，即把空间分隔成若干个虚拟的部分。毫无疑问，用自然景物分隔空间可以把实用功能与观赏功能高度统一起来，因而必能为人们所乐见。

图5-28是利用水体分隔空间的一个例子，所用水池曲直相接，与柱和铺地相结合，具有明显的雕塑感。

图 5-27　乐寿堂内的栏杆罩　　　　　图 5-28　用水体分隔空间的实例

用于组织空间的石景可为假山、散石或峰石。某茶艺馆把洗手间的外侧做成假山状，并在其上栽植适量花草，不但出人意料地遮住了"不雅"的部分，还使环境多了几分装饰性。

绿化有点、线、面等多种形态，用于分隔空间的多为线状的花槽及树墙等（图5-29）。

（九）高差划分

上述各类分隔物，几乎全是与地面垂直的，故有明显的"分隔"意义。此处所说的"高差"和下面将要谈到的"蓬罩"、色彩、材料等，不是通常的垂直分隔物，但同样能够将空间划分成若干虚拟的部分。

楼地面上标高不同的部分，可以视为不同的空间。它们同处同一实空间内，但各有相对的独立性，故属虚拟空间。

楼地面局部升高为台地时，升高的部分可称台地空间或地台空间，舞厅中升起的小舞台等就属这一类（图5-30）。

楼地面局部下沉而形成凹地时，下沉的凹地也是一个虚拟空间。有些大堂，把休息区凹下去，使其少受人流物流的影响，获得"闹中取静"的效果；有些住宅，客厅面积较大，也可将局部地坪降低，构成凹地式的待客区（图5-31）。诸如此类的凹地，可称凹地空间，也可称下沉式空间。

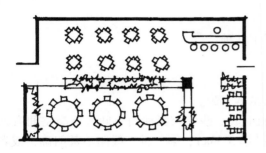

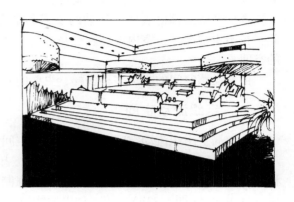

图 5-29　用花槽分隔空间的快餐店　　　　　　图 5-30　台地空间举例

使用台地和凹地空间，要注意上下方便与安全，必要时也可在边缘附设小栏杆。

（十）篷罩划分

顶界面局部升高或降低，由其笼罩的空间往往也有相对的独立性，从而也能构成实空间中的虚空间。局部降低的顶界面可以是标高降低的顶棚，也可能是悬吊于顶棚的花架、篷布和伞罩等，这种情形多见于商场或某些展览馆。例如，某个售货区的上部被花架或吊板所笼罩，该区便能明显地从整个商场中"脱离"出来，受到人们特别的注意。

图 5-32 表示的是餐厅中的一个伞罩，伞罩覆盖的空间是一个虚拟空间，如果伞罩内还有特设的局部照明，该空间的地位就会更加突出。

89

图 5-31　下沉式空间举例　　　　　　　图 5-32　用伞罩构成的虚拟空间

第五节　动感空间的创造

在室内设计的各种要素中，只有很少一部分要素如瀑布、喷泉和变幻的灯光等是活动的，大部分要素如家具、陈设等是静止不动的。

理论和实践都已表明，活动的要素和富有动感的要素，能够给人留下深刻的印象，因此，在不少情况下，室内设计师总是采用活动要素或富有动感的要素，以期创造出具有动感的空间。

创造动感空间的方法多种多样，主要的有以下几种：

一、组织流动空间

从布局上组织流动空间，是创造动态空间的基本方法。

墙、隔墙和隔断是静止不动的，但是，却能组成一些引人流动的空间。这类空间有两种：第一种，线路明确，甚至带有一定的强制性（图5-33a）；第二种，线路不甚明确，或者说具有多向性（图5-33b）。第一种以博物馆、美术馆为代表，特点是空间系列与参观线路一致，有头有尾，秩序井然。纽约古根海姆博物馆是一个螺旋形建筑，参观者先要乘电梯到达顶层，再沿着螺旋形的楼面往下走，边走边看。这种空间具有明显的动势，对参观者来说，还有一定的强制性，无疑属于上述两种空间的第一种。图5-34所示的空间则与此不同，在这里，用来分隔空间的都是一些不相交、不到顶并带有诸多洞口的矮墙，身处其中的人们，可以自由地穿梭于矮墙之间，不必为所谓的"线路"所制约，这种空间就属于上述两种空间的第二种。

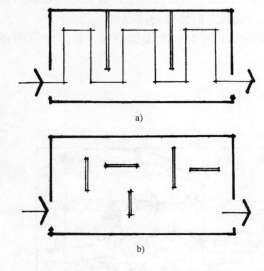

图 5-33 流动性空间示例

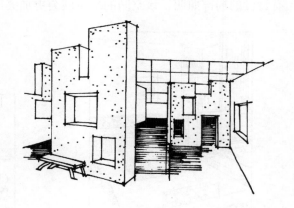

图 5-34 由于布局而形成的流动空间

精心组织的流动空间，不仅能够控制人流的线路，还能控制人流的快慢与去留。人们都有这样的经验：河道狭窄时，水流湍急；河道宽阔时，水流缓慢。根据这一经验，设计者便可有效地组织有收有放的空间，让人们在狭长的部分（如廊子）加快脚步，在突然扩大的部分（如过厅）作或长或短的停留。

二、进行引导和暗示

引导，就是通过设计，将人们的注意力或行动线路由一处引向另一处。

能够进行引导的手法相当多：其一是使用具有方向性的线条，最好是线条束，因为成束的直线、斜线和曲线，都有引导视线和行走方向的作用。如哥特式教堂的柱子和尖拱能把人们的注意力自下而上地引向顶部；观众厅顶棚的造型和灯具可把观众的注意力引向舞台；自动扶梯的斜线和螺旋楼梯的弧线能把人们的注意力引向上层等（图 5-35、图 5-36）。图 5-37 中的线束是由顶棚上的灯槽和地面上的坐凳形成的，正是它们，能把人们的视线由近处的空间引向远处的空间。

图 5-35　具有导向作用的自动扶梯

图 5-36　具有导向作用的螺旋梯

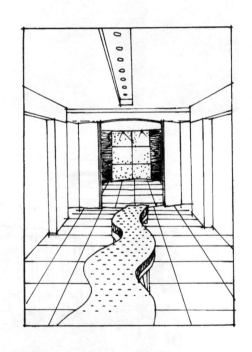

图 5-37　具有导向作用的灯槽和坐凳

其二是在端部设置形象鲜明的景物。类似景物可以是石景、水景、绿化、雕塑、绘画、家具、景窗或景门，图 5-38 中的陈设和图 5-39 中的椅子都具有导向的作用。

"暗示"与"引导"具有相似的性质，相对而言，引导的力度大，暗示的力度小，或者说比引导更加隐晦和含蓄。

暗示的手段很多：露明或隐蔽的楼梯可以暗示上部空间的存在，空透的隔断可以表明相邻空间的关系，……。图 5-40 是一个饭店的门厅，门厅的隔断半空半实，隔断后的楼梯隐约可见，上上下下的人和灯光等均能向人们暗示出另一个空间的存在。

图 5-38 景物导向例一

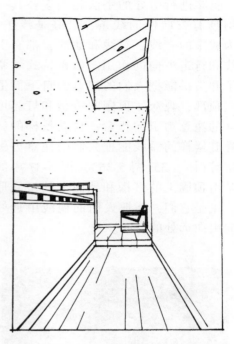

图 5-39 景物导向例二

92

图 5-40 有暗示作用的隔断与楼梯

三、引入自然景物

大自然是生机勃勃的，自然景物中的瀑布、小溪、花草、树木等可以使人联想到生命和运动，可以给人和环境增加很多的活力。

在当代室内设计中，设计师不仅喜欢把水体、山石、绿化等引入室内，甚至还引入富有观赏价值的飞禽走兽，包括锦鲤、鸳鸯、天鹅、鹦鹉等。

提到自然景物，不能不提到人自身。波特曼在许多共享空间设计中，采用了透明的观光电梯，目的就是使电梯中的人能从不同角度看到其他人，也使其他人有机会看到上下穿梭的电梯和电梯中的人。波特曼把这种情形叫做"人看人"，并认为这是创造动态空间，增强环境生机的有效手段之一。当然，所谓"人看人"，不仅指透明电梯内的人与其他人的互看，也指共享空间中所有的"人看人"。

图 5-41 是波特曼设计的好运旅馆中的共享空间，不难看出，该空间之所以生机勃勃，一个非常重要的原因就是引入了水池、绿化等景物。

四、借助变幻的声、光

风驰电掣、雷声隆隆、彩虹高架，……，是大自然不停运转的表现。这足以启发我们，使用声、光要素可以大大增加空间的动感。

图 5-41　充满生机的共享空间

室内设计中的声音，大都来自流水和飞禽：瀑布的轰鸣、气势澎湃；泉水的嘀嗒，悦耳动听；小鸟啾啾，清脆婉转；不同的背景音乐，则可烘托不同的意境。

近年来，许多设计师在开拓新的声源方面做了有益的尝试。印度的一位设计师，用能够发出不同声音的石头做楼梯，并按一首人们熟悉的乐曲排列其次序，人们行走其上，可以听到清晰的乐曲声。日本有一种音浴室，四周满贴风景壁纸，人们坐在小间之内，面对风景壁纸形成的自然环境，聆听电声模仿的鸟叫，宛如身处野外，感到格外轻松。

用来创造动态空间的光源有两种：一种是自然光，一种是灯光。在传统设计中，人们惯用自然光，寻求的是光移影动的变化，例如，让花、树、漏窗的影子投到"粉墙"上。在当代设计中，人们则更多使用灯光，包括闪烁、旋转的霓虹灯，音控和激光技术等。

五、采用富有动感的图案

流动的线条、跃动的图案都能增强空间的动感。这些图案，往往取材于体育运动、自然风光、行人车马、飞禽走兽，其形态多有起伏、动荡、前进的特质(图5-42)。

图 5-42　具有动感的壁饰

六、选择引人入胜的命题

心理活动不仅限于感知、感觉，还包括联想、想象等形式。

与内部空间的用途和性质相贴切的命题，可以起到画龙点睛的作用。如果这一命题还能引人遐想，就会使空间更有魅力。

某亭以"极目南天"命名，把亭子与广阔无垠的大自然紧紧地联系在一起，表现了所处位置之高，表现了观景之宽之远，听起来就已为人所神往。某楼以"玉楼听樵"为名，雅俗兼备，新颖别致，趣味无穷。某餐厅外有青松蔽日，风起飒飒有声，以"松涛阁"命名，显得十分贴切。上述几例足以说明，使用能够引人联想的命题，对创造动态空间来说，也是一个不可忽视的手段。

综上所述，似可得出这样一个结论：动态空间的基本特征是有动感，创造动态空间不能仅靠技术手段，而要同时使用技术手段和艺术手段。动态空间的所谓动，并非说空间要素真的要动起来，而是让人们在心理上感到要素在运动。因此，即便是旋转餐厅这种运动着的空间，也要进行必要的处理。

创造动态空间，一定要认真研究人与空间的关系。人与空间的视觉联系有四种状态，即静观静、静观动、动观静和动观动。这四种状态中的后三种，都能在一定程度上显示空间的动感，因此，创造后三种状态，乃是创造动态空间的基本思路。图 5-43

图 5-43　动感十足的商业中心

是多伦多某商业中心的内景，该中心动感十足，除有绿化、"飞鸟"之外，活动的扶梯和人群都是十分重要的因素。

应该指出，内部空间需不需要有动感和应该具有怎样的动感，是由环境的功能和性质决定的。就设计者而言，应该努力做到该静者使其静，该动者使其动，切不可盲目地、片面地追求所谓的动态美，使空间的态势背离空间的功能和性质。

第六节　多个空间的组合

大多数建筑都是由若干个空间组成的，于是，便出现了如何把它们组合在一起的问题。多个空间相组合，涉及空间的衔接、过渡、对比、统一等，必要时还要构成一个完整的序列。多个空间相组合，可能出现千万个不同的形体(图 5-44)，但从基本类型看，则不外乎包容式、放射式、拼接式和交错式(图 5-45)。

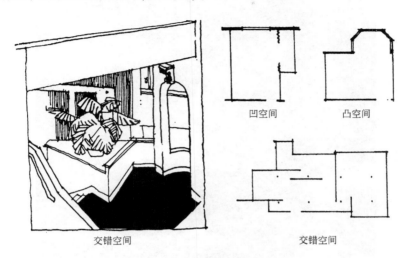

凹空间　　　凸空间

交错空间　　　　　　交错空间

图 5-44　组合空间举例

一、空间的衔接与过渡

空间之间的衔接与过渡要流畅、自然，并要有技术上的合理性。

大空间之间可用小空间过渡，如车站的大厅与候车厅之间可以安排一个较小的过厅，该过厅既有功能上的意义(如工作人员临时查票等)，更有心理上的意义，即可以减少由大厅进入候车厅的突然性。过渡空间的装饰要有别于主要空间，要点是突出主要空间的地位与个性。

空间的衔接要流畅，保证人们从一个空间转到另一个空间时，感到合理而舒适。

二、空间的穿插与渗透

多个空间组合时，如能出现相互穿

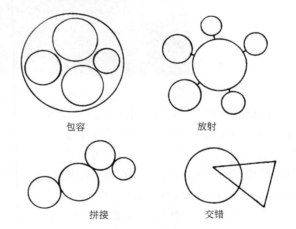

包容　　　放射

拼接　　　交错

图 5-45　空间组合的基本类型

插、彼此渗透、你中有我、我中有你的情况，则能大大丰富空间整体的审美效果。此时，身处特定位置的人，有可能看到其他空间及其内的活动，于是，整个环境就会更有层次，也更有整体感。图 5-46 所显示的空间就具有穿插渗透的效果。

三、空间的变化与统一

几个空间组合时，要注意空间的变化和统一，这对于博物馆、商店等建筑是十分重要的。这是因为，人们在连续通过若干个空间后，不仅对单个空间留有印象，还会对空间的总体即众多空间的异同留下深刻的印象。

图 5-46 空间的穿插与渗透

　　空间之间的异同可以通过形状、大小、色彩来体现。变化过多，会显得杂乱；统一过分，会显得呆板，为此，应在设计中妥善把握变化与统一的程度。

　　某些空间可以强调变化。西方的许多教堂，常在主体空间之前设一个小门厅，目的是利用矮小的空间反衬高大的空间，使高大空间更有威慑力。

　　中国传统艺术中有许多阐述"对比"的理论。人们常说的"先抑后扬""别有洞天""豁然开朗"及"山穷水尽疑无路，柳暗花明又一村"等，就是在表述对比的思路和效果。

　　某些空间可以适当强调统一，如教学楼中的各个教室应大体相近。某些空间可以适当强调对比，如展览馆的各个展室就应具有一定的差别。

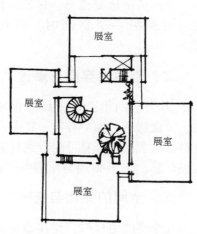

　　图 5-47 为某小型展览馆的平面示意图，该展览馆具有统一性，表现为展室的形状都是长方形；但它同时又具有变化性，表现为展室的大小和比例不相同。

图 5-47　某展览馆的平面示意图

四、空间的序列

多个空间相组合可能形成一个完整的序列。这种可能来自两个方面：一是使用方面，二是心理方面。前者，人们必须按一定顺序使用建筑，如看电影时必须按顺序买票，进入门厅，进入观众厅，再离开电影院。因此，电影院的空间必然要按售票处—门厅—观众厅—出口的顺序相组合，并围绕观众厅布置小卖部和洗手间等。这种情形还见于博物馆、门诊部、候车厅和候机楼，在这里，人们经历空间的过程就是完成一个完整的使用过程。后者，人们同样要完成一个完整的过程，但这个过程偏重于心理体验。在这种空间序列里，人们的情感会随着空间气氛的变化而有高低起伏的变化。

根据上述情形，空间序列的设计应该注意以下几个问题：

（一）确定序列的长短

空间序列，有长有短。确定长短应以建筑的功能、性质和空间的多少为依据。

对于汽车站、火车站、候机楼等建筑，要以讲效率、讲速度、节约时间为原则，尽可能减少线路的长度，使旅客能够迅速地办理手续、上车或登机。对于旅游建筑，为切合人们尽兴而归的心理，也为了让人们在其中受到必要的启迪和教育，可以适当加长序列的长度，如在适当的部位加设休息处、商品部和饮食部等。有些建筑，精神功能特强，空间序列不但要有足够的长度，还要通过精心的艺术处理，让人们在通过整个序列的过程中，体会到空间的变化，领悟到空间的气氛和意境。

（二）确定序列的结构

中国古代作文讲起、承、转、合，这种结构，对设计空间序列的结构也极具参考价值。

一个完整的空间序列，尤其是一个精神功能特强的空间序列，应该包括开始、过渡、高潮、结尾四个阶段。毛主席纪念堂的空间序列可以说是这种结构的范例：群众从北门拾阶而上，先要经过一个宽阔的门廊和较小的门厅，在这里，人们已经初步体会到了庄严肃穆的气氛，这便是序列的开始阶段。进入北大厅后，人们会看到汉白玉的毛主席座像，并勾起诸多回忆和联想，从而为瞻仰毛主席的遗容，在情绪上作了足够的准备，这便是序列的过渡阶段。经过一个过道，便到了瞻仰厅，这里环境素雅，气氛凝重，自然是空间序列的高潮阶段。离开瞻仰厅，是宽敞的南大厅，在这里，有红色大理石地面，汉白玉墙面，并有金光闪闪的诗词《满江红·和郭沫若同志》，至此，人们仍然心潮难平，仍然会沉浸在深深的回忆之中，这里便是序列的结束阶段。如果以音乐作比喻，这个阶段就相当于一首乐曲的尾声（图5-48）。

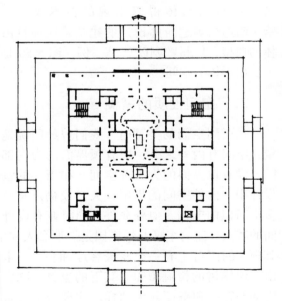

图5-48　毛主席纪念堂的平面图

设计序列的结构，不能一律套用毛主席纪念堂的模式。因为像毛主席纪念堂这样的建

97

筑，毕竟是少数，对大多数建筑来说，还是要从实际出发，依据自身的功能和性质，设计序列的结构。或平稳展开，或开门见山，或高潮迭起，或出人意料，或一步一步地引人入胜，关键全在用之得当。

（三）精心设计序列的重点

"高潮"是序列的重点。要利用视线聚焦的规律，有意布置空间对景，通过导向和暗示等手段，引导人们向"高潮"接近。"高潮"一般都在序列的中后部，它是序列的点睛之笔，破题之处，故应集中力量强化它的感染力。

第七节　空间形态和组合方式的演变

随着社会的发展和科技的进步，空间的形态、空间的组合方式乃至空间美的特点，都已发生了或大或小的改变，其情形大致如下：

一、空间形态的演变

传统的室内环境，平面多为方形、矩形、圆形及椭圆形；立体多为立方体、长方体及圆柱体，偶而也有一些球体或半球体，总之，都是一些典型的几何形和几何体。如今，情况已有很大不同：表现之一是出现了一些复杂的多面体（图 5-49）；表现之二是出现了一些非几何形的自由形及非几何体的自由体。参数化设计是这些自由形体得以出现的技术支撑，扎哈·哈迪德等建筑师设计的建筑是这种自由形体的典型，广州歌剧院就是一例。图 5-50 是一个自由形体的空间。

二、空间性质的模糊

在谈到空间的类型时，我们曾经明确地认定，空间有内外之分，即有顶界面的为内部空间，没有顶界面的为外部空间。在当今的室内设计中，内外空间的界限，大有模糊之势。许多空间似内非内，似外非外，同时兼有内外空间的特点。纽约东汉普顿庄园是一所私人住宅，其硕大的阳台上有一个露天客厅和餐厅。上部由一棵榆树的树冠覆盖，其下的家具、陈设与内部的客厅和餐厅并无两样。这种做法可称为"室外设计室内化"。而许多酒店的"四季厅"、商业中心的"步行街"等，广置绿化、山石和水景，宛如室外空间，其做法可称"室内设计

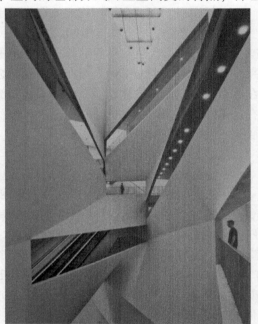

图 5-49　多面体的内部空间

图 5-50　自由体的内部空间

98

室外化"（图 5-51）。这两种做法看似不同，其目的却又相同，即兼收室内环境与室外环境之利，使人有更多的机会与自然相接触。

三、空间界面的模糊

在传统内部空间中，顶界面、底界面和垂直界面是十分明确的，界面与界面的交界线也是非常清楚的。但在当今的某些内部环境中，上述三种界面已不甚明确，界面与界面或根本没有交界线，或者有界线也不是很精确。出现这种情况的原因有两个：一是参数化设计生成了许多非几何形的自由体，它们浑圆如一，无法让人判断哪里是顶、哪里是墙，更无法判断哪里是它们的交界线。有些内部空间为奇形怪状的多面体，其界面性质也同样不清楚。二是人们的审美观念发生了变化，在看惯了立方体、长方体等传统的空间形态后，也希望看到一些相对奇特的空间形态，并对它们持有可以接受或比较赏识的态度。为了迎合这种审美心理，有些室内设计师故意在传统的空间中，通过装饰和照明等制造错觉，使本来方方正正的空间形态也变得令人难以琢磨了。

图 5-51　具有外环境特征的内环境

图 5-52　自由形体的内部空间

图 5-52 为自由形体的内部空间。图 5-53 为多面体的内部空间。图 5-54 为一个由照明灯具造成视错觉的空间。通过这些图片可以看出，其界面性质和交界线都是相当模糊的。

图 5-53　多面体的内部空间

图 5-54　用灯具造成视错觉的内部空间

四、组合方式的变化

传统的空间组合，多用"拼接"的方法，即将多个单个空间拼接到一起。如今许多空间组合采用了"贯穿"和"分割"的方法。前者，就是用多个常见的正方体、长方体或不常见的棱柱体相互"贯穿"，形成复杂的空间体系(图5-55)；后者，就是先设计一个阔大的空间壳体，再按使用要求将其"分割"成众多的小空间。许多航空港的航站楼就是采用"分割"方法的例子，其内部的登机手续办理区、安检区、候机区及商业、餐饮区等就都是二次分割的产物。

图5-55　"贯穿"法组合可能形成的空间

五、建筑与家具一体化

有一种设计方法叫建筑与家具一体化。在这种空间中，家具不是"摆"上去的或"装"上去的，而是与建筑实体连成一体的。这些家具可能是床、椅或会议桌，也可能是浴缸或洗手盆。它们与建筑实体自然地融合为一体，可以使空间显得更加完整和简洁(图5-56、图5-57)。

空间形态和组合方式的演变，使空间类型变得更加丰富，空间的表现力更加精采，有些时候还能产生一种朦胧美。

图5-56　建筑与家具一体化例一

图5-57　建筑与家具一体化例二

第六章　室内环境中的家具

第一节　家具的特性与作用

一、家具的概念与特性

家具系指人们在生活、生产和社会交往中用来坐、卧、支撑和储存物品的器物。

家具属于实用工艺品，但与茶具、酒具、餐具等实用工艺品或日用品等相比，又具有极为鲜明的特性。

首先，家具在使用方面具有极大的普遍性。从古至今，家具一直渗透于人们生活的各个方面，构成了人们生活起居、工作学习、娱乐休闲、旅游度假等诸多活动必不可少的条件。不论穷人或富人，不论官商或百姓，不论宫殿或民宅，无一例外地都要配置或多或少、或繁或简的家具，就连原始社会的先民也要有一些石桌、石凳之类的家具。

随着社会的进步，生活水平的提高，家具的种类越来越多，品质越来越高，到今天，不但有了完善的日常家具，还有了商业家具、宾馆家具、办公家具、儿童家具、老人家具等专用家具。不但有了手工制作的单件家具，还有了工业化生产和商品化供应的家具。家具如此贴近人们的生活，如此与人们时刻相伴，这几乎是任何一种陈设都无法比拟的。

家具的这种普遍性，也可理解为群众性。正是这种群众性，使人人都得以是家具的使用者和欣赏者，甚至是设计者。

其次，家具在功能方面具有明显的双重性。家具既是物质产品，又是精神产品；既有使用功能，又有精神功能。使用功能是它的直接目的，也是其审美功能得以实现的基础，因为只有当家具好用时，人们才可能去领略它的美。但是，家具又确实能够供人欣赏，甚至成为审美价值极高的艺术品。它能够通过造型、材质、色彩、装饰等诸多方面给人以美的享受，甚至还能表达某种思想和情感。从这一特性出发，家具设计者必须正确把握功能、物质技术与艺术造型的关系，力求使家具全面地体现出自己的价值。

最后，家具的发展具有社会性。家具的类型、功能、结构、款式、风格和加工水平，随着社会的发展而发展，能在很大程度上反映出整个社会、一个国家、一个地区的经济状况、科技水平、生活方式、审美情趣乃至更加深远的历史文化与传统。

二、家具的作用

家具是室内环境的重要元素，设计、选择和配置家具是室内设计的重要内容。家具在室内环境中的作用主要表现在以下几个方面：

（一）直接供人使用

这是家具的首要任务，也是家具的主要功能。从这一点出发，家具设计和配置一定要首先考虑人的生理特点和心理特点，充分注意人的行为模式和行动规律，让家具的大小、高低、软硬等符合坐、卧、支撑和储物的要求，让与家具相关的空间范围符合人们进行相应活动的要求。

（二）参与空间组织

在现代空间中，常常用家具划分大空间和围合小空间。用这些方法形成的空间属于虚拟空间，故有很大的灵活性和可变性。

用家具划分空间的例子多见于商场、展馆和办公楼，如用货架、货柜把营业大厅划分成若干个经营不同商品的营业区（图6-1）；用资料架、书架、存图柜或屏风等把办公层划分为若干个办公区（图6-2）；用展板、屏风把大展厅划分为若干个展区等。在居住建筑中，也有许多用家具划分空间的实例，图6-3为用组合柜划分餐厅与厨房，图6-4为用"照壁"式的酒柜分隔餐厅，图6-5为用矮柜划分客厅。

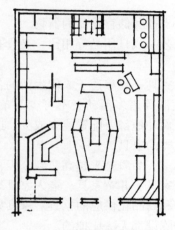

图6-1　用货柜划分商店

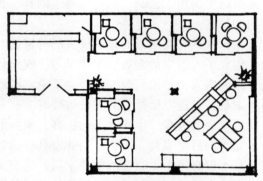

图6-2　用屏风、文件柜划分办公空间

图6-3　用组合柜划分餐厅与厨房

图6-4　用"照壁"式酒柜分隔餐厅

图 6-5　用矮柜划分客厅

　　用家具围合空间的例子多见于会客厅和休息处。在这里，沙发可以成组布置，这一组一组的虚拟空间便是由沙发围合的。图6-6是一个典型的实例。

　　家具参与空间组织的第三种形式是组织空间内的人流。在较大的空间内，把不同功能的家具分别布置在不同的部位，如果这些部位在功能上具有相对稳定的联系，那么，这些家具也就有了组织人流的意义。这种情况，在候车室、候机楼、医院和宾馆中表现得极为明显，如果设计合理，人流就会顺畅、短捷，不会出现交叉、往返等弊病。图6-7是一个宾馆门厅的平面图，由图可知，由于休息处、总台和电梯的位置合理，客人从入门、休息、办手续到进入客房便有了一条简便通顺的线路。

　　家具参与空间组织的第四种形式是调整空间的构图。室内环境是拥挤闭塞，还是舒展开朗，是和谐统一，还是杂乱无章，在很大程度上取决于家具的数量、尺度和配置。因此，设计者应充

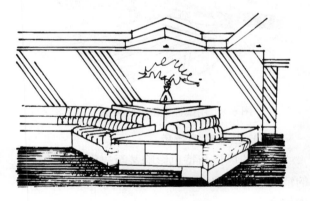

图 6-6　由沙发围合的休息区

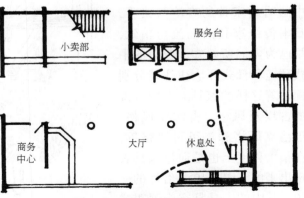

图 6-7　某宾馆门厅的平面图

分重视家具的作用，用它们调整空间构图，解决疏密、轻重、均衡等问题。图6-8画出了卧室的一角。由图可知，床屏上的搁板不仅可以放置书籍和玩物，也有填补空间和平衡构图的作用。

（三）烘托空间气氛

空间氛围是由多种要素形成的，在这些要素中，家具有着举足轻重的作用。图6-9是沈阳故宫崇政殿的内景，其中的宝座和相关陈设就有效地烘托了环境的氛围，体现了封建帝王的权势和威严。

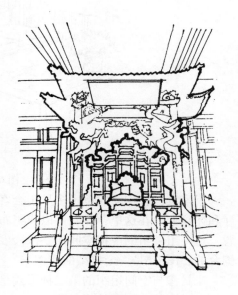

图 6-8 用搁板平衡空间构图　　　　　　图 6-9 沈阳故宫崇政殿内景

（四）凸显环境特色

家具的风格与特色影响甚至决定环境的特色，在现代建筑空间日益简洁、个性不很鲜明的情况下，家具的这一作用将更加突出。

家具可以体现民族风格。中国明式家具的简洁与典雅，日本传统家具的轻盈与精致，早已为人们所熟知。所谓的中式环境和日式环境往往就分别配置着这样的家具。人们常说的古埃及风格、古印度风格、巴洛克风格和洛可可风格等，在很大程度上也是通过家具表现出来的。图6-10是客厅的一角，其中的家具具有中国明式家具的特点，正因为如此，整

图 6-10 配备明式家具的客厅

个环境也就有了中国传统的韵味。

英美等国多在起居室内设壁炉，并喜欢以壁炉为中心布置待客的家具，图6-11反映了这种情形，由图可知，这种环境与图6-10所示的环境在风格上具有极大的差异。

家具可以体现地方风格，不同地域由于地理条件不同，生产生活方式不同，风俗习惯不同，家具的材料、做法和款式也不同。广东流行红木家具，湖南、四川多用竹、藤家具，都与当地的气候和资源有关。我国人民大会堂中，各个省、市、自治区的会议厅，风格各异，在一定程度上就表现在家具上。图6-12所示藤制椅台轻盈流畅，造型优美，一看就知道是流行于我国南方地区的。

图6-11　以壁炉为中心配置家具的起居室

图6-12　轻盈优美的藤制台椅

家具还能体现主人或设计者的风格，成为主人或设计者性格特征的外露。有人说，室内陈设特别是家具是主人和设计者的自画像，听来有些武断，细想又不无道理。因为家具的设计、选择和配置确实能在很大程度上反映主人或设计者的文化修养、性格特征、职业特点和审美情趣等。

（五）陶冶情操

家具的发展是人类物质文明和精神文明不断发展的结果，反过来说，家具的产生和发展又影响着人们的物质生活和精神生活，影响着人们的审美观点和情趣。家具的美育作用不像某些实用艺术品那样具有明确的方向性，它是灵活地、潜移默化地发挥作用，让人们在不知不觉中受到熏陶和感染。

图6-13是一些以"花生"为设计原型、以藤为材料设计制作的家具和灯具，既有轻盈、温馨的造型，又含团圆、美满、喜庆之寓意，对培养人们热爱生活、追求美好未来的热情都有积极的作用。

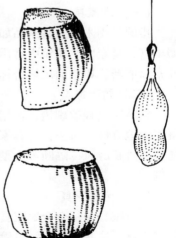

图6-13　以"花生"为设计
原型的家具和灯具

第二节　家具的种类

世界上的家具形形色色，很难用一个单一的分类方法把它们分清楚，在理论研究和实际工作中常按以下方法分类：

一、按基本功能分类

所谓按基本功能分类就是按人与家具的联系方式分类。采用这种分类方法有助于设计者从人体工程学的角度去研究家具，使家具设计得更加符合人的生理特点。具体种类有：

（一）人体家具

主要指直接支撑人体的家具，如椅、凳、沙发、床、榻等。

（二）准人体家具

主要指不全部支承人体但人又要在其上工作的家具，如桌子、柜台、茶几和床头柜等。

（三）储物家具

主要指储存衣物、被褥、书刊、器皿、货物的壁柜、衣柜、书柜、货架及各种搁板等。设计储物家具不仅要考虑家具与人的关系，还要考虑家具与物的关系，即充分发挥其储物的功能。

（四）装饰家具

有些家具虽然也有一定的实用价值，但主要是用来美化空间的，具有很强的装饰性，可称装饰类家具，如博古架与花几等。

总的说来，人体家具与人的关系最密切，准人体家具、储物家具则要适当地或更多地考虑家具与物的关系。

二、按使用材料分类

（一）木家具

指的是用木材及其制品如胶合板、纤维板、刨花板等制作的家具。木家具质感柔和，造型丰富，是家庭、宾馆中常用的家具。在北欧等盛产木材的国家和地区，木家具极为普遍，并素以清新、典雅的风格著称于世。

（二）竹藤家具

竹藤家具轻盈剔透，常用于盛产竹藤的地区。它不仅能满足多种功能要求，还可体现出鲜明的地方性。过去，竹藤家具多为凳、椅、几等，而今，不仅有了竹藤沙发、书架，甚至还有了竹藤屏风、隔断等大型装饰家具。图6-14中表示的竹藤家具质朴自然，可算优秀的实例。

（三）金属家具

金属家具包括全金属家具以及金属框架与玻璃或木板构成的家具。这里的金属可以是钢材或铝材，这些材料，经电镀处理后，还可显示出不同质感和色彩。金属管材制作的躺椅、办公椅、床等富有现代感，特别适合现代气息浓郁的空间。图6-15表示的是一个以钢管为构架，以木板作台板、箱体的写字台和一个悬臂钢管椅，它们适用、简练，且适合大批量生产。

106

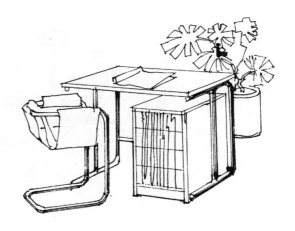

图 6-14 竹藤家具   图 6-15 金属家具

（四）塑料家具

以塑料为主要原料制作的家具种类繁多，这主要是因为生产工艺不同，以至家具的形态也不同。常见的塑料家具有模压成形的硬质塑料家具，有由挤压成形的管材、型材接合的组装家具，有以树脂与玻璃纤维为材料的玻璃钢家具，还有软塑料充气、注水家具等。塑料家具可以有多种颜色，且可与其他材料如帆布、皮革等相并用。

（五）软垫家具

软垫家具也称软性家具，主要有带软垫的床、沙发椅和沙发等。

坐卧家具向软垫方向发展是人们物质生活水平不断提高的表现，因为软垫家具与传统家具相比，具有以下优点：一是能够增加人体的接触面，减少人体单位面积上承受的压力，可以避免或减轻人体某些部分由于压力过于集中而产生的酸痛感；二是软垫家具有助于人们在坐卧时调整姿势，使人们在休息时维持自然松弛的姿态。

常见的软垫家具都是用多种材料组合的，包括弹簧、垫层和面层等。近年来，海绵用量大增，使软垫家具的制作过程显著简化，值得注意的是，某些海绵残余变形过大，因此，应尽量选择变形较小的海绵，或采用多种海绵组成复合垫。

软垫家具的造型主要决定于它的款式和比例，此外，又与蒙面的色彩、质地、图案有关系。许多皮革、丝绒蒙面的软垫家具都能给人以高贵、典雅或者华丽的印象。图 6-16 所示的沙发以皮革为面料，总体结构分三层，扶手边缘稍稍外翻，款式温馨柔和，素雅中又透出一股华贵气。

三、按结构形式分类

主要材料不同，结构方式也不同。即使材料相同，结构方式包括连接方法也可以有很多种。以木框架的接合方法为例，就有榫接、钉接、胶接及金属零件连接等。

（一）框架家具

传统木家具多数属于框架式。即家具的承重部分是一个框架，在框架中间镶板或在框架的外面附面板。构成框架的杆件大都用榫卯连接，坚固性较好。面板上还可镶嵌其他装饰材料或雕刻成所需的图案。框架式的最大优点是坚固耐久，适合于桌、椅、床、柜等家具，不

图 6-16　软垫家具

足之处是难以适应大工业的生产方式，致使其中的一部分已为板式家具所代替。

（二）板式家具

板式家具是用板材连接到一起的，板材多为细木板和人造板。

板式家具的主要特点是结构简单，节约材料，组合灵活，外观简洁，造型新颖，富有时代感，且便于实现生产的机械化和自动化。

板式家具的出现和发展是与现代社会的生产方式、科学技术以及人们的需求紧紧地联系在一起的。因为，板式家具不仅适合于现代化的生产方式，而且符合现代社会讲究效率，注重成本，节约能源的精神和现代人偏爱简洁大方的审美趣味（图 6-17）。

（三）拆装家具

用五金零件连接的板式家具也是一种可以拆装的家具，但这里所说的拆装家具主要是指从结构设计上提供了更简便的拆装可能，甚至可以在拆后放到皮箱或纸箱携带和运输的家具。

常见的拆装家具中，有一种插接的，其骨架由钢管或塑料管组成，接口为榫卯状或套接状。骨架构成后，装板材，再通过预先打好的孔眼，插上连接件（图 6-18）。

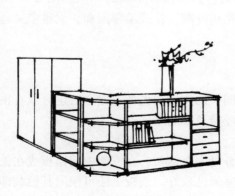

图 6-17　板式家具举例

图 6-18　插接式家具举例

108

拆装家具也可表现为插板式。图 6-19 是丹麦生产的带垫椅，其承重结构是四块厚 16mm 的方形板。板上有槽口，插到一起配上坐垫即可使用。由于插板规格多样，坐垫的色彩、图案可变，所以，其形式虽然简单，却仍然可以多样化。

拆装家具的主要特点是很少使用钉子和粘结剂，有些借卡口组装的家具甚至连五金零件也不用，这对生产、运输、装配、携带、储藏都提供了极大的方便。

（四）折叠家具

折叠家具的主要特点是用时打开，不用时收拢，体积小，占地少，移动、堆放、运输极方便（图 6-20）。类似折叠椅、折叠桌之类的折叠式家具的堆放方式有三种，即垂直的、水平的和倾斜的，它们多用于展览厅、会议厅或餐厅等。柜架类折叠式家具常用于家庭的书房、卧室和客厅等。

图 6-19　插板式家具举例　　　　　图 6-20　折叠式家具举例

（五）支架家具

支架家具由两部分组成，一部分是金属或木支架，一部分是柜橱或搁板。此类家具可以悬挂在墙、柱上，也可以支承在地面上，其特点是轻巧活泼，制作简便，不占或少占地面面积。支架家具体积和重量都小，故多用于客厅、卧室、书房、厨房等，用于储存酒具、茶具、文具、书籍和小摆设。图 6-21 是支架家具的举例。

（六）充气家具

早在 1926 年，布劳斯就提出关于充气家具的设想，但充气家具的实验和生产直到最近几十年才有较大的进展。

充气家具的主体是一个不漏气的胶囊。与传统家具相比，不仅省掉了弹簧、海绵、麻布等，还大大简化了工艺过程，减轻了重量，并给人以圆

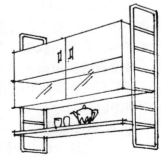

图 6-21　支架家具

润、新颖的印象(图 6-22)。

充气家具目前还只限于床、椅、沙发等。需要进一步研究解决的主要问题是如何防止火烧、针刺和快速修补等。

(七) 浇注家具

这里所说的浇注家具有两类,一类是硬质塑料的,一类是发泡塑料的,两种都借特制的模具来浇注。

硬质塑料家具多以聚乙烯和玻璃纤维增强塑料为材料,它质轻、光洁、色彩丰富、成形自由、加工方便,最适于制作小型桌和椅(图 6-23)。

以发泡塑料为原料制作的家具有弹性,多数是坐具和卧具(图 6-24)。发泡塑料弹性不同,可分硬质、半硬质和软质

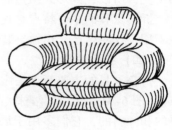

图 6-22　充气家具举例

三大类。一般工艺过程是先做内衬,再浇发泡塑料,经过一段时间后,自然膨胀和成形,最后覆盖布料或皮革。

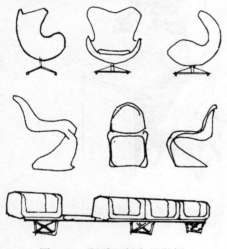

图 6-23　硬质塑料家具举例

图 6-24　发泡塑料家具举例

四、按使用特点分类

(一) 配套家具

传统家具都是单件的,由于风格不同,总体效果难以和谐统一。当今生产的配套家具,功能齐全,色彩、线型、装饰配件相同或相近。既能满足实用要求,又能实现风格的统一。配套家具常常见于宾馆酒店的客房或住宅的厅室等(图 6-25)。

(二) 组合家具

组合家具是由若干个标准单元或零部件组合的,典型的组合家具是组合沙发与组合柜。与传统家具相比,组合家具在生产和配置方面

图 6-25　配套家具举例

无疑是个巨大的进步，因为它适合大工业生产的要求，可以批量生产，降低成本，提高效率；适合消费者的需求，可以由消费者自己按兴趣、爱好和经济条件决定数量、款式，甚至分期地购置。组合家具的设计工作自然还要改进，其基本方向应是进一步扩大组合范围，即不仅限于柜架和沙发，还要包括桌、几和卧具等。同时要进一步提高组合的灵活性，即能用少量的单元和配件组合成多种类型的家具。

下面列举几种典型的组合家具：

图 6-26 是平板组合的桌与柜。这种家具的最大特点是在工厂成批生产，板与连接件一起运输，用户购货后就地安装。

图 6-27 是利用标准单元组成的沙发组。组合沙发的标准单元有矩形和梯形两大类，于是，沙发组就可为一字形、L 形、冂形、弧形或马蹄形。

图 6-28 反映了用小型单元组合柜架的情形。这些小型单元外形尺寸相同，或符合模数关系，可以安装抽屉、搁板、翻板或柜门，这样，就可以根据空间条件和使用上的要求，组成具有多种功能的组合柜。

图 6-26　由板件组合的桌与柜

111

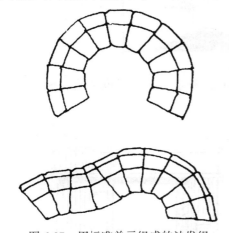

图 6-27　用标准单元组成的沙发组

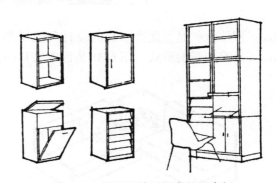

图 6-28　用小型单元组合的组合柜

（三）多用家具

同一件家具有两种以上的功能，可以叫做多用家具。多用家具有两类：一类是使用时不须改变原来的形态，如带柜床及可以睡觉的沙发或榻等；另一类是改变使用目的时必须改变原来的形态，如平时为长沙发，必要时改为双人床等。多用家具凭借一物多用之利，用于小空间如客房、卧室、客厅等最为合适。图 6-29 和图 6-30 分别是两类多用家具的举例。

（四）固定家具

固定家具即固定于建筑结构之上、不能随意移动的家具。包括住宅中的壁柜、吊柜、搁板以及加宽了的能够兼作小桌的窗台等。固定家具既能满足功能要求，又能充分利用空间和增加环境的整体感，更重要的是可以实现家具与建筑的同步设计与施工，无须繁重的运输和

图 6-29 多用家具之一

搬动。应注意的是，此类家具的设计和施工都要精心，务求位置、尺度适宜，施工质量较高，并具有美观的形式。图 6-31 为固定家具的例子。

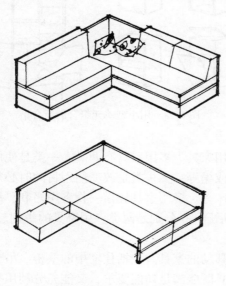

图 6-30 多用家具之二

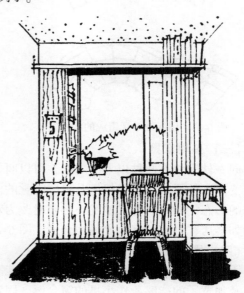

图 6-31 固定家具举例

第三节 家具的发展

家具的发展为不同时期的政治制度、宗教信仰、风俗习惯、传统意识、物质材料、科学技术水平所制约。研究家具的发展，可以了解家具演变的过程，更加深刻地体会家具的本质和特性；可以做到"古为今用，洋为中用"，借鉴古代和外国的成功经验，在家具设计和选用中推陈出新；还可以了解家具的发展趋势，使家具设计和选用更加符合时代潮流，更加符合总体环境的要求。

一、外国家具的发展

（一）古代家具

奴隶制的建立，促进了体力劳动与脑力劳动的分工，也使从事家具生产成为可能。古代家具的成就突出反映在古埃及、两河流域、古希腊和古罗马的家具上。

古埃及家具的风格特征与所有者的社会地位相关联，主要特点是装饰性超过适用性。

两河流域指现在的幼发拉底河与底格里斯河的中下游。古时，家具高大，常用涡形图案，还有坐垫、丝穗等饰物。从华丽的风格上看，他们更加讲究物质和精神的享受。

古希腊人吸取埃及和西亚人的先进文化，于公元前 5 世纪使古希腊家具达到了很高的水平。其主要特点是造型适合生活要求，具有活泼、自由的气质，比例适宜，线型简洁，造型轻巧，优美舒适，充分体现了功能与形式的统一，而不是过分追求华丽的装饰。

古罗马家具是古希腊家具的继承和发展，是奴隶制时代家具的高峰期。现存的古罗马家具都是大理石、铁或青铜的，包括躺椅、床、桌、王座和灯具等。

（二）中世纪家具

中世纪家具深受宗教影响，祭司、主教们用的座椅古板笨重，靠背很高，为的是突出表现他们的尊严与高贵。封建领主们用的家具粗壮又粗糙，事实上，已成为落后、保守的社会面貌的反映。

12 世纪后半叶，"哥特式艺术"兴起。哥特式家具主要用在教堂中，特点是挺拔向上，竖线条多，座面、靠背多为平板状，造型深受哥特式建筑的影响。

（三）文艺复兴时期家具

文艺复兴时期的家具在哥特式家具的基础上，吸收了古希腊、罗马家具的特长。在风格上，一反中世纪家具封闭沉闷的态势；在装饰题材上，消除了宗教色彩，显示出更多的人情味；镶嵌技术更为成熟，还借鉴了不少建筑装饰的要素，箱柜类家具有檐板、檐柱和台座，并常用涡形花纹和花瓶式的旋木柱。

（四）巴洛克家具

巴洛克家具大多模仿建筑造型，习惯使用流动的线条，椅子的靠背面为曲面，椅子的腿部呈 S 形。巴洛克家具多用花样繁多的装饰，如雕刻、贴金、涂漆、镶嵌象牙等，在坐卧家具上还大量使用纺织品作蒙面。图 6-32 为巴洛克家具的举例。

（五）洛可可家具

洛可可家具是在巴洛克家具的基础上发展起来的。它排除了巴洛克家具追求豪华、故作宏伟的成分，吸收并发展了曲面、曲线形成的流动感。它以复杂多变的线形模仿贝壳和岩石等，造型更显纤细和花哨。

洛可可家具以青白两色为基调，在此基调上饰以浮雕、彩绘、涂金或贴金。

洛可可艺术的出现不是偶然的。第一种因素是18世纪初，人们更加追求自由的生活；第二个因素是法国各阶层对路易十四生前的浮夸作风表示反感和厌弃；第三个因素是新王朝女权高涨，装饰风格和家具风格在很大程度上迎合了上层妇女的爱好。图6-33是洛可可家具的举例。

图6-32　巴洛克家具举例　　　　　　　　图6-33　洛可可家具举例

（六）新古典主义家具

19世纪初，欧洲从封建主义社会进入资本主义社会。新兴的资产阶级对反映贵族腐化生活、大量使用繁琐装饰的巴洛克和洛可可风格表示厌恶，极力希望以简洁明快的新风格代替旧风格。当时的艺术家崇敬古希腊艺术的优美典雅、古罗马艺术的雄伟壮丽，肯定地认为应以古希腊、罗马家具作为家具设计的基础，这时期的家具便称为"新古典主义"时期的家具。

新古典主义家具的发展，大致分为两个阶段：一是盛行于18世纪后半期的法国路易十六式、英国亚当兄弟式及美国联邦时期出现的家具；二是流行于19世纪初的法国帝政式及英国摄政式家具。这两个阶段各有自己的代表，即分别为路易十六式和帝政式。

路易十六式家具种类繁多，除桌、椅、凳外，还有梳妆台、高方桌和牌桌等（图6-34）。

帝政式家具的色彩配置是大量使用黑、金、红，即用桃花心木的紫黑色、青铜镀金件的金色与蒙面天鹅绒的红色相调和。它追求的是绚丽多彩，体现的多是关于战争的纪念性（图6-35）。

图 6-34　路易十六式家具举例

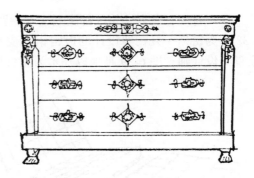

图 6-35　帝政式家具举例

（七）　现代家具

从 19 世纪中期起，家具设计逐渐走向现代，即从重装饰走向重功能，从重手工走向重机械。

此前的种种家具，在家具史上，都有一定的地位，但是由于它们很难满足现代生活和大工业生产的要求，便不能不遭遇挑战，并因而出现重大的变革。

第一次世界大战后，幸存下来的年轻人，充满了改变生活和环境的愿望，并在荷兰、法国和俄国开始了具有突破性的试验。荷兰前卫派建筑师里特韦尔于 1917～1918 年设计制造了著名的红蓝椅（图 6-36a），显示了风格派的新思路。之后，他又沿着同样的思路设计制作了柏木"之"字椅（图 6-36b）。

19 世纪末兴起的工艺美术运动对现代家具的发展起了促进的作用，包豪斯学校家具造型设计组的建立则可作为现代家具确立的标志。

a)　　　　　　　　b)

图 6-36　里特韦尔设计的椅子

包豪斯最有特色的家具是钢管凳和钢管椅，其特有的艺术风格明显地反映在布劳斯的家具设计中。布劳斯 1920 年就读于包豪斯，1924 年留校当老师，是杰出的家具设计师和建筑师。他设计的钢管木面凳，曾用于包豪斯学生宿舍，他设计的钢管椅的椅面是麻布和皮革的（图 6-37）。

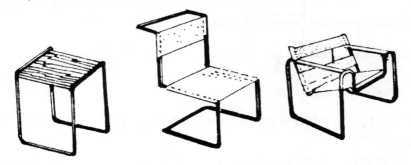

图 6-37　布劳斯设计的凳和椅

这一时期，著名建筑大师密斯·凡德罗和勒·柯布西耶等也设计了许多著名的家具，图6-38即为密斯·凡德罗设计的镀铬钢管皮垫巴塞罗那凳和椅。阿尔托是第一个将夹板用于家具的设计师，图6-39是他以桦木为主材设计的凳和椅。

图 6-38　密斯·凡德罗设计的凳和椅　　　　　图 6-39　阿尔托设计的家具

第二次世界大战后，美国家具业迅速发展，丹麦、挪威、瑞典、芬兰四国的家具也很快闻名于世。上述四国的家具不像英国、法国家具那样崇尚装饰，也不像美国家具那样刻意求新，而是充分利用北欧的木材资源，着力表现木材的质感和纹理。这些木家具多用清漆罩面，极具淡雅、清新、朴实无华的气质(图6-40)。

1965年之后，意大利的家具业异军突起，它有意避开北欧诸国的锋芒，不以木材为主要材料，而是以更加便宜的塑胶为材料，在发扬传统的基础上探求新风格(图6-41)。

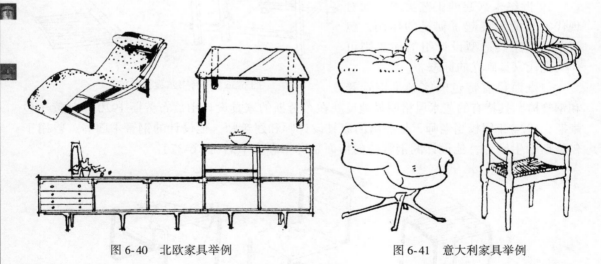

图 6-40　北欧家具举例　　　　　　　　图 6-41　意大利家具举例

20世纪70年代，家具的设计进一步切合工业化生产的特点，组合家具、成套办公家具成了这一时期的代表作。

20世纪80年代后，家具设计风格多样，出现了多元并存的局面。高科技派着力表现工业技术的新成就，以简洁的造型、裸露材料和结构等手法表现所谓的"工业美"。新古典主义注重象征性的装饰，着重表达对古典美的怀恋之情。也是在这个时期，仿生家具、宇宙风格家具等纷纷问世。从国家看，美国、法国、日本的家具业都有很高的地位。

从 20 世纪 70 年代起，在欧美出现了一种号称"后现代主义"的设计思潮。它波及建筑，也波及到家具。所谓"后现代主义"，其实是对现代主义理论及其实践的批判，它怀疑现代主义的永恒性，认为他们的产品过于机械化、理性化和单调化。后现代主义者对古典风格抱有相当的兴趣，在设计中常以新的手法把传统艺术中的细节当做一种符号体现在自己的创作成果中。应该说明的是，关于后现代主义的讨论确实不少，但后现代主义的家具在市场上还不多见。图 6-42～图 6-46 分别为美国的现代家具、日本的现代家具、仿生充气家具、宇宙家具和后现代家具的一部分。

图 6-42　美国现代家具举例

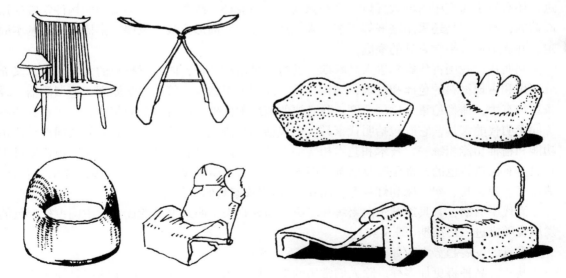

图 6-43　日本现代家具举例　　　　　图 6-44　仿生充气家具举例

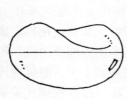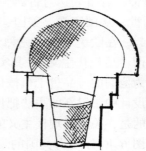

图 6-45　宇宙家具举例　　　　　　　　　　图 6-46　后现代家具举例

　　综观各国、各地和各种风格流派的家具，可以看出：现代家具的发展有两条不同的流线：一条线以新材料、新工艺、新结构为基础，着眼于标准化、系列化、通用化和批量化；另一条线以传统形式及手工业生产技术为基础，着眼于传统技艺与现代工业生产相结合，比较注重传统格调和民族性。这两种趋向各有特色，但就现代家具的整体而言，其基本特点是注重功能，讲究适用，强调以人类工程学的理论为指导确定家具的尺寸；外观简洁大方，线脚不多，造型优美，没有繁琐的装饰；注重纹理、质地、色彩，体现材料的固有美；与机械化、自动化生产方式相联系，充分考虑生产、运输、堆放等要求；注意应用新的科技成就，使用新材料、新技术和新配件；在使用中与灯光设备、声响设备、自控设备、自动化办公系统相结合。

二、中国家具的发展

　　在我国，早在南北朝时，就有简单的家具。那时候，人们仍然保持席地而坐的习惯，但睡觉用的床已经提高，床上还有供人倚靠的长几和曲几。隋、唐时期，已有方桌、长桌、长凳、腰鼓凳和扶手靠背椅。在举行大型宴会处，还有供多人列坐的长桌和长凳。床铺有改进，还有置于居室中央的大屏风。这些家具，造型简朴，线条柔和，桌椅中的构件常常采用圆截面，有些家具还采用镶嵌等工艺。宋、辽、金时，高形家具大发展，桌椅的形式基本固定，并逐渐进入平常百姓的家庭。

　　到明代，我国古代家具进入高峰期。其特点是用材合理，既注意材料的力学性能，又充分利用和表现材料的色泽和纹理；结构轻巧，采用框架结构，符合力学原理；造型简洁，线条单纯有力，体型稳重，比例适度，除必要的辅助配件外，没有多余的装饰。明式家具并不等同于明代的家具，它既包括明代家具，也包括部分清代早期的家具，它们的共同点是使用功能和精神功能相统一、技术和艺术相统一，故在国内外享有很高的声誉。我国现代家具中凡属富有民族特色的，都是吸收借鉴了明式家具的长处。明式家具种类繁多，常见的有凳、椅、桌、柜、几、架、床和灯具等，图 6-47 是明式家具的一部分。

　　清代中后期，家具逐渐走向繁缛和厚重，明显丧失了明式家具的优点，中国古代家具的发展也随之进入终结期(图 6-48)。

　　家具的发展趋势大致如下：

　　其一，品种将更加多样。除人们常用的桌、椅、床、柜之外，新的生活家具如成套的宾馆家具、儿童家具、厨房家具、门厅家具等将大量涌现。保健家具如水床、家用按摩椅等将更加完善和普及。与新科技相联系的科技家具如电器柜、计算机桌、电话桌等逐渐增多，并

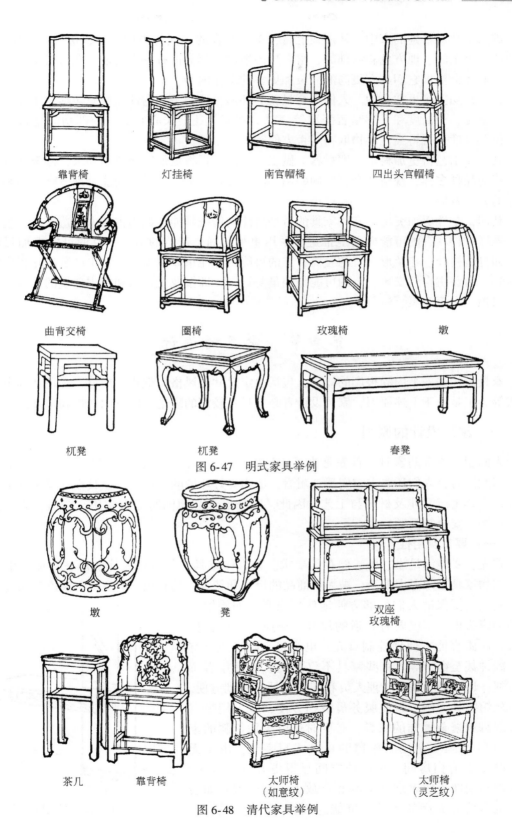

靠背椅　灯挂椅　南官帽椅　四出头官帽椅

曲背交椅　圈椅　玫瑰椅　墩

杌凳　杌凳　春凳

图 6-47　明式家具举例

墩　凳　双座玫瑰椅

茶几　靠背椅　太师椅（如意纹）　太师椅（灵芝纹）

图 6-48　清代家具举例

迅速进入了平民百姓的家中。从形式上看，多元并存的局面将更加明显，仿古的、现代的、简约的、复杂的、地方色彩浓郁的、富有异国情调的都会占有一席之地。在形式多样的前提下，人们还会要求它们具有更高的品位和更多的文化内涵。

其二，功能将更加合理。人们不会只关心外形，还会关心内部质量，包括封闭性、防潮性、平整度、光洁度和手感是否舒服等，对储物家具还会关心它们的内部功能是否完善合理，位置尺度是否得当，存物取物是否方便等。

其三，工艺将更加科学。即材料、做工、表面处理将更加符合科学要求，甚至连五金零件也将向品种多样、规格齐全、坚固耐用、灵活巧妙、手感舒适、功能合理、噪声小和安全可靠的方向发展。

其四，个性更加突出。有些家具的造型可能向传统延伸，如用古船木打造家具，色彩沉着，式样古朴；有的可能向前卫推进，采用更加时尚、奇特的造型；有的可能更加强调主题，如打造树叶、花朵形靠背的餐椅；有的可能更加注重业主参与，即生产装配化程度极高的家具，由业主自己安装；有的可能强调量身订制，即按业主要求和室内环境的尺寸，专门打造衣柜、书柜、桌、椅等。

第四节　家具的设计

家具设计是一个内涵很广的概念，包括决定尺寸、风格、款式、用材、选色和确定结构方式等。正是由于上述原因，家具设计者必须具备较深的理论、广泛的知识和丰富的阅历。

一、家具设计的原则

人们制作或选购家具，首先是为了满足生产、生活的需要，或使其具有某种特定的用途。与此同时，人们还要求它们美观耐看，成为美好环境的一部分。家具设计是家具生产的前提，家具生产又涉及材料与工艺，因此，家具设计必须同时考虑实用、舒适、方便、美观、经济、安全等问题。

（一）要有实用性

首先，要能满足坐、卧、储存等要求。如人体家具必须符合人体的形态特征和生理条件，储物家具必须考虑书籍、被褥、商品的尺寸和特点，具有相应的宽度、深度、高度和容量。其次，要保证人们能够方便地使用家具，如旅馆客房中的床头柜，不仅要有合适的尺寸，还应安装电器控制板，使旅客能方便地控制灯光、电视机、收音机、空调、闹钟甚至窗帘等。有些家具不仅要使直接使用者感到方便，还应使相关的管理人员和维护人员也感到方便。仍以旅馆家具为例，为使服务员清扫方便，应少用带有大量线脚和繁杂雕饰的家具，必要时还可少用带腿的家具。图6-49是一个用于旅馆的悬挑式写字桌，由于无腿，既便于清扫房间，也能使空间显得更开阔。再次，家具的实用性还应表现在运输和存放上。有些家具如会议室或多功能大厅的椅子，可能忽而摆好，忽而撤掉，

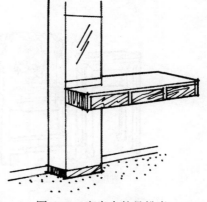

图6-49　客房内的悬挑桌

120

这就要求它们最好能重叠堆放，少占面积和高度。最后，是要有足够的强度、刚度和稳定性，以保证家具在运输、使用和堆放过程中少受损坏。

（二）要有艺术性

家具的艺术性可以泛指款式和风格等。要使家具美观耐看，必须按形式美的原则来处理家具的尺度、比例、色彩、质地和装饰。而款式与风格则要根据环境的总体要求和使用者的性格、习俗、爱好来决定。

（三）要有工艺性

工艺性就是要在设计中充分考虑生产加工的可能性。除有特殊要求外，一般家具均应简洁大方，结构合理，便于加工，并要尽量减少手工操作的比例，以降低成本和提高劳动生产率。要尽可能地采用新的生产工艺，实现生产的自动化和批量化。还要促进材料的多样化，推进产品的标准化、零部件的通用化，提高结构的可拆装性和零部件的互换性。

（四）要有商品性

生产是为了销售。为使商品受到欢迎，家具设计者一定要熟悉顾客心理、市场行情，减少设计上的盲目性。要正确处理潮流和创新的关系，既不能盲目标新立异，脱离功能和技术只求形式，也不可盲目跟风，一味模仿，甚至"克隆"别人的产品。

二、家具设计的步骤

"设计"是一个完整的思维过程和表现过程，很难说先干什么、后干什么。但从一般人的思维方法和表现过程看，家具设计可按外形设计、结构设计、模型制作(或样品制作)、估工算料等四个步骤进行。

（一）外形设计

外形设计既有长、宽、高等尺寸问题，也有款式风格等问题，这里着重研究家具的尺寸。

设计者有了一个想法后，应尽快用草图把它表示出来。草图多为透视图，但要表示出长、宽、高、厚等尺寸。构思是一个反复完善的过程，草图也有一个不断修改的过程。为使构思更加具体化，有条件时，可用硬纸板、胶合板、铅丝等作一些简单的模型，作为研究方案的参考。画构思性的草图不一定用比例尺，方案基本确定后，则须按一定的比例尺画图，以便能准确地估量设计的效果。

进行外形设计的重要内容是确定家具的功能尺寸，而要使家具的功能尺寸合理，必须研究"人体工程学"。要按照"人体工程学"原理，使家具的功能尺寸与人体基本尺度和动作

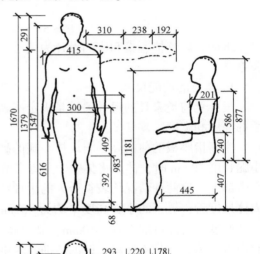
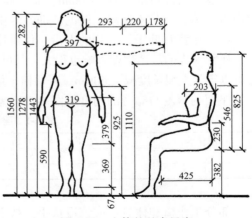

图 6-50　人体的基本尺度

尺度相一致。图 6-50 表示了人体的基本尺度，图 6-51 表示了人体保持不同姿态时的尺度。

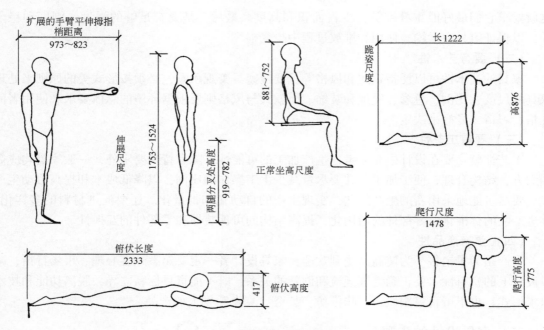

图 6-51 人处于不同姿态时的尺度

下面，以凳椅、桌和床的设计为例子，具体说明功能尺寸与人体基本尺度和动作尺度的关系。

1. 凳椅的功能尺寸

设计凳椅类家具的尺寸关键是决定座高、靠背高、座深、座面斜度与靠背的倾角以及扶手的高度和宽度。

座高指座板的前沿高，与人体小腿的高度有密切关系。根据日本学者的测定，椅高小于小腿长度 50mm 时，体压将集中于坐骨滑节部位；椅高等于小腿长度时，体压可以分散在整个臀部上。这两种情况均较符合人的生理特征，也便于人们坐下和站起。从我国中等身材的人体尺度看，男子的小腿高度平均为 407mm，女子的小腿高度平均为 382mm，如果考虑到鞋的厚度，椅高可取 390~410mm。靠背高一般在肩胛骨以下，因为这样的尺寸可以使背部肌肉得到休息，又不妨碍上肢的活动。专供人们坐着操作的工作椅，为便于上肢前后左右多方活动，靠背宜低于腰椎骨的上沿。仅供休息的椅子，靠背可加高至颈部或头部。

座深对人的舒适程度影响也很大。其尺寸通常是根据人的大腿长度确定的。一般地说，座深可以等于大腿长度减去 60mm。普通椅子可以浅一点，专供休息的椅子可以深一些。

座面的斜度与靠背的角度见图 6-52。鉴于功能不同，可按表 6-1 选用。

表 6-1　座面斜度与靠背倾角　　　　　　　　　　　（单位：°）

功能要求	工作椅	轻工作椅	轻休息椅	休息椅	带枕躺椅
α	0~5	5	5~10	10~15	15~23
β	100	105	110	110~115	115~123

部分工作椅和休息椅应该设扶手。扶手的高度应与人的坐骨结节点到自然下垂的肘部下端的垂直距离接近。从我国情况看，座面与扶手的上表面的垂直距离可取 200~250mm。扶手的前端要高于后端，其倾角大约为 10°~20°。扶手内侧的间距应取 420~440mm，前部间

距应比后部间距大一些。

2. 桌的功能尺寸

确定桌台类家具的功能尺寸，关键是确定桌面的高度、宽度、深度和容膝空间的大小。

桌面高度要与凳椅高度相匹配。具体尺寸应等于坐标位基准点的高度加上椅面至桌面的距离。按日本学者的意见，设计工作桌椅，椅面至桌面的距离可取 250～300mm，工作偏重的取高限，工作偏轻的取低限。设计休息桌椅，椅面至桌面距离可取 100～250mm，轻度休息取高限，深度休息取低限。在我国，成人用工作桌的桌面高度宜取 750mm 或稍高，专为女性使用的可以低一些。

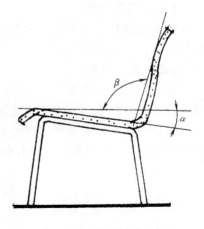

图 6-52 座椅座面及
靠背倾角

桌面的宽度和深度应根据人的视野、手臂的活动范围以及桌子上要放什么物品来确定。两臂均不伸直时，桌宽可取 900～950mm；一臂伸直、另一臂弯曲时，可取 1000～1200mm；两臂均须伸直时，可取 1500～1700mm。桌面深度均为 600～800mm。桌台下部应有容膝空间，要保证小腿直立时膝盖不受约束，还有一定的空隙。也就是说，膝盖至桌面的下表面（或抽屉的下表面）应有一定的距离。从适用角度看，这个距离不应小于160～170mm。

3. 床的功能尺寸

床的主要尺寸是长、宽、高。床长主要决定于身高，在我国多取 1950～2000mm。

床宽与睡姿、翻身动作和熟睡程度有关。按仰卧睡姿设计，单人床的宽度一般取 900mm，最少也不能小于 700mm。双人床的宽度，不是两个单人床的宽度之和，较合适的尺寸是 1350～1500mm。在面积较大的卧室或客房中，可取 1800mm 或 2000mm。床高与凳高、椅高相似，这样，就可使床既可睡又可坐。

除合适的尺寸外，还应特别注意床垫的软硬，因为这与人的舒适感和脊柱线的弯曲程度具有密切的关系。使用弹性均等的弹簧床，仰卧时，人体的形状呈 V 形，腰脊骨节的软骨部分向上张开，从生理角度看，不甚合理。因此，有不少国家正在研究弹力不等的弹簧床。

应该指出，同样的家具，由于使用对象不同，功能尺寸可能差别相当大。专给成人用的与专给儿童用的不同，专给男性用的和专给女性用的也不同。要特别注意儿童家具的尺寸，因为儿童正在长身体，家具尺寸是否合适，将直接影响他们的发育与健康。

在功能尺寸基本确定后，还要研究家具的造型，如线型、装饰和色彩等，并在确定之后，以图和文字的形式一并反映在图样上。

(二) 结构设计

家具的结构设计要以坚固、安全、经济为目的。结构部分主要指承受自重特别是外力的骨架。结构设计的主要内容是通过简单的受力分析和计算（或估算）确定构件的尺寸和节点的形式。

家具的结构设计往往不需要像建筑结构那样进行精密的受力计算，但由于家具受力情况具有特殊性，设计人员同样要具备一定的力学知识和结构知识。

123

（三）制作样品

家具设计基本完成后，为直接了解设计效果，往往会制作一个或几个样品，供设计者观察和检验，并听取他人的意见。

（四）估工算料

设计定稿后，要进行工料计算。这一工作在批量生产时尤其必要，因为只有精确地算出成本，才能组织生产，才能预见生产的效率和效益。

家具设计的一个重要内容是造型设计，它涉及选材、外形、色彩和装饰等各个方面，在"家具的选配"等章节，还会有必要的阐述。

第五节　家具的选配

室内设计师应该具备家具设计的知识和能力，但室内设计师毕竟不都是家具设计师，故其主要任务往往不是直接设计家具，而是从环境总体要求出发，对家具的尺寸、风格、色彩等提出要求，或直接选用现成家具，并就家具的布局提出具体的意见。

一、确定类型和数量

室内家具的多少，要根据使用要求和空间大小来决定，在诸如教室、观众厅等空间中，家具的多少是严格按学生和观众的数量决定的，家具尺寸、行距、排距在相关规范中都有明确的规定。在一般房间如卧室、客房、门厅中，则应适当控制家具的类型和数量，在满足基本功能要求的前提下，尽量留出较多的空地，以免给人以拥挤不堪、杂乱无章的印象。

家具配置对人的生活方式起着重要的引导作用。要通过家具配置，倡导新的生活方式，使人们的审美趣味更加高尚。盲目追求众多的类型和数量，不仅不能反映生活质量的提高，还会使家具成为生活的累赘。

二、选择合适的款式

家具款式不断翻新，在选择家具款式时，应讲实效、求方便、重效益，注意与环境整体的统一。

讲实效就是要把适用放在第一位。传统家具多数是单件的，现在，则需更多的舒适、轻便、精美、灵活的家具，如配套家具、组合家具和多用家具等。例如，旅馆客房应有写字台和梳妆台，但事实上，客人不会在同一时间使用这两种家具，让它们"合二为一"照样能够满足客人的要求（图 6-53）。

求方便就是要省时省力。在现代化的办公用房中，配备带有电子设备和卡片记录系统的办公桌，就是为办公人员提供最大的方便。

图 6-53　写字梳妆两用桌

124

实惠和方便与提高效益是相互联系的。在生产场所和经营场所，更要在家具配置过程中考虑效率和效益。

三、选择合适的风格

风格与款式密不可分，但这里所说的风格主要是指家具的总体特征，它是由造型、色彩、质地、装饰等多种因素决定的。

国际上常说的风格有多种，主要的有农舍风格、中国风格、东方风格、地中海风格和国际风格等。

农舍风格起源于北欧诸国，因此，又称斯堪的纳维亚风格。它崇尚质朴、含蓄、简洁的自然美，不雕琢、不造作，甚至不掩盖材料的纹理、色泽和缺陷。这种家具以松木、牛皮、粗棉织物、草藤等为材料，具有明显的田园气息。

中国风格主要指明式家具的风格，其特点是造型敦厚，讲究对称，方便合用，格调高雅。中国风格的家具多以花梨、酸枝、柚木等高级木材为材料，色彩较为浓重。

东方风格渊源于中国古代家具及印度、日本等佛教国家的家具。当把中国风格单独列出来时，东方风格也可泛指亚洲家具的风格，日本的纸窗、纸门、矮桌等所表现出来的清新、精巧的特点就是这种风格的体现。

地中海风格最早出现在地中海沿岸诸国的旅馆中，其主要特点是简洁、明快、洒脱、大方，大量使用白、蓝、绿等与海洋相关的冷色调。

国际风格以新奇为特征，它大量使用钢、铝、塑料和玻璃等材料，是一种与大工业生产紧密相关的家具。

一般情况下，一个空间应选用同一种风格的家具，但在近几年的设计实践中，却出现了一种被称为"混搭"的现象，就是把不同风格的家具混合搭配在同一个空间内，如在以现代家具为主的空间中突然出现几张中式椅；在以中式家具为主的空间中偶尔布置几张西式椅等等。

四、确定合适的格局

格局问题的实质是构图问题。总的说来，陈设格局可分规则式和不规则式两大类。

规则式多表现为对称式，特点是有明显的轴线，严肃、庄重，因此，常用于会议厅、接待厅和宴会厅，主要家具大多围成圆形、方形、矩形或马蹄形（图6-54）。我国传统建筑中的家具，就常常采用对称的布局。以民居堂屋为例，大都以八仙桌为中心，对称布置坐椅，连墙上的中堂、对联、桌子上的陈设也是对称的（图6-55）。

不规则式的特点是不对称，没有明显的轴线，气氛自由、活泼、富于变化，因此，常用于休息室、起居室、活动室等。这种格局在现代建筑中最常见，因为它随和、新颖，更适合现代生活的要求。图6-56是不对称格局的举例。

不论采取哪种格局，家具布置都应符合有散有聚、有主有次的原则。一般地说，空间小时，宜聚不宜散；空间大时，宜适当分散，但一定要有主次。在设计实践中，可以以某件家具为中心，围绕这个中心布置其他家具，也可以把家具分成若干组，使各组之间符合聚散主次的原则。

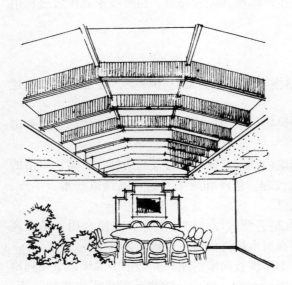

图 6-54　对称式格局之一

图 6-55　对称式格局之二

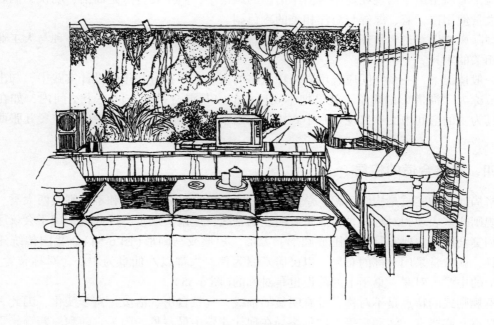

图 6-56　不对称格局举例

第七章　室内环境中的陈设

第一节　陈设的种类与作用

家具是室内陈设的重要组成部分，但因为它体系庞大，地位显著，故已列专章阐述。本章将集中介绍家具之外的陈设。

当代室内设计界，有一种流行的说法，叫"轻装修，重陈设"，意思是在室内设计中，应该把相对多的注意力放在家具、陈设及设备上，而不要把全部精力都集中在装修上。装修是指界面的材料和做法，在室内设计中，具有不可忽视的地位，但在相当长的一段时间里，确有一部分室内设计者，忽视陈设在环境中的地位与作用，过分看重装修，不分场合地滥用高档材料，没有根据地设计复杂的造型，以致出现了浮华、繁琐和浪费的倾向。针对这种倾向，提出"轻装修，重陈设"的口号是有一定积极意义的。但是，这里的所谓"重"，应该理解为"重视"，而不是盲目堆砌，更不是多多益善；这里的所谓"轻"，应该理解为"适度"，绝不可理解成"轻视"，更不可把装修看成是无关紧要的。

一、室内陈设的种类

室内陈设种类繁多，大体上可分以下四大类：一是纯艺术品，基本特点是只具欣赏价值而无实用价值，包括绘画、书法、雕刻、摄影、壁挂、盆景和民间工艺品。二是实用工艺品，基本特点是既有欣赏价值又有实用价值，包括茶具、酒具、玩具、灯具、地毯、窗帘、台布、床罩和靠垫等。三是家庭日用品，特点是以实用为主，但也在一定程度上影响环境的格局、氛围和特色，如电视和音响等。四是杂品，如专门用于陈设的民族服饰以及贝壳、卵石、干花等。

随着人们生活水平和审美水平的提高，室内陈设的范围不断扩大，相当多从未引起人们重视的东西纷纷进入大雅之堂，成了重要的陈设，如航模、船模、球拍等体育用品，乐器、唱片、留声机等文娱用品以及斗笠、蓑衣、钓具、渔网、猎枪、翎毛、兽骨、干花、干枝乃至五谷杂粮等杂品。

二、室内陈设的作用

陈设之所以如此受人青睐，主要是因为它们在室内环境中有着举足轻重的地位，甚至具有其他要素不能替代的作用。这种作用主要表现在实用和审美两个方面，具体地说，有以下几点：

（一）参与空间组织

陈设可以成为空间的焦点，成为室内环境的中心。现代住宅的客厅，常以电视机或壁炉为中心，围绕它们布置沙发和座椅。中国传统建筑往往以屏风、刻屏、中堂等构成宫殿、堂屋的中心，人的活动和家具的配置大体上也是围绕这个中心开展的。由此可以看出，某些陈设在空间组织中确有一定的作用。

（二）烘托环境氛围

环境氛围或者古朴典雅，或者富丽豪华，或者简洁明快，陈设往往起着决定的作用。北京故宫坤宁宫的东暖阁，是清代皇帝结婚时的洞房，阁内高悬富丽堂皇的宫灯，竖着烫金的双喜屏风，配以"日升月恒"的牌匾，布置着各式案、几、桌、榻，充分体现了皇室洞房应该具有的气氛（图7-1）。而图7-2所示的卧室，则因为有了挂画、壁饰、绿化、靠垫等而形成了一种温馨、舒适、开朗的气氛。

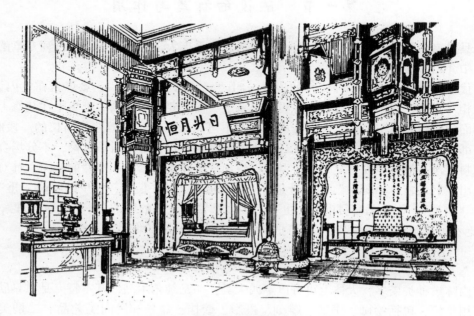

图 7-1　北京故宫坤宁宫东暖阁

图 7-2　一个舒适的卧室

(三) 体现环境特点

室内环境应有个性，这种个性的形成也与陈设具有密切的关系。

北京人民大会堂中，各省、市、自治区都有一个会议厅，其陈设则分别反映各个省、市、自治区的地理特点、文化背景以及社会经济发展进步的水平。

在空间环境特点中，民族特点是十分重要的。民族特点与陈设的关系表现在两方面：一是民族文化传统和地理、气候条件影响着陈设的种类和风格，二是设计者力图通过陈设表现出不同民族的文化和地理、气候等背景。藏族建筑大量使用和藏传佛教相关的绘画和器物，哈萨克民族的毡房大量使用具有民族传统的地毯和挂毯，都是一些很能说明问题的例子。

我国悠久的历史和灿烂的文化，对室内陈设的影响相当深远。传统建筑中经常使用的绘画、书法、盆景、帷幔、竹帘等陈设，都能在一定程度上反映中国历史文化所具有的特殊品格。在当代室内设计中，许多设计师借鉴了已有的经验，像北京西苑饭店大厅中的一组色彩绚丽的金鱼缸，北京华都饭店休息厅中的古朴典雅的花瓶(图7-3)都或多或少地具有中国传统历史文化的气息和特征。

图 7-3 北京华都饭店的休息厅

(四) 反映业主个性

室内陈设能够反映业主的职业、性格、兴趣、爱好、文化水平和艺术鉴赏力。我国北方农民常以箱柜、座钟、花瓶等作为室内的主要陈设，并喜用丰收有余等祥瑞年画、对联和剪纸，反映的是他们勤劳、朴实的品格(图7-4)。猎户家庭多以猎枪、弓箭、皮张、羽毛等作装饰，反映的是他们勇敢、剽悍的个性(图7-5)。

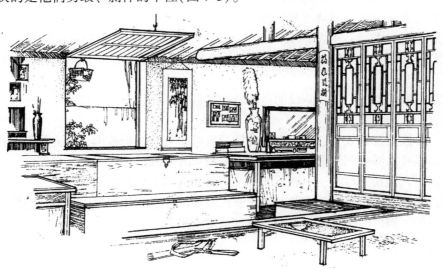

图 7-4 北方农民家庭的陈设

《红楼梦》中的许多章节对研究陈设与主人的关系
很有启发，如刘姥姥到林黛玉的潇湘馆时，只"见
窗下案上设着笔砚，又见书架上放着满满的书"，以
致误认为是到了"哪位哥的书房"。到了宝钗的蘅芜
院则看到雪洞一般的房子，"一色的玩器全无，案上
只有一个土定瓶，瓶中供着数枝菊花，两部书、茶
奁、茶杯而已；床上只吊着青纱帐幔，并衾褥也十分
朴素"。这段关于两个闺房的描写，活画了两个不同
人物的性格和情趣。那冷落、清幽的潇湘馆，反映了
林黛玉多愁善感和孤芳自赏的气质。那洁净、朴素的
蘅芜院，则反映了薛宝钗作为大家闺秀所具有的得
体、大度的品格。

　　总之，完美的室内陈设绝不是随心所欲、任意堆砌
出来的。设计人员必须充分了解空间环境的全部要求，
牢牢把握总的设计思想，深刻理解环境的地理背景和文
化背景以及必要的相关资料，具备熟练的技能与技巧，
并把陈设设计看作室内设计的一项重要的内容。

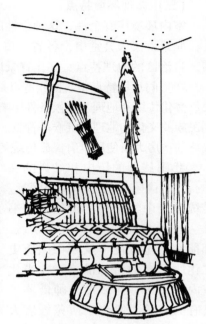

图 7-5 猎户之家的陈设

三、室内陈设的选配

　　选用和配置艺术品要以环境的功能、性质和空间的大小、形态为依据，在这一总的原则
下，还应注意以下几个问题：

　　第一，要少而精，宁缺毋滥。选配艺术品不可信手拈来，东拼西凑。必要精心挑选，以
少胜多。要该俗则俗，该雅则雅，不可盲目追求珠光宝气的氛围。

　　第二，要符合构图章法，让艺术品与空间和其他陈设的关系符合形式美的基本原则。

　　要斟酌尺度和比例：大空间不宜使用尺度过小的陈设，以防过于零碎；小空间不宜使用
尺度过大的陈设，以防空间堵塞和压抑。

　　要注意质地的关系：光洁的背景上，不妨使用一些质地粗糙的绒制玩具、竹编、陶器
等，以使环境更加有情趣；粗糙的背景上，可以展示玻璃、金银等制品，以使形象更加
突出。

　　要注意色彩的搭配：大型陈设的色彩宜与环境色彩相协调，小型陈设的色彩可与环境色
彩相对比。

　　第三，要注意视觉效果，即认真研究欣赏者的位置和视野范围，研究他们在什么情况下
欣赏艺术品以及能够收到怎样的效果。重点陈设应置于视线的焦点上，其高度要与视平线大
体相平，以便人们在不弯腰、不翘首的情况下就能看到陈设的全貌。

　　第四，要切合室内环境的主题，表现室内环境的立意，体现室内环境的意境，争取带给
人们以更多的、积极的感受。相关内容请参阅本书第四章。

第二节　纯艺术品

按本章开头所说的分类，这里所说的纯艺术品主要指专供欣赏而无实际用途的艺术品。它们种类繁多，内涵丰富，是室内陈设的主要内容。它们无论在会堂、居室等大小空间都有用武之地，并能以特有的文化气质为广大群众所喜爱。

下面，简要介绍几种常见的和较有特色的艺术品。

一、书法

书法，是我国传统艺术中一个历史悠久的艺术门类。它饱含着传统的艺术哲学和美学思想，并在这方面表现出明显的深刻性和科学性。

从总体上说，书法是一种抽象艺术，它以骨、血、筋、气、形、质与精神性相统一，以轻重、曲直、浓淡、疏密、张驰等凸现着形式美。但从另一方面说，由于它以文字为载体，能够显示具体的内容，它又必然会表现作者对于社会、自然的认识和感受，即表现作者的内心世界、精神风貌、意愿和情趣。

用于室内的书法多种多样。从内容上看，有诗、词、赋、对联、格言以及园记、堂记和亭记等。从形式上看，有条幅、中堂、楹联、匾额、刻屏、臣工字画和崖刻等。

字画：可以裱成卷轴，裱于板上或装入镜框中。其内容应与环境的功能、性质相契合。

楹联：有当门、抱柱和补壁等形式。字数可多可少，内容大都在于发掘和阐述环境的意境。

匾额：言简意赅，常常用于点题，具有画龙点睛的作用。传统建筑中匾额的内容多寓祥瑞，也有用来规诫、自勉或抒怀寄志的。北京圆明园中的匾额，写着"刚健中正""万象涵春""山辉川媚""得自在"等，几乎包罗了方方面面的内容。图 7-6 是一个以楹联、牌匾装饰环境的实例。

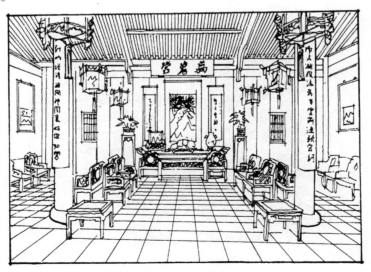

图 7-6　苏州网师园万卷堂内景

刻屏：即在屏壁上雕刻文字，是书法与雕刻的结合。苏州狮子林燕誉堂鸳鸯厅的正中，将《贝氏重修狮子林记》刻于八扇屏门组成的屏壁上，既构成了厅堂的主景，也丰富了厅堂的文化意蕴和信息。在当代室内设计中，也常见许多出色的刻屏。保定府河人家酒楼的刻屏就是一个很好的实例（图7-7）。刻屏可以以木为底，可以以砖为底，也可以以石为底。陕西省图书馆的中庭有六块石刻，上刻名人名言，就是一个以石为底的例子（图7-8）。

臣工字画：在北京故宫的许多殿堂中，常在精致的隔扇夹纱上，嵌入小幅书法，被称为臣工字画，这是一种将诗文、书法融入装修的高雅做法。有些隔扇，将隔心做成实的，在其上书写或雕刻文字，其做法与臣工字画具有相似的性质。

崖刻：崖刻原本刻于自然山体上，在室内，则是刻字于假山、石壁和峰石上。它不仅能够丰富室内景观，勾起人们关于自然景物的联想，还能给人以古朴悠远的感受。当代室内的假山、石壁、峰石等，常与瀑布、水池、绿化相结合，如果配以崖刻，无疑会成为室内环境中一道靓丽的风景线。

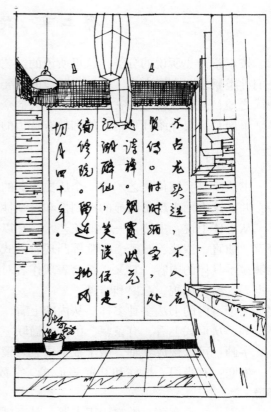

图7-7　刻屏实例之一

图7-8　刻屏实例之二

二、挂画

这里所说的"挂画"包括国画、油画、水彩画和素描等，悬挂于室内的挂画都需装裱或装框。

国画与书法艺术一样，具有悠久的历史。它与诗文、书法、篆刻相结合，不仅技法独到，还能达意畅神，具有很高的审美价值。国画最好用于中国传统风格的空间内：大型厅堂，不妨选用气势恢宏的山水画，如万里长城、三峡风光等；中等大小的空间如客厅等，可以选用山水画或笔墨奔放的花鸟画；小型空间如书房等，应选用富有寓意的"小品"，如竹、兰、菊、荷等。

油画属于外来画种，宜用于西方传统风格的空间。按习惯，多用厚重的画框。

水彩、素描等，格调清新，可以用于气氛较为轻松的环境。

除上述挂画之外，在现代室内设计中，人们还常将秸秆画、刺绣、剪纸、干花、贝壳、瓷器、小件服饰等装入镜框，悬挂于室内。从构图上看，它们与一般绘画具有同样的作用，从内容上看，则更易给人以耳目一新的感觉。

画框的款式也有多种。一般说来，浅色的明朗，深色的庄重，金色石膏画框适用于古典油画，一般木质画框适用于水彩画和国画等。

三、雕塑与雕刻

雕塑，大都可以环绕欣赏，故也称圆雕。它们以石材、金属、木材、泥土等雕成或塑成，用作室内陈设者，可根据题材和体量的不同，置于地上或几架上。

我国古代雕塑以陵墓雕塑和宗教雕塑最具代表性。秦陵随葬兵马俑及三大石窟的造像等充分显示了我国古代雕塑的成就。

古希腊雕塑是世界雕塑史上的一座丰碑，它们反映的是古希腊人对美与和谐的追求。

民间雕塑题材广泛，形式多样，反映的是普通百姓追求美好生活的理想和愿望。

雕刻是沿平面展开的，所用材料有石、砖和木材等。有多种多样的题材，广州某宾馆在大堂的侧墙上，以汉白玉为基材，线刻《清明上河图》；另一宾馆在总台的背景墙上，设置木雕《大观园》，都是较好的实例。

用于当代室内的雕塑和雕刻，题材、形式和材料更是丰富多彩。从材料上看，不仅有石、砖、木等传统材料，还有钢、铜、合金、玻璃、玻璃钢和石膏等新材料。从题材上看，有仿古制品，如石雕佛像、陶制兵马俑、唐三彩骆驼及古希腊雕塑；有反映社会生活和市井风情的新作；有追求形式美的抽象雕塑；还有追求趣味性的小品等。

雕塑和雕刻适用于多种场所，图 7-9 和图 7-10 就反映了在办公场所陈设雕塑的情形。

四、壁挂

这里所说的壁挂系指毛织、麻编、丝编、草编、棕编以及用金属、木材、竹子、藤条、树皮、绳子、玻璃等构成的壁饰。

133

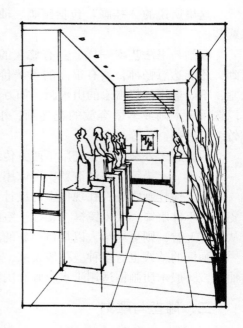

图 7-9　办公环境中的抽象雕塑　　　　　图 7-10　办公楼走廊上的雕塑

　　远古时期，人们常将兽皮、树皮等挂在墙上，主要目的是解决保暖、防潮、隔声等问题。渔猎时期，人们常用禽翎、兽骨装饰自己的住房，除功利需要外，又有审美的意义。挂毯也是较早的壁挂，18 世纪时，欧洲的挂毯已有很高的水平，其特点是做工精细、图案丰满、色彩华丽，并已成了统治阶级炫耀自己的手段。被称为东方艺术明珠的东方壁毯，对挂毯的发展起了积极的作用，它以精美的图案和强烈的色彩见长，充分反映了东方艺术的神秘感和民族性。

　　现代壁挂已经突破了挂毯的范围。它有庞大的族群和特殊的审美特性，它顺应了现代人生活方式的求新趋向和"返璞归真"的心态，也顺应了一些人释放宣泄个性的愿望。从题材上看，它们更加亲切有趣；从形式上看，它们更趋无拘无束；从材质上看，它们更为质朴自然。

　　现代壁挂的审美要素有四个方面：

　　一是题材美。除大空间之外，一般不用重大题材，而多用生动夸张的人物、动物、植物、小景以及轻松愉快的花、鸟、鱼、虫和抽象图案。

　　二是材质美。即着重利用材料的质地和本色，在光与色、明与暗、粗与细、杂与纯、灰与艳之间寻找对比与和谐。

　　三是制作美。即通过材料的组合反映制作者的匠心，反映制作者在掌握材料特性、探求新的技巧方面的能力与水平。

　　四是形式美。形式美渗透于题材美、材质美和制作美，是外形、色彩、图案的总概括。表现为大小、方圆、多少、细腻或粗犷、华贵或拙朴、含蓄或直白等数量和品质。

　　图 7-11 列举了几个较好的壁挂，图 7-11a 简洁、厚重，深色部分用纤维粗条起圈，适用于现代感较强的环境。图 7-11b 用深棕色纤维作底，用朱黄色麻编织成鱼，适用于一般家庭

的居室。图 7-11c 是用青瓦和稻草构建而成的，风格自然、古朴，适用于中国传统风格的环境。

五、插花

插花来源于佛教的供花，在日本，称插花艺术为"花道"。插花本来是插鲜花，但现在，干花、绸花、蜡花、塑料花等也成了插花的材料。

插花之道集中于意境、构图和器皿。

讲意境就是要让花的品种、形态耐人寻味，给人以联想和启示。在人们的心目中，许多花草均有鲜明的性格，插花时，就可利用这些花草表现某种意境即主题。

讲构图就是要精心处理浓淡、疏密、虚实、高低、大小等关系。

讲器皿就是要实现器皿与花草的和谐统一。用于插花的器皿不一定是珍贵稀有的，瓷瓶、玻璃瓶、竹筒、陶罐等都可使用，有些看来无用的废品如易拉罐、罐头瓶等，只要用之得当，也能成为很好的器皿。单从外形上看，花少而枝长时，宜用细颈瓶；花多而枝短时，宜用低矮粗壮的盆钵等(图 7-12)。

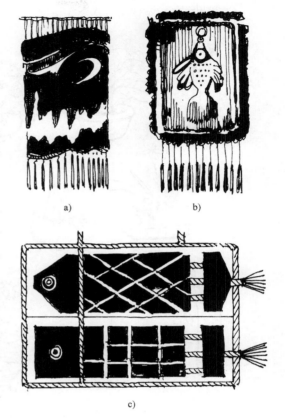

a)　　　　　b)

c)

图 7-11　壁挂举例

六、盆景

盆景艺术是我国独创的艺术类别，距今已有两千多年的历史。它是栽培技术与园林艺术的有机结合，又是自然美与艺术美的完美融合。在室内设计中，精心选用盆景，可使环境情趣横生，充满诗情画意，对提高人们的审美素养，陶冶人们的情操都十分有益。

盆景的最大特点是能在咫尺的盆钵之内，再现美妙奇丽的大自然，给人以"咫尺之内而瞻万里之遥，方寸之中乃辨千寻之峻"的艺术享受。有人将盆景誉为"无声的诗，立体的画"，细细想来，是十分贴切的。

盆景有两大类，一类叫树桩盆景，另一类叫山水盆景。树桩盆景的主体是茎干粗壮、枝叶细小、盘根错节、形态苍劲的植物。按长式又分直干式、蟠曲式、横枝式、垂枝式等多种形式(图 7-13)。常用的树种有罗汉松、黄杨、松柏、六月雪和石榴等。山水盆景以色泽美丽、形状奇特、雕凿容易、吸水性强的砂积石、太湖石、钟乳石等为主体，有时还以陶制亭、台、楼、阁、小桥、游船、渔翁作点缀。山水盆景也有诸多形式，如孤峰式、对称式和疏密式等(图 7-14)。

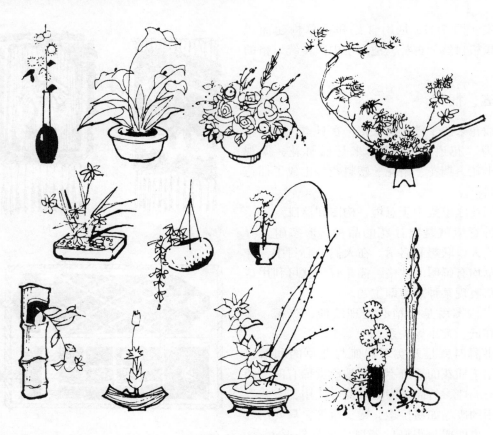

图 7-12　插花举例

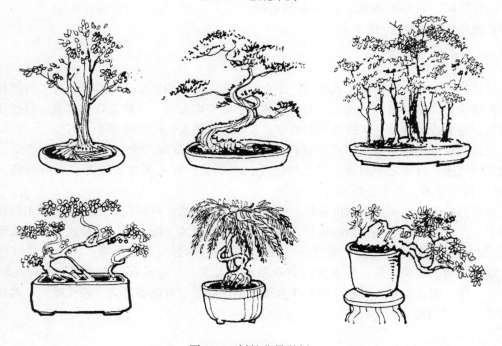

图 7-13　树桩盆景举例

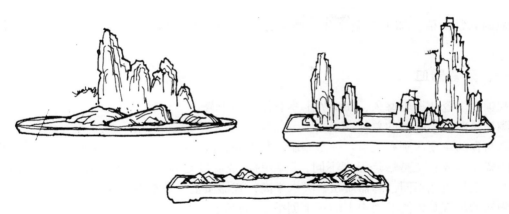

图 7-14　山水盆景举例

　　选择盆景要切合空间的意境和形体。要尽量选用主次分明、层次丰富、错落有致、酷似自然而又高于自然的品种。其形象应能令人深思、引人联想，给环境增添更多的情趣。

　　盆景的盆钵和几架要与盆景相谐调。树桩盆景可配色深的紫砂陶盆或釉盆。山水盆景可配色淡、口浅的汉白玉盆或亮石盆。承托盆钵的几架有天然树根制作的几架、陶瓷几架和木几架，如何选用，关键要看是否能与盆景、盆钵构成一个完整的有机体。

七、民间美术

　　民间美术系指由广大人民为满足自身精神生活的需求而创作，并在民间广为应用和广泛流传的美术作品。民间美术在古代是相对于"宫廷美术"和"文人士大夫美术"而言的，在当代是相对于职业美术家、专业美术家的作品而言的。民间美术具有浓厚的民族性和地域性，并与日常生活、民俗活动和节日庆典等具有紧密的联系。它集中反映广大人民的思想感情、理想愿望、性格特点和审美观念。适当采用民间美术作陈设不仅能够突出环境的个性，增加环境的趣味性，还能丰富环境的内涵。

　　我国常见的民间美术品种类广博，主要有剪纸、年画、版画、刺绣、蜡染、扎染、香包、风筝和玩具等(图 7-15)。

布老虎(陕西千阳)

双鱼耳枕(陕西刺绣)

图 7-15　民间美术二例

第三节　实用工艺品

　　实用工艺品的主要功能是实用，但对美化环境和形成环境的特点也有不可低估的作用。具有陈设意义的实用工艺品包括茶具、酒具、餐具、咖啡具和文具等，它们本来就有很强的欣赏价值，加上与茶文化、酒文化和书画艺术密切相关，其内涵就更加广泛和深刻。

一、陶瓷器皿

我国的陶瓷业历史悠久，在世界上享有极高的声誉。

陶瓷是陶器与瓷器的总称。

陶与瓷的主要区别有三点：一是制胎原料不同，陶器胎以普通粘土制成，瓷器胎以更耐高温的瓷土制成；二是焙烧温度不同，陶器的烧成温度是 800～900℃，瓷器的烧成温度为1300℃；三是质地不同，陶器质松，吸水率高，瓷器质坚，基本不吸水。

陶器的出现是人类发展史上的一个创举。"神农作瓦陶器""黄帝以宁封为陶正"等传说和记载，说明早在原始社会，人们便已掌握了制陶的技术。从考古发掘资料看，原始社会有红陶、黄陶、黑陶和白陶，而最为著名的是彩陶和黑陶（图 7-16）。隋唐时期盛行釉陶、灰陶和彩绘陶，其中尤似一种低温烧制的铅釉彩陶"唐三彩"最为著名。

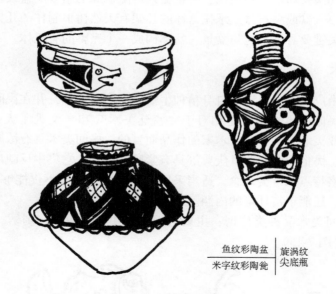

鱼纹彩陶盆　旋涡纹
米字纹彩陶瓮　尖底瓶

图 7-16　古代陶器举例

瓷器的出现晚于陶器，隋唐时已有青瓷、白瓷、彩瓷、黑瓷和花釉瓷。宋代瓷器达到了很高的水平，著名的定窑、汝窑、官窑、哥窑、钧窑并称当时的五大名窑。明清的产瓷中心为景德镇，主要瓷种为白瓷、青花、釉里红和釉上彩，主要器物为食器、盛器、瓶、花尊、花觚、插屏、花盆、水盂、笔筒和笔架（图 7-17）。清代，宜兴紫砂器日益完善和精美，著名的紫砂壶既是高级贡品，也是一般平民的玩物。

现代陶瓷器皿风格多样，有的简洁流畅，有的典雅娴静，有的古朴厚重，有的鲜艳夺目，很能够分别适合多种环境和不同业主的需要。但从整体上看，现代陶瓷的发展方向是实用、合理与完美，其美学特点是追求简洁性与完整性的统一，理性与感性的兼顾，不仅强调外形美，同时注重其中的内涵。陶瓷茶具、酒具、咖啡具和餐具等，可以置于茶几和餐台上，也可以陈列于展柜中，采取后一种做法时，常用射灯加以提示，以便更加突出这些陈设的价值。

卷草龙纹盂

青花云龙纹瓶

青花缠枝花纹盘

云龙纹瓷罐

青花鸟纹四耳壶

缠枝牡丹纹香炉

图 7-17　明清瓷器举例

应该说明，在当今的室内设计中，常常把一些日用陶瓷器皿当做专供欣赏的陈设来摆放，特别是那些造型古拙的陶罐、陶瓶等，其目的是以此增强环境的历史气氛，引起人们对久远年代的回忆。

二、玻璃器皿

玻璃茶具、酒具、果盘、花插等，具有玲珑剔透、反射光线等特点，可以使环境具备华美、新颖的气氛。国内生产的玻璃器皿有三类：第一类是普通钠钙玻璃器皿，特点是价格低廉，朴实耐用，品种也很多。第二类是高档铝晶质玻璃器皿，特点是折光率高，晶莹透明，成型方便，既可成为日用品，也可成为纯粹的工艺品。第三类是稀土玻璃器皿，特点是在不同光照条件下，能够显示出不同的色彩，达到瑰丽、多变的地步。

配置玻璃器皿要特别注意处理器皿与背景的关系。要利用简洁、朴实的背景，反衬玻璃的质感和色泽。切不可把许多此类器皿杂放于一起，或将它们置于繁杂的陈设中。

第四节　室　内　织　物

室内织物包括窗帘、地毯、台布、床罩、沙发蒙面、靠垫以及旗帜、伞罩等。其中，以实用为主的称实用织物，以装饰为主的称装饰织物。室内织物的大部分可以视为实用工艺品，因种类繁多，故单列一节。

对室内织物的总体要求是防蛀、防皱、易洗、易熨，在质地、色彩和纹理等方面具有较强的感染力，能够满足实用和精神两个方面的要求。

织物的艺术感染力首先来自材料的质感，以毛、麻、棉、丝、人造纤维为原料的纺织品，有的粗糙，有的细软，有的挺括，有的轻柔，给人的感觉是不同的。织物的感染力还与色彩和图案有关系，通过印花、织花、提花、抽纱、手绣等工艺形成的图案与色彩，同样是影响空间环境氛围的要素。织物的纹理既包括自己的肌理，也包括织物形成的折皱。拿褶皱来说，粗大的，阴影较多，调子较暗，能产生逼近感和温暖感；细腻的，反光量大，看起来明快，能产生后退感和凉爽感。纹理还有曲直正斜之分，毫无疑问，它们都会或多或少地影响环境的氛围和空间感。

一、窗帘

窗帘有遮蔽、隔声、调温等实用功能，又有很强的装饰性。

窗帘的遮蔽有近密遮蔽和远疏遮蔽两大类。近密遮蔽窗帘，可全面遮蔽室内景物，能让室内具有高度的私密性，多用厚重不透明材料制作。当白天、夜晚均须遮蔽时，可作两层，白天可以使用较为轻薄的纱窗帘。远疏遮蔽窗帘，私密性较差，多用纱、网扣等制作，故有较好的透光性、透气性和装饰性。

用于隔声和吸声的窗帘，要用厚重的织物制作，尺寸要大，褶皱要多，因为大量褶皱可以消耗声音的能量。

选择窗帘的颜色和图案要注意它的温度感，要注意南方与北方的不同，考虑朝向的差异，留心季节的变换，还要充分考虑环境的功能、性格与氛围。毛主席纪念堂使用白色网扣窗帘并以梅花作为图案，就是由环境的功能、性格和氛围决定的(图 7-18)。

窗帘的款式很多，从层次上看，有单层的和双层的。从开闭方式上看，有单幅平拉的、双幅平拉的、整幅竖拉的、上下两段竖拉的、垂直百叶和水平百叶的(图 7-19)。从配件上看，有设窗帘盒的，有暴露帘杆的和不露帘杆的(图 7-20)。从拉开之后的形状看，有自然下垂的，有呈弧形或其他形状的(图 7-21)。

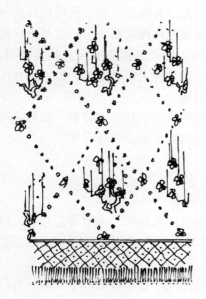

图 7-18　毛主席纪念堂的网扣窗帘

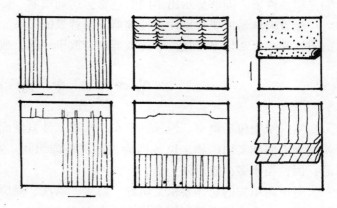

图 7-19　窗帘的开闭方式

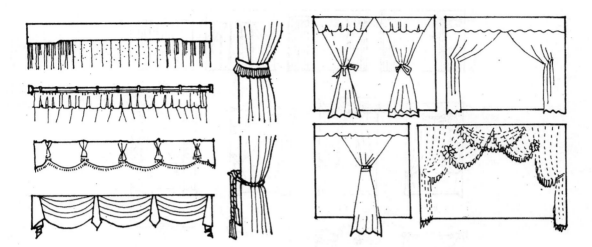

图 7-20　窗帘的装饰配件　　　　　　　　图 7-21　窗帘开启的形态

图 7-22 显示了一些窗帘的实例，由图可见，有的古典，有的现代。其中的图7-22a、b、c 形态平和，适用于卧室、客厅和宾馆的客房等；图 7-22q、r、s 形态活泼，适用于酒吧与餐厅等。

二、床罩、台布

选用床罩与台布首先要注意它们与相关要素的关系。床罩以地面和墙面为背景，但它自身又是枕套、靠垫的背景。台布也以地面和墙面为背景，但它自身则是餐具、插花的背景。选用时要使这种复杂的关系相协调，使它们与背景及其上的器物构成一个既相和谐又层次分明的统一体。

三、地毯

科学技术的进步，使地面材料越来越丰富，但地毯的用量并未因此而减少。相反的是，这种吸声好、有弹性和导热系数小、色彩图案多的地面材料还逐渐从宾馆等进入了办公室和寻常百姓的住房。

用来制造地毯的原料除羊毛外，还有麻、尼龙、丙烯纤维、聚酯纤维和聚丙烯纤维等。

地毯有单色和多色的。从铺设范围看，可以满铺也可只铺地面的一部分。满铺地毯常用于办公室、会议厅和餐厅等，其中，用于办公室的多为单色的和带几何纹样的，用于会议厅和餐厅的往往艳丽一些，并常有一些复杂的图案。地毯的颜色应较天花、墙面的颜色深一些，以便形成上轻下重的感觉。小块地毯常称工艺地毯，它们往往铺在客厅的沙发组间，一般均有较强的装饰性。

近年来，盛行一种块状毯，其尺寸约为 500mm×500mm，它们大多用于办公室，优点是施工简便，极易维修和更换，对检修和更动其下的电线等，更是提供了极大的方便。

a)   b)   c)   d)

e)   f)   g)   h)

i)   j)   k)   l)

m)   n)   o)   p)

q)   r)   s)

图 7-22　窗帘实例

四、幔帐

与床罩、台布一样，幔帐也是一种实用织物，但它面积较大，地位突出，故明显影响着环境的气氛。中国传统建筑中，使用幔帐的颇多，图 7-23 所示的北京故宫长春宫就是一个典型的实例。在当代建筑中，幔帐不仅被用于住宅，还广泛用于医院病房、休闲娱乐建筑，成为组织虚拟空间、烘托环境氛围的有效手段。图 7-24 是一个将幔帐应用于茶室的实例。

图 7-23　北京故宫长春宫内景

图 7-24　幔帐用于茶室的实例

五、挂毯

挂毯是一种高雅、美观的陈设，还多少能起一些吸声、吸热的作用。

使用挂毯在我国已有久远的历史，汉族、维吾尔族、哈萨克、柯尔克孜族等都有用挂毯装饰房间的传统，并各有高超的技艺和鲜明的特点。

我国政府赠给联合国总部的挂毯《万里长城》，气势雄伟，景象深远，是挂毯中的珍品。它悬挂于联合国总部的大厅，不仅为大厅增添了高雅的气氛，也增加了大厅的深远感。

六、装饰织物

运用装饰织物并非始于现代。民间在喜庆之时"张灯结彩"中的"结彩"，寺庙中的各种旗、幡、经幢，官邸、宫殿中各式厚薄不等的帐幕，都有装饰织物的性质。

装饰织物的主要作用不是实用，而是渲染气氛，反映环境特性以及使用者的兴趣与爱好。有些装饰织物如伞盖、篷布等，还可能参与空间的组织。装饰织物色彩、形态极多，最常见的有旗帜、篷布、彩带、伞盖和挂饰等。

（一）旗帜

旗帜的特点是可大可小，可方可尖，有些旗帜还具有符号意义，可以传达一定的信息。图 7-25 为美国某大学学生活动中心的门厅，其上就挂了许多鲜艳的旗帜。它们反映了学生活动的丰富性和生动性，也丰富了门厅的色彩和空间层次，增强了环境的观赏性。

（二）彩带

上海龙柏饭店的门厅有一排鲜红的彩带，它色彩醒目，形态自然，与见棱见角的梁、板、柱和矩形门窗形成鲜明的对比，使环境气氛为之生动。与此同时，由于"张灯结彩"早已为我国人民所乐见，它也使门厅更具民族特性，更具亲切感(图 7-26)。

图 7-25　用旗帜装饰顶棚的实例　　　　　　图 7-26　用彩带装饰门厅的实例

（三）篷布

现代建筑的楼板往往是一个平淡无奇的界面，以致许多设计者不得不用板材把它们封闭起来。其实，在许多情况下，均可用篷布代替这些板材。图 7-27 是北京建国饭店餐厅的内景，图 7-28 是该饭店西餐厅售酒部的外观，由图可知，其顶部就是用不同形式的篷布覆盖的。用篷布覆盖顶棚经济而有效，不仅可以形成多种形态，还能以特定的色彩、图案和质地强化顶棚的表现力。

图 7-27　用织物装饰顶棚的实例　　　　　　图 7-28　用篷布装饰售酒部的实例

（四）伞罩

露台和海滩上的遮阳伞，曾给人们带来诸多方便和乐趣。而今，它们也被设计者们移至室内，并成了室内环境中很有特色的装饰物。图 7-29 为美国佛罗里达州迪斯尼乐园世界大厅中的伞罩，它悬吊于顶棚，其下设置着沙发和桌椅，既丰富了环境的内容，又使被笼罩的沙发组和桌椅形成了虚拟空间，各自有了相对的独立性。

（五）挂饰

织物构成的挂饰有两类，一类是平面的，近似挂毯和旗帜。另一类是立体的，人们常称"软雕塑"。图 7-30 所示挂饰属于前一类，见于印尼苏腊巴亚海特旅馆的中庭，它以富有特色的图案显示了环境的民族性。图 7-31 所示挂饰属于后一类，是美国亚特兰大玛里亚太旅馆中的软雕塑，其体巨大，其形飘逸，其色艳丽，由于它的存在，大大改善了中庭的空间感，消除了人们"坐井观天"的困惑。

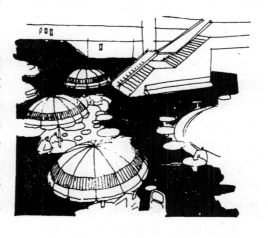

图 7-29　悬吊于顶棚的伞罩

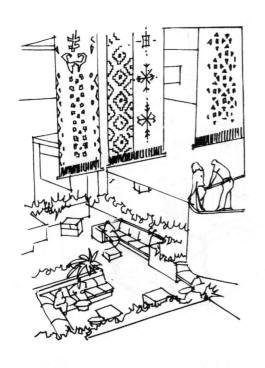

图 7-30　平面挂饰举例

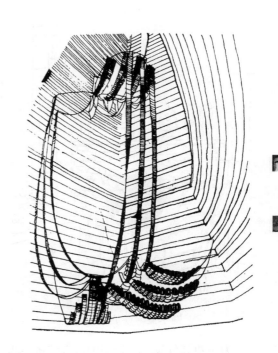

图 7-31　立体挂饰举例

第五节　日用品与杂品

一、家用电器

电视机、组合音响、空调等已成室内的重要陈设。设计的重点是保证电视、音响的视听效果，并把它们特别是空调机等完整地组织在总体构图内。

二、壁炉

壁炉本是房间中的一种取暖设备，但如今的多数壁炉已经成了并无采暖功能的装饰品，故也纳入本节并做简要地介绍。

壁炉常常设于客厅内，既是人们的视觉中心，也是家具配置的中心，其艺术魅力主要表现在造型、质地和气氛等方面。

壁炉的造型繁简不一，古典的常常借用西方古典建筑中的柱式、檐板和线脚等；现代的常常采用极为简单的形体，只重尺度、比例和材质，很少附加更多的装饰。

壁炉的材质是设计者着力表现的一个方面，如用光洁、名贵的大理石表现豪华的气氛，用块石、片石、砖等表现粗犷、质朴、自然的品格等（图 7-32、图 7-33）。如何选用材料并表现它们的质地，要看总体环境的实际，关键是处理好壁炉与墙面、地面的关系以及与家具和相关陈设的关系。

图 7-32　壁炉之一　　　　　　　　　　　　　图 7-33　壁炉之二

为了烘托气氛，壁炉周围常常配备一些铁铲、炉钩等工具，甚至摆放一些锯好的劈柴，它们的存在，虽然是"装装样子"，但却能使整个环境更具生活气息。有些壁炉，在炉膛内设置红色光源，人工制造"炉火熊熊"的效果，目的也是增加情趣，使壁炉的地位和作用更突出。

三、收藏品与纪念品

收藏热正在我国升温，即使不是收藏家的普通人，也喜欢用古董、古玩、旧时器物及旅游纪念品等装饰家庭及办公室、宾馆、饭店等场所。

这类器物极多：属于古董古玩的有陶器、青铜器、漆器、玉器、瓷器及古代书画等；属于旧时器物的有家具、电话机、留声机、打字机、电扇和各种昔日的照片等；至于旅游纪念品就更加难以计数了。

近年来，在北京、上海等地的室内设计中兴起了一股怀旧风，于是，许多咖啡厅、酒吧等都挂起了一些所谓的"老照片"，并陈设着今日已经难得一见的旧器物。细论起来，采用怀旧风格，不仅能满足某些人的怀旧情结，还能体现历史文化的连续性。某高校在学生活动中心的大厅和走廊上有选择地布置古老的织布机、纺车、打字机、计算器等，应是一个很好的实例。

四、杂品

古建筑配件、车马服饰、农家用具都可纳入陈设的范围，图 7-34 和图 7-35 就是两个实际的例子。图 7-36 是西安博物馆中厅的一角，其中的陈设就有石磨等。

图 7-34　专供人们欣赏的传统家具

图 7-35　古建筑配件和"包装"过的车轮

图 7-36　用作陈设的磨盘等

第八章 室内环境的照明与灯具

第一节 室内照明的作用

室内照明是当代室内设计的重要内容，是创造功能合理、舒适、美观、安全、卫生、便捷、健康、符合人的生活要求和心理需求的室内环境所不可缺少的手段。

当代室内照明的作用主要有以下几个方面：

一、提供舒适的视觉条件

统计资料表明，在正常人每天接收的外界信息中，有80%以上是通过视觉器官完成的。因此，创造优良的光环境，必将有利于人们获得更多、更准的信息。

室内光环境的好坏，可以帮助也可以妨碍视觉器官的工作。首先，它可以通过照度的改变和眩光的控制来改变视觉系统的工作条件，即改变作业的难度。其次，它能直接影响作业的效能，如过强的眩光可能分散人的注意力，甚至成为事故的隐患，合理的照度及光色可以令人兴奋，进而使工作效率得以提高等。

舒适的视觉条件涉及照度、眩光、投光方向等，还与光色、显色性等有关系。

二、创造良好的空间氛围

有相当多的室内环境，不但要符合形式美的法则，还要具有一定的氛围和意境，甚至要追寻某种时尚，彰显某种思潮，渗入特定的文化。室内设计师如果能够熟练地驾驭灯光，利用"光、色、影"的魅力，就能够较好地达到上述目的。

人们都有这样的经验：某大厅豪华富丽；某会堂庄重典雅；某教堂令人敬畏；某办公楼开朗、明快，具有时代感；某夜总会活泼、艳丽，具有戏剧性；……。在很大程度上都是借助灯光显示出来的。

图 8-1 是一个空间的内景图，它用多种光源，并与抽象图案相配合，于是便有了闪烁多变甚至有点前卫的艺术效果。

谈到氛围不能不特别提到光影的问题。某些构件、陈设、植物等，在特定灯光的照射下，能够出现富有魅力的阴影，它们或投射到地面、墙面，或组成有韵律的图像，能够大大地丰富空间的层次，

图 8-1 用照明制造氛围的实例

增加物体的立体感。

三、参与空间组织

首先，可以形成虚拟空间。因为照明方式、灯具类型不同的区域能够具有相对的独立性，能够成为若干个虚拟空间(图8-2)。有些大空间，采用成排的灯柱照明，该灯柱也能像列柱一样，起到划分空间的作用。

图 8-2　用照明形成虚拟空间

第二，可以改善空间感。不同照明方式、不同灯具和不同的灯光色彩，可以使空间感在一定程度上有所改变。一般来说，直接照明容易使空间显得亲切和紧凑；间接照明，即灯光照射到界面后再反射回来，容易使空间显得开阔和幽静。暖色灯光容易使空间具有温暖感；冷色灯光可使空间具有凉爽感。大型吊灯可使高大的空间略微"降低"；吸顶灯、镶嵌入式灯可使低平的空间略微"提高"。从侧面投射的灯光，可以使景物富有立体感；大片顶部照明可以使空间显得平淡。

图 8-3 显示了一个办公建筑的走廊，该走廊柱子粗壮，平顶较低，空间相对压抑，但由于在柱顶设置了内向反光槽，在走廊设置了外向反光槽，空间的压抑感便相对地减弱了。

第三，可以起导向作用，即通过灯具的配置，把人们的注意力引向既定的目标或使人行进于既定的路线上。图8-4 顶棚上的灯槽，笔直地指向视觉中心，是具有导向作用的典型例子。

四、体现环境特色

灯具都有具体的形状，不同国家、不同地域、不同时期的灯具造型差异很大，因此，通过灯具还可以比较具体地体现出室内环境的民族性、地域性和时代性。

中国的宫灯具有极强的装饰性，不仅广泛用于明清建筑，也常常被用于需要体现中国传统韵味的现代建筑中(图8-5)。有些设计师，对传统的宫灯进行必要的简化和提炼，设计出一些新的灯具，能使环境既有传统韵味，又不乏必要的时代性(图8-6)。

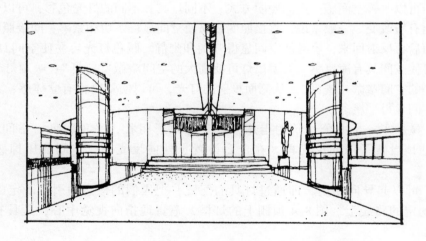

图 8-3   扩大空间感的反光槽

图 8-4   具有导向作用的照明

　　日本的灯具，多数用木、竹、纸等制作。体态轻盈，小巧别致，朴实自然，突出反映了日本民族精细严密的品格和自然观，故常常被用于"和式"建筑的内部（图 8-7）。

　　欧洲古典建筑常用枝形吊灯。丹麦等北欧国家的现代灯具，机能完善，造型独特，在国际上享有盛誉，也是创造特色环境的优秀的要素（图 8-8）。

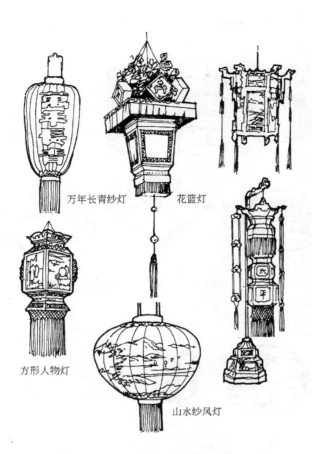

万年长青纱灯　　花篮灯

方形人物灯

山水纱风灯

图 8-5　传统中式灯具举例

图 8-6　经过简化的中式灯具

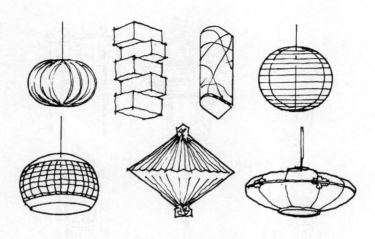

图 8-7　传统日式灯具举例

152

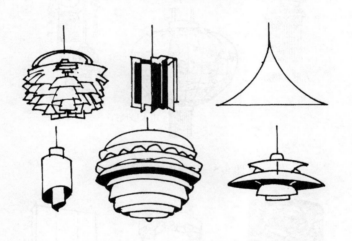

图 8-8　北欧灯具举例

五、强调重点部位

室内环境中，有许多需要重点强调的部位。强调的目的有两点：一是增强装饰性，如用灯具装饰栏杆、柱子等；二是引起人们的注意，如用灯具着重显示门牌、电梯间、服务台、楼梯扶手、楼梯踏步以及用灯具着重显示店面、标牌和标志等。这种做法的主要目的是为人们提供安全便捷的服务。

图 8-9 是用照明强调楼梯踏步的情形。

图 8-10 是用照明强调柱子的情形。

图 8-11 是用照明强调店面、招牌的情形。

图 8-9　用照明强调楼梯踏步

图 8-10　用照明强调柱子

153

图 8-11　用照明凸显店面与招牌

第二节 照明设计的原则

一、舒适性

(一) 要有适宜的照度

从事不同活动的环境对照度的要求是不同的，不同的人即便从事同样的活动，对照度的要求也可能是不同的。实践表明，过强的光线会导致眼睛疲劳，使人烦躁不安，甚至眩晕，降低思维能力，对环境产生厌恶感。过弱的光线则会使大脑兴奋性减弱，降低工作效率。我国新近颁布的《建筑照明设计标准》将照度的标准值大大提高了一步，是近年来人民生活水平显著提高的反映。

(二) 要有合理的投光方向

从事不同的室内活动，不仅需要不同的照度，也要考虑投光的方向。如阅读时，为了使阅读材料显得平滑，光线宜来自后方。为更好观察立体景物，光线最好来自左侧或右侧，且与视线基本垂直，这样才能突出景物的立体感。

(三) 要避免眩光的干扰

眩光是指在视野内有亮度范围不适宜，在空间和时间上存在着极端的光亮对比，以致使眼睛极不舒服或明显降低可见度的视觉现象。眩光是由于灯或灯具亮度过高并直接进入视野而形成的。其严重程度决定于光源的亮度和大小，光源在

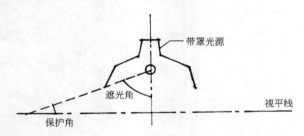

图8-12 遮光罩的遮光范围

视野内的位置，观察者的视线方向，照度水平和界面的反射率等，其中，光源的亮度是主要的。为限制眩光，应尽量选择功率较小的光源，当必须选用大功率光源时，最好采用间接照明，或把光源隐蔽起来。遮光灯罩可以隐蔽光源，如果把保护角控制在20°~30°之内，就可避免眩光的干扰(图8-12)。

(四) 要有合理的亮度比

舒适的光环境应有合理的亮度分布，真正做到明暗结合。亮度比过小会使环境平淡乏味；亮度比过大会引起眩光，影响视觉正常活动。

除上述各点外，舒适的光环境还应有宜人的光色和良好的显色性，以便能从多方面满足使用者生理和心理方面的需求。

二、艺术性

室内照明是一种"廉价"而有效的环境要素。使用不同的光、色、影，可以丰富空间的层次，改变空间的形象，烘托环境的气氛，深化环境的主题，强化空间各种要素的表现力。

完美的照明设计，从本质上来说，是技术与艺术的高度统一，故照明设计者一定要充分考虑环境的各种因素，如空间的功能，人的视觉特性，使用者的年龄、文化、喜好等。

三、节能性

照明的光能主要是由电能转化而来的，电能的产生又需耗费大量煤炭、石油等天然燃料。这些燃料的储量正在减少，因此，在保证照明需要的同时，必须尽可能地节约照明用电，也就是减少能源的消耗。

首先，要选取合理的照度值，做到该高则高，该低则低。

其次，要采用合适的照明方式，在照度要求较高的场所，宜用混合照明，或分区使用一般照明。

再次，要采用高效率节能灯具，尽量采用效率较高的配光方式。从配光方式看，直接照明的灯具效率较高，间接照明的效率较低。

最后，要实施照明控制，即采用可调控的照明，如根据天然光的变化，安排照明的范围，实行分区控制，增加开关点和采用自动控光等。

应该说明，从本质上说，人工照明乃是对天然采光的补充。充分利用天然光，就能达到节约的目的。目前，已有许多新技术如反射镜、光导纤维、光导管等，可以使不具备天然采光条件的空间也能享受自然光，只是由于技术、经济上的种种原因，尚难普遍地推广。

与节能紧密关联的概念是环保，因为不加节制地使用人工照明，不仅耗费能源，还会污染环境，产生所谓的"光污染"。

四、安全性

现代照明以电为源，故线路、开关、灯具等都要安全可靠，如儿童活动场所的插座不能太低，以防儿童触电。特别危险的区域如配电房等，要设置专门的标志。布线和电器设备要符合消防要求，天花内布线应使用套管与双塑线等。

五、现代性

科技的发展和文化的进步，不断丰富着现代的照明技术。款式新颖、机能完善的灯具日益增多，本来与照明无关的技术也越来越多地与照明相结合。在这种情况下，室内设计者应更多了解现代照明的发展趋势，使照明设计更具现代性。这些趋势是：

（一）重视声光一体技术

声光一体是现代声光技术发展的新成果。利用这种技术，不但能够控制光源的启闭，还能让灯光随着音乐节拍的变化而闪动，给在舞厅、歌厅等场所活动的人们带来新的感受。声光一体的音乐喷泉，同样会给空间环境增加更多的情趣。

（二）重视彩灯技术

彩光主要用于舞厅、剧场等。在一个相当长的时期里，彩光都是通过普通灯具前的透明彩纸或彩色有机胶片形成的。现在彩光，可直接来自灯具，如有可发红、绿、蓝、紫等光的光管，有偏橙、偏牙白色和偏柠檬色的灯泡等。这就为丰富娱乐场所的照明带来了极大的便利，也为家庭按冬、夏季节选择灯光提供了可能性。

（三）重视激光技术

现代激光能够形成巨大的光束，并以光雕的形式呈现在城市的夜空。如何将这种光雕运用于室内环境，需要进一步研究和开发，但前景无疑是广阔的。

第三节　室内照明的方式

室内照明的方式可按基本功能分类，也可按配光方式和构图形态分类。

一、按基本功能分类

（一）一般照明

一般照明也叫整体照明，是一种为照亮整个空间场所而设置的照明。其特点是光线分布均匀，空间场所显得宽敞明亮，故适用于观众厅、会议室和办公室等（图8-13）。有些时候，空间较大，可按其中的工作区设计照明，这种照明，称分区性一般照明。

（二）局部照明

是一种专门为某个局部设置的照明。特点是光线相对集中，能够满足工作面的需求，还能形成一定的气氛，故多用于住宅的客厅、书房、卧室、餐厅以及舞台和展馆等（图8-14）。

（三）混合照明

一般照明和局部照明相结合就是混合照明。常见的混合照明，其实就是在一般照明的基础上，为需要提供更多光照的区域或景物增设强调它们的照明。混合照明应用广泛，多见于商场、医院、旅馆等（图8-15）。

（四）装饰照明

装饰照明的主要目的不是提供照度，而是增加环境的装饰性。用作装饰照明的灯具可以是一般灯具，也可以是霓虹灯，它能够组成多种图案，显示多种颜色，甚至闪烁和跳动。水下灯等也属装饰照明，它们与水景、石景、绿化等相配合，能使环境展示出特殊的艺术魅力。图8-16是一个旅馆大厅的晶体灯，它层层叠叠，富有动感，起到了大型雕塑的作用。

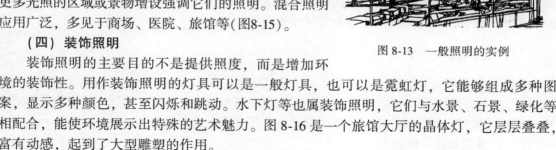

图 8-13　一般照明的实例

图 8-14　局部照明的实例

图 8-15　混合照明的实例

156

图 8-16 装饰照明的实例

（五）标志照明

大型公共建筑有许多大小不同的空间，为让使用者感到方便，常在出入口、电梯口、疏散通道、观众坐席以及问询、寄存、餐饮、医疗、洗手间等处设置灯箱，用通用的图例和文字表示方向或功能，这些灯箱就属标志照明。

有些环境，对人们的行为有特殊要求，如禁止吸烟、禁止通行、禁止触摸等，也常用灯箱提示，或将灯光直接投射到标志上。

标志照明应该醒目、美观，还要尽可能使用通用的图案和颜色。

（六）安全照明

是一种用于夜间或光线较暗区域的照明，目的是以微弱的光线为使用者提供指示，如观众厅走道处的照明，宾馆走廊靠近踢脚的照明，大楼梯踏步垂直面上的照明以及宾馆客房床头柜中向下投光的"夜灯"等。

（七）应急照明

即在正常照明的电源中断时临时启动的照明，主要用于商店、影院、剧场、展馆等公共建筑，特别是这些建筑中的疏散通道及楼梯等。

二、按配光方式分类

国际照明委员会(简称 CIE)推荐，按灯具光通量在上下分配的比例划分照明的方式。按这种方式划分，室内照明可分为五大类，即直接照明、间接照明、一般漫射、半直接照明和半间接照明(图 8-17)。

（一）直接照明

特点是全部或 90% 以上的灯光直接照射被照物体。优点是亮度大，立体感强，故常用于公共大厅或局部照明。

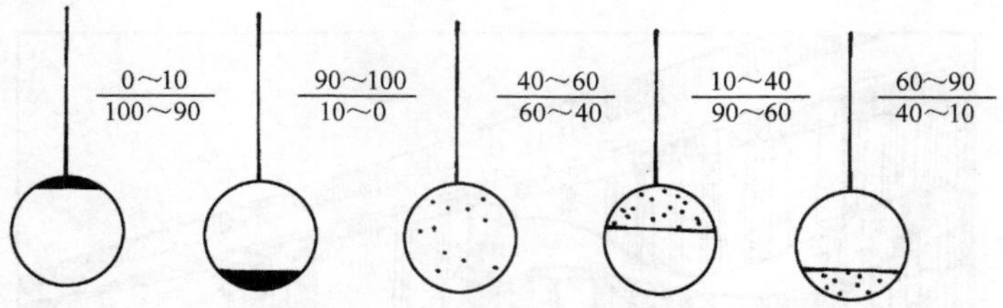

图 8-17　配光方式示意图

（二）间接照明

特点是 90%以上的灯光先照到墙面或天花，再反射到被照物体。优点是光线柔和，没有明显的阴影，故常用于安静平和的客房、卧室等。暗设的灯槽、檐板照明和平衡照明都属这一类。

（三）一般漫射

特点是分布至上下左右各个方向的灯光大体相等，半透明的球形玻璃灯属于这类。

（四）半直接照明

特点是 60%~90%的灯光直接照射被照物。在灯具下方加羽板，或用半透明的玻璃、塑料、纸等做伞形灯罩，其配光方式均属这一类。半直接照明的灯光不刺眼，故常用于商场、办公室的天花上。

（五）半间接照明

特点与半直接照明相反，即 60%~90%的灯光首先照射在墙面或顶棚上，只有少一半的灯光直接照射在被照物体上。

图 8-18 是上述五种照明的实例，图 8-18a 至图 8-18e 分别为直接照明、间接照明、漫射照明、半直接照明和半间接照明。

三、按构图形态分类

光源配置的形态可呈点状、线状和面状。

（一）点状照明

特点是光源集中，光照范围有限，多数属直接照明，图 8-19 为点状照明的示意图。点状照明多用于顶棚，有时也用于墙面和地面。

（二）线状照明

也称带状照明。可起导向作用和划分空间的作用。多数为直线，少数为曲线或折线。图 8-20 为线状照明的示意图。线状照明同样可以用于墙面和地面。

（三）面状照明

即把顶棚、地面或墙面做成发光面。就一个六面体的空间而言，可以有一个面为发光面，也可以有多个面为发光面，后者，只用于特殊情况。更多的情况是只把顶棚做成发光面，此类照明多见于办公室或设计室。图 8-21 为面状照明的示意图。

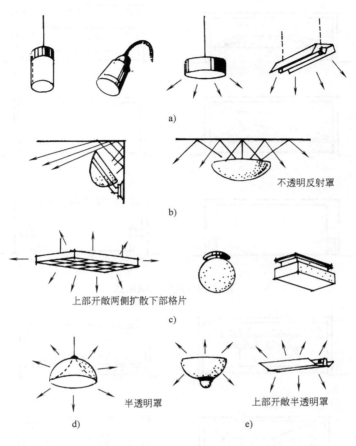

a)

不透明反射罩

b)

上部开敞两侧扩散下部格片

c)

半透明罩

上部开敞半透明罩

d)   e)

图 8-18　不同配光的灯具

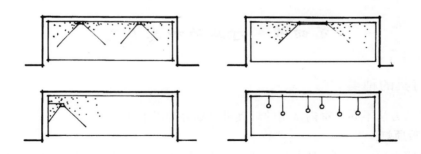

图 8-19　点状照明示意

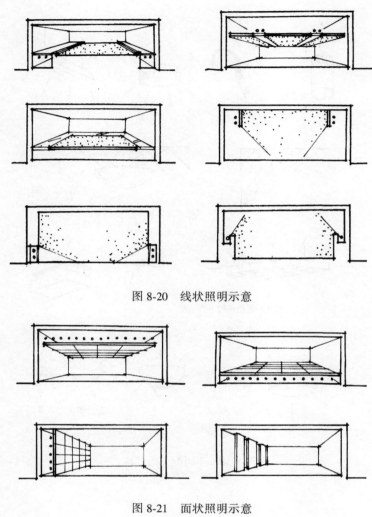

图 8-20　线状照明示意

图 8-21　面状照明示意

第四节　灯具的种类与配置

一、灯具的种类

由于安装方法不同，室内常用的灯具可以划分为以下几种：

（一）吸顶灯

直接固定在顶棚上的灯具称吸顶灯，包括带罩和不带罩的。灯罩的形式多种多样，有正方、有圆、长方等多种。灯罩的材料多为乳白玻璃、彩色玻璃和金属板，并常用木框、金属框等作装饰（图8-22）。吸顶灯占用空间高度少，故常用于高度较小的空间。

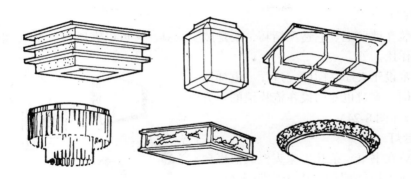

图 8-22 吸顶灯举例

（二）吊灯

用吊线或导管吊在顶棚上的灯具称吊灯。大部分有罩，用金属、木材、竹、藤、纸或塑料等制作，有些还可能用玻璃片、水晶链等作装饰（图 8-23）。高度可以调整的吊灯，常用于餐桌和书桌上。

图 8-23 吊灯举例

吊灯多用于整体照明，大堂或大厅等处的吊灯，体积大，且大都豪华、富丽。有些吊灯也用于局部照明，如餐桌上和酒吧上的吊灯，它们体积偏小，造型轻巧，往往具有很强的趣味性。

（三）壁灯

壁灯安装在墙壁上。它造型精巧，既是照明工具，又可以表现为"点"，组织成"线"，起到装饰的作用。

壁灯常常设于大厅、门厅、过厅、电梯厅和走廊的两侧，有时也专门设在梳妆镜的上方和床头的上方（图8-24）。

（四）台灯

台灯是放在书桌、茶几、床头柜或值班台上的灯具，属于局部照明。由于它距人更近，往往具有更强的装饰性。

台灯的表现力主要来自灯罩和灯座。灯罩可用多种材料制作，可有多种形状和颜色。灯座的样式更多，不但可用一般材料制作，还可用木、竹、藤、陶瓷等制作，以至本身就能成为一种工艺品。

（五）立灯

也称落地灯。是一种属于局部照明的灯具，可以放在地上，并可根据需要而移动。多数立灯可以调节自身的高度和投光角度，因此，很容易控制投光方向和范围。图8-25是台灯和立灯的实例。

图8-24　壁灯举例

（六）镶嵌灯

镶嵌灯是直接镶嵌在顶棚上的，其下表面与顶棚的下表面基本相平。灯具本身有聚光型和散光型等多种。灯具的下表面可以敞开，也可以设羽板控制灯光的强弱。有些镶嵌灯，灯具固定不动，平常所说的筒灯就是如此。有些镶嵌灯，灯具可以转动，通常所说的牛眼灯就属于这种灯（图8-26）。

镶嵌灯干净利落，不占空间高度，适用于较低的空间。它灵活多变，孤立的呈点存在。组合起来可呈直线、折线或曲线。整体布置时，可以形成多种图案，并有"繁星满天"的气氛。

（七）投光灯

投光灯的特点是能够把灯光集中照射到被照物上，是一种用于局部照明（也可称为重点照明）的灯具。它们被安装在挂画、雕塑、工艺品、某种商品或展品的适当方位，可以凸显被照物的地位，强调它们的质感和颜色，增加环境的层次感和丰富性。投光灯大体有两类：一类是固定的，即灯座固定，但可以借助转轴或蛇形管等改变投光的方向（图8-27）。另一类是有轨道的，即灯座可沿轨道滑移，与此同时，灯具的投光角度也可改变（图8-28）。

除上述各种灯具外，还有许多专用灯具，如水池里的防水灯及舞厅、舞台的灯具等。

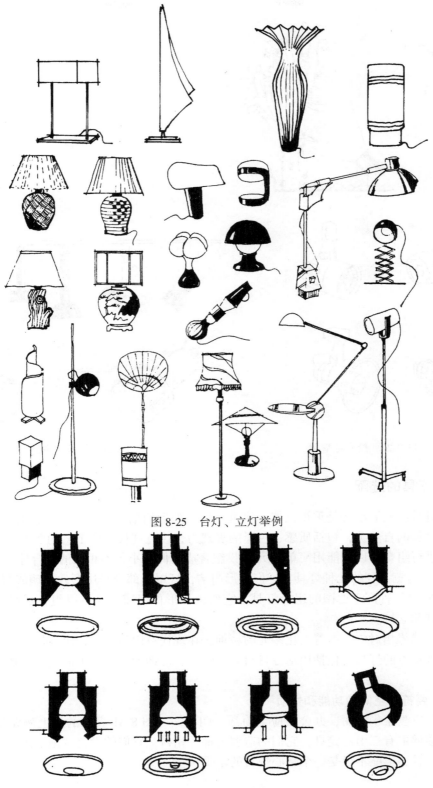

图 8-25　台灯、立灯举例

图 8-26　镶嵌灯举例

163

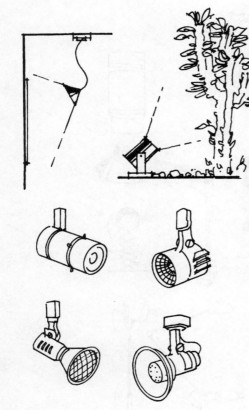

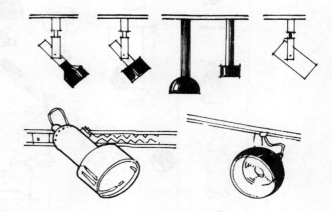

图 8-27 投光灯举例　　　　　　　图 8-28 轨道灯举例

二、灯具的选配

现代灯具的发展趋势是重视机能，注重环保，外形简洁，线条流畅，没有过多的装饰，注意挖掘材料的自然美，包括质感、色泽的表现力，注意现代生产工艺的要求，还常常运用标准零件进行组合，以期能用简单"元素"组合成高低大小各不相同的组合体。

图 8-29 是意大利的几种灯具，它们外形简洁，灯罩大部分是用磨砂玻璃或塑料制作的。

图 8-30 是一种产于德国的组合灯具，它们由环形件组成，既可以组合成吊灯，也可以组合成台灯和立灯。

与上述趋势相对应，本着文化多元的精神，在现代室内设计中，也大量使用着具有民族特点和地域特点的灯具，包括用地方材料制作灯罩、灯饰的灯具。下面谈谈选择和配置灯具的原则：

（一）要符合空间的功能和性质

宴会厅应当豪华富丽，办公楼应当简洁、明快……图 8-31 表示的是上海龙柏饭店的螺旋梯，该楼梯中有三串灯笼灯，它们的造型与梯井相衬，它们的颜色鲜艳活泼，人们扶梯上下，边走边看，不能不说是一个赏心悦目的享受。

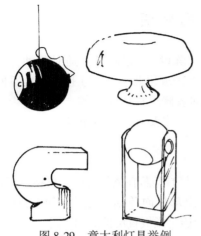

图 8-29　意大利灯具举例

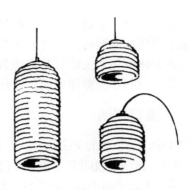

图 8-30　德国组合灯具举例

（二）要适合空间的体量与形状

要让灯具改善空间感，而不要加剧空间的缺陷。

（三）要符合形式美的法则

灯具配置要符合形式美的基本法则。呈点、呈线、呈面，有主、有次，主次相宜。要有节奏，有韵律，做到统一之中有变化，变化之中有统一。有些灯具，本身并不复杂，但可以组成多变的图案，这种"灯具的组合"，不需多花人力、财力，却能取得良好的效果。毛主席纪念堂北大厅的天花为井格形，每个格心都有一盏吸顶灯，不仅具有中国传统建筑的神韵，也因构图完整，使空间更具庄重稳定的特性(图 8-32)。

165

图 8-31　上海龙柏饭店的灯笼灯

图 8-32　毛主席纪念堂的北大厅

第五节　建筑化照明

台灯、立灯、壁灯等既是一种灯具，也是一种"陈设"，它们可以随时移动，与建筑主体的施工和界面的装修没有什么关系。本节所说的"建筑化照明"，与上述灯具不同，它们是与建筑实体密切相关而且是在建筑主体施工和界面装修过程中完成的。

建筑化照明多为整体照明，对环境氛围影响较大，主要方式有以下几种：

一、檐口照明

位于墙面与顶棚的交接处，以荧光灯为主要光源，灯具隐蔽在檐板之后，可将灯光投向下方（图 8-33a），或同时投向下方和上方（图 8-33b），也可全部投向顶棚，再反射到下方（图 8-33c）。有些时候，可以采用半透明的檐板，此时，灯光可部分透过檐板直接扩散到房间。

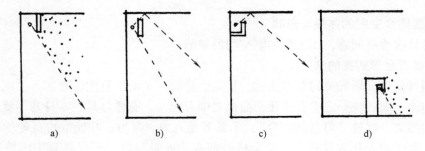

图 8-33　檐口照明示意图

檐口照明光线柔和，气氛明快，常见于宾馆客房等，此时的檐板还可兼做窗帘盒。

有些时候，可把檐口照明的理念引至楼梯扶手或服务台。图 8-33d 是一个服务台的剖面示意图，这里的照明既不产生眩光，又能突出服务台的位置，其理念就是由一般檐口照明演化而来的。

二、平衡照明

平衡照明是檐口照明的一种发展，隐蔽在平衡板（遮光板）后的灯具，可将灯光比较均匀地投向上方和下方（图 8-34a）。这种照明可以用在床头处，即将平衡板装在床屏的上部，用平衡板遮蔽其后的灯具。也可用在靠墙楼梯扶手处，即将扶手适当加宽，将灯具隐蔽在扶手的后面。有些时候，还可将灯具隐蔽在茶几、桌面之下，

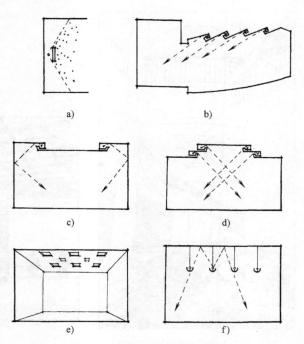

图 8-34　平衡照明及反光槽照明示意图

使茶几、桌面给人以飘浮感,这些茶几和桌面则类似一般的平衡板,具有遮光的作用。

三、反光槽

反光槽照明属间接照明。主要形式有五种:一是平行反光槽,即光槽面对同一个方向。这种形式,多见于观众厅、报告厅和阶梯教室等,光槽一律面对舞台或讲台(图8-34b)。二是外向反光槽,即灯光射向空间的四周,首先射向顶棚或墙面,再反射到工作面(图8-34c)。三是内向反光槽,即灯光射向空间的中央,经过反射再投向工作面(图8-34d)。外向反光槽和内向反光槽可为一道、二道或三道,常常用于会议室及会客厅。四是组合反光槽,即将多个方形的、六角形的、八角形的或圆形的反光槽组合起来,形成一定的图案,以增加空间的装饰性(图8-34e)。组合反光槽多用于门厅及餐厅等。五是悬吊式反光槽,即在顶棚上悬吊弧形或折线型反光槽,将灯管安装在反光槽的上面(图8-34f)。悬吊式反光槽,灵活性较大,适应性强,多用于设计室及办公室等。

四、发光盒

发光盒是一种块状照明,表面多为半透明的玻璃,外形多为长方形。可以将多块发光盒组合起来,形成一个美丽的图案(图8-35),也可以将发光盒做成特异的形状。这种照明的适用范围为办公室、会议室及候机、候车大厅等。

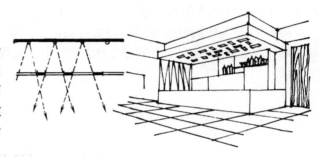

图8-35　发光盒照明示意图

五、发光梁

发光体呈横梁状,有外露的和嵌入的两种类型。外露式发光梁,立体感强,顶棚亮度大,但要占用一定的空间(图8-36a);嵌入式发光梁,底面与天花平齐,照度相对均匀,空间环境具有简洁性(图8-36b)。发光梁大多平行布置,有时也纵横交错布置而呈网格状。

六、发光顶棚

发光顶棚是整体照明中常见的形式。特点是照度均匀,可以避免眩光,适用于商场、办公室及教室等。发光顶棚的表面多用半透明玻璃覆盖,必要时也可加一些格片,以便使光线更加柔和。发光顶棚的表面多数是平整的,但也可以做成凹凸的(图8-37)。有些大堂和餐厅等,顶棚形成井格,每格下面

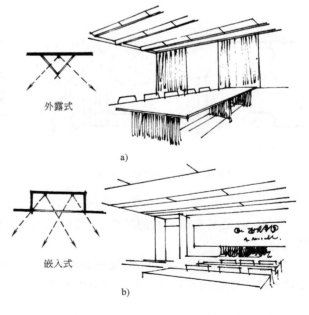

外露式

a)

嵌入式

b)

图8-36　发光梁照明示意图

167

均镶玻璃，也可视为发光顶棚的一种。

七、满天星

把众多的点光源有规律或无规律地排列起来，可以呈现出满天星斗的效果。这些点光源可以是外露的，也可以是镶嵌的，外露时又可在点光源之间加上一些连接杆，以增强照明体系的装饰性（图8-38）。

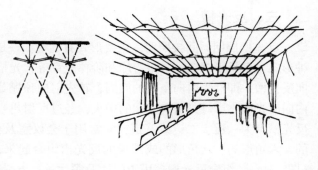

上述各种建筑化照明，只是一些基本的照明方式，在设计实践中，设计者

图8-37　凸凹式发光顶棚示意图

应该根据环境的需要和结构的实际，充分发挥自己的创造力，努力做出适用、美观、新颖的设计。下面，分别介绍几个较有特色的实例：

图8-39是美国约翰逊制蜡中心大厅的内景，该中心由赖特设计，他在厅内采用了众多的蘑菇柱，灯光由柱头与柱头之间的缝隙射出，光线柔和，分布均匀，使环境显得格外宁静与和谐。

168

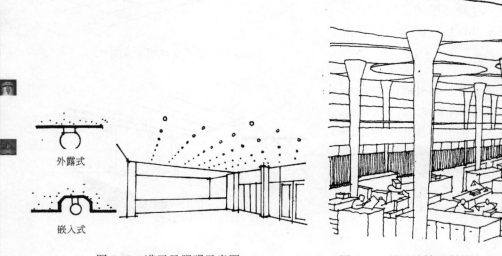

外露式

嵌入式

图8-38　满天星照明示意图　　　　图8-39　美国约翰逊制蜡中心大厅的内景

图8-40是某宾馆大堂的吊灯，它造型别致，潇洒飘逸，使环境具有很强的人情味和自然气息。

图8-41是某设计公司小会议室的内景，其会议桌上方的吊灯类似一个悬吊的光梁，明显地反映了该公司在设计方面所持有的独创意识。

图 8-40　某宾馆大堂的吊灯

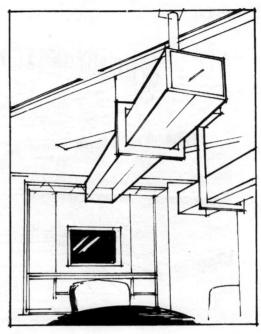

图 8-41　某小会议室的吊灯

图 8-42 是某公司走廊的内景，该走廊顶棚上的发光龛，形似树叶，也是一个很好的标志。

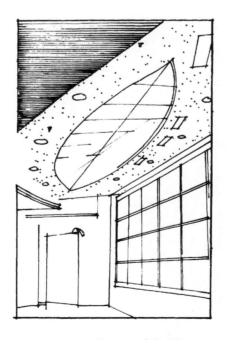

图 8-42　某公司走廊的顶棚

图 8-43 是某体育馆的内景，其顶部照明类似满天星，不仅符合功能要求，还具有很强的艺术表现力。

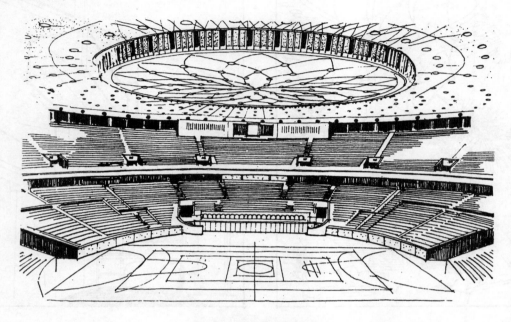

图 8-43　某体育馆的顶棚

第九章　室内环境中界面与部件的装修

第一节　界面与部件装修设计的原则

内部空间是由界面围合而成的，位于空间顶部的平顶和吊顶等称顶界面，位于空间下部的楼地面等称底界面，位于空间四周的墙、隔断与柱廊等称侧界面。建筑中的楼梯、围栏等是一些相对独立的部分，常常称部件，本章的内容就是阐述这些界面和部件的装修原则和方法。

界面和部件的装修设计，可以概括为两大内容，即造型设计和构造设计。造型设计涉及形状、尺度、色彩、图案与质地等，基本要求是切合空间的功能与性质，符合并体现环境设计的总体意图。构造设计涉及材料、连接方法和施工工艺等，基本要求是安全、坚固、经济、合理，符合技术经济方面的原则和指标。总的来说，界面与部件装修设计要遵循以下原则：

（一）安全可靠，坚固适用

界面与部件大都直接暴露在大气中，都或多或少地受物理、化学、机械等因素的影响，并有可能因此而降低自身的坚固性与耐久性。如钢铁会因氧化而锈蚀，竹、木会因受潮而腐烂，砖、石会因碰撞而缺棱掉角等。为此，一定要采用涂刷、裱糊、覆盖等多种方法加以保护。

界面与部件是空间的"壳体"或"骨架"，大都需要具有防水、防潮、防火、防震、防酸、防碱以及吸声、隔声、隔热等功能。其质量的好坏，不仅直接关系空间的使用效果，甚至直接关系人民的财产与生命。由此可见，界面与部件装修设计一定要认真解决安全可靠、坚固适用的问题。

（二）造型美观，具有特色

界面与部件的装修设计是影响空间造型和风格特点的重要因素，一定要美观耐看，气氛宜人，富有特色，与环境的整体要求相一致。

要充分利用界面与部件的装修强化空间的氛围。氛围的形成与室内设计的所有要素都有密切的关系，是各种要素综合作用的结果，界面和部件的装修就是这些要素中的一部分。要通过自身的形状、色彩、图案、质地和尺度等，让空间显得光洁或者粗糙，凉爽或者温暖，华丽或者朴实，空透或者紧凑，使空间环境更能体现特定的功能与性质。

要利用界面与部件的装修反映环境的民族性、地域性和时代性，如用砖、卵石、毛石等使空间富有乡土气息；用竹、藤、麻、皮革等使空间具有田园风味；用不锈钢、镜面玻璃、磨光石材等使空间更具时代感等。

要利用界面和部件的装修改善空间感。建筑设计中已经确定的空间范围可能存在某些缺陷，室内设计师要尽可能地通过装修界面和部件，最大限度地弥补这些缺陷，使本来较差的空间感得到一定的改善。如强化界面的水平划分使空间更舒展，强化界面的垂直划分减弱空间的压抑感等。

要精工细作，充分保证工艺的质量。界面与部件大部分在人们的视野之内，是人们近距离观看的对象，一定要该平则平，该直则直，给人以美感。要特别注意拼缝和收口，做到均匀、整齐、干净、利落。许多日本建筑，设计并不复杂，但用材讲究，工艺精美，能够充分反映材料的特性，展示技术的魅力，其经验值得我们学习和借鉴。

界面和部件上往往有很多附属设施，如通风口、烟感器、自动喷淋、扬声器、投影机、银幕和白板等。这些设施中的相当一部分，是其他工种设计的，却全都影响着界面和部件的功能与美观。因此，室内设计人员要与其他工种密切配合，让各种设施不仅不互相干扰，还要在整体上和谐与美观。

（三）选材合理，造价适宜

选用什么材料，关乎功能、造型和造价，更加关乎人们的生活与健康。要充分了解材料的物理特性和化学特性，切实选用无毒、无害、无污染的材料，满足防火、防潮等要求。要合理表现材料的软硬、冷暖、明暗、粗细等特征，发掘材料自身的表现力。要摒弃"只有使用名贵材料才能收到良好效果"的陈腐观点，努力做到优材精用，普材巧用，合理搭配，适时选用竹、木、藤、毛石、卵石等地方性材料，达到降低造价、体现特色的目的。要处理好一次性投资和日常维修费用的关系，综合考虑经济技术上的合理性。

要特别注意某些材料对人体健康和自然环境的影响，常见污染源及其危害见表9-1。

表 9-1 常见污染源及其危害

污 染 物	主 要 来 源	主 要 危 害	理 化 性 质
甲醛	胶合板、纤维板、油漆、粘合剂、涂料等	刺激作用，致敏作用（如皮炎、哮喘）	无色，具有强烈刺激气味
苯系列	油漆、涂料、溶剂、油烟、皮革制品等	影响中枢神经系统、造血机能及免疫系统，是白血病致病因子，是人类已知的致癌物	无色，透明油漆状，具有强烈芳香气味
氨	混凝土防冻剂、厕所臭气等	对皮肤、呼吸道、眼睛有损伤	无色，有强烈刺激性气味
挥发性有机物	胶合板、纤维板、油漆、粘合剂、涂料等	头晕、头痛、乏力，影响中枢神经系统及消化系统	刺激性气味

（四）优化方案，方便施工

面对同一界面和部件，可以拿出多个装修方案，从功能、经济、技术等方面进行综合比较，以便选出最为理想的方案。要考虑工期的长短，尽可能使工程早日交付使用。要考虑施工的简便程度，因为施工难度过大，往往会延长工期，也难于保证施工的质量。

近年来，出现了一种被称为"全屋整装"的装修方法。所用材料是一种以竹纤维为主要材料的热压成型卡口板。它有各种颜色，表面可以仿大理石、木材、皮革和纺织物。它不仅可以装修墙面，也可装修地面和顶棚。由于卡口可以直接锁住，故不需湿作业。与卡口板配套的还有一些线角和压边条，因此，在铺设墙面和顶棚时，还能做出高低、凸凹等变化。

第二节　顶界面的装修

一、顶界面的造型

顶界面即空间的顶部。在楼板下面直接用喷、涂等方法进行装修的称平顶；在楼板之下另作吊顶的称吊顶、天棚或吊顶棚，平顶和吊顶又统称天花。

顶界面是三种界面中面积较大的界面，且几乎毫无遮挡地暴露在人们的视线之内，故能极大地影响环境的使用功能与视觉效果。

设计顶界面首先要考虑空间功能的要求，特别是照明和声学方面的要求，这在剧场、电影院、音乐厅、美术馆、博物馆等建筑中十分重要。拿音乐厅等观演建筑来说，为保证所有座位都有良好的音质和足够的强度，大多音乐厅常在屋盖上悬挂各式可以变换角度的反射板，或同时悬挂一些可以调节高度的扬声器（图9-1）。剧场和舞厅应有完善的专业照明，观众厅还应有豪华的顶饰和灯饰，供观众在开演之前及幕间休息时欣赏（图9-2）。电影院的顶界面应相对简洁，造型处理和照明灯具应将观众的注意力集中到银幕上。

图 9-1　悉尼歌剧院的顶棚

要注意体现建筑技术与建筑艺术统一的原则，顶界面的梁架不一定都用吊顶封起来，如果组织得好，并稍加修饰，不仅可以节省空间和投资，同样能够取得良好的艺术效果（图9-3）。

顶界面的处理对环境氛围影响很大，应从环境的性质出发，体现并强化空间的特色，如用简洁平整的吊顶突出办公空间的现代感；用悬挂旗帜、广告等方法体现商业空间的繁华；用具有流动感的造型强化空间的导向性等（图9-4）。

图 9-2　某饭店的舞厅

173

图 9-3 暴露结构的展览馆的顶棚   图 9-4 具有导向作用的顶棚

顶界面的造型大致有以下几类：

（一）平面式

特点是表面平整，造型简洁，占用空间高度少，常用发光龛、发光顶棚等照明，适用于办公室和教室等（图 9-5a）。

（二）折面式

表面有凹凸变化，可与槽口照明相结合，能适应特殊的声学要求，多用于电影院、剧场及对声音有特殊要求的场所（图 9-5b）。

174

（三）曲面式

包括筒拱顶及穹窿顶，特色是空间高敞，跨度较大，多用于车站、机场等建筑的大厅（图 9-5c）。

（四）网格式

包括混凝土楼板中由主次梁或井式梁形成的网格顶，也包括在装修设计中另用木梁构成的网格顶。后者多见于中式建筑，意图是模仿中国传统建筑的天花。网格式天花造型丰富，可在网眼内绘制彩画，安装贴花玻璃、印花玻璃或磨砂玻璃，并在其上装灯；也可在网眼内直接安装吸顶灯或吊灯，形成比较华丽的气氛（图 9-5d）。

（五）分层式

也称叠落式，特点是整个天花有几个不同的层次，形成层层叠落的态势。可以中间高，周围向下叠落；也可以周围高，中间向下叠落。叠落的级数可为一级、二级或更多，高差处往往设槽口，并采用槽口照明（图 9-5e）。

（六）悬吊式

所谓悬吊式，就是在楼板或屋面板上垂吊织物、平板、网格或其他装饰物。悬吊织物具有飘逸潇洒之感，可有多种颜色和质地，常用于商业及娱乐建筑；悬吊平板的，可形成不同的高低和角度，多用于具有较高声学要求的厅堂；悬吊旗帜、灯笼、风筝、飞鸟、蜻蜓、蝴蝶等，可以增加空间的趣味性，多用于高敞的商业、娱乐和餐饮空间；木制或轻钢形成的网状花格，体量轻盈，可以大致遮蔽其上的各种管线，多用于超市；在花格上悬挂葡萄、葫芦等植物，可以创造出田园气息，多用于茶艺馆或花店等气氛轻松的场合（图 9-5f）。

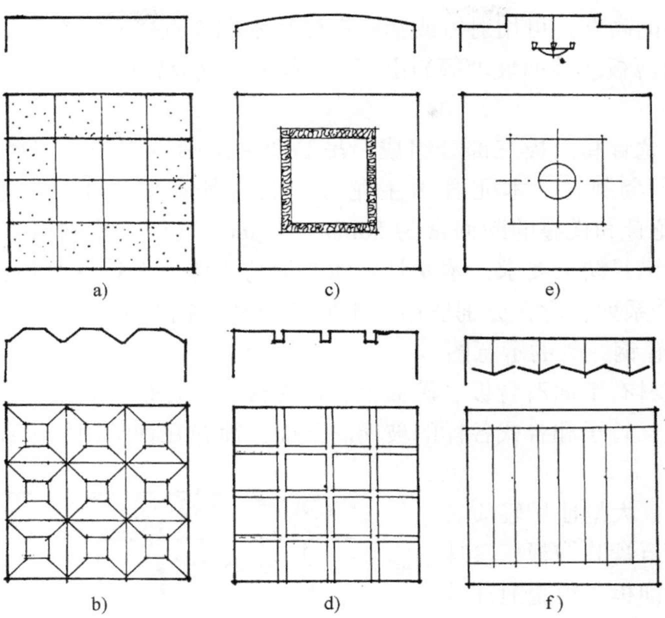

a)

c)

e)

b)

d)

f)

图 9-5 天花造型的类型

二、顶界面的构造

(一) 平顶

平顶多做在钢筋混凝土楼板之下，表层可以抹灰、喷涂、油漆或裱糊。完成这种平顶的基本步骤是先用碱水清洗表面油腻，再刷素水泥浆，然后作中间抹灰层，表面按设计要求刷涂料、刷油漆或裱糊壁纸，最后，完成平顶与墙面相交的阴角和挂镜线(图 9-6)。如用板材

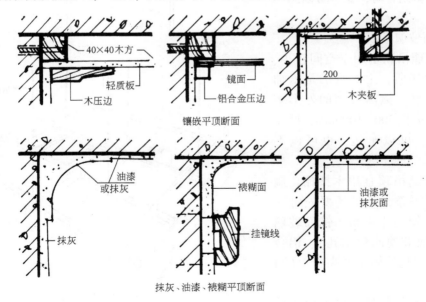

40×40木方

轻质板

木压边

镜面

铝合金压边

200

木夹板

镶嵌平顶断面

油漆
或抹灰

抹灰

裱糊面

挂镜线

油漆或
抹灰面

抹灰、油漆、裱糊平顶断面

图 9-6 平顶的构造

饰面,为不占较多的高度,可用射钉或膨胀螺栓将木搁栅直接固定在楼板的下表面,再将饰面板(胶合板、金属薄板或镜面玻璃等)用螺钉、木压条或金属压条固定在搁栅上。

(二) 吊顶

吊顶由吊筋、龙骨和面板三部分组成。吊筋通常由圆钢制作,直径不小于6mm。龙骨可用木、钢或铝合金制作。木龙骨由主龙骨、次龙骨和横撑组成。主龙骨的断面常用50mm×70mm,次龙骨和横撑的断面常为50mm×50mm。它们组成网格平面,网格尺寸与面板尺寸相契合。为满足防火要求,木龙骨表面要涂防火漆。轻钢龙骨由薄壁镀锌钢带制成,有38、56、60三个系列,意在分别适用于不同的荷载。铝合金龙骨按轻型、中型、重型划分系列,图9-7为轻钢龙骨的示意图。

用于吊顶的板材有纸面石膏板、矿棉板、木夹板、铝合金板和塑料板等多种类型,有些时候,也使用木板、竹子和各式各样的玻璃。下面,简介几种常用的吊顶:

1. 轻质板吊顶

在工程实践中,大量使用轻质装饰板。这类板包括石膏装饰板、珍珠岩装饰板、矿棉装饰板、钙塑泡沫装饰板、塑料装饰板和纸面稻草板。其形状有长、方两种,方形者边长300~600mm,厚度为15~40mm。轻质装饰板表面多有凹凸的花纹或构成图案的孔眼,因此,几乎都有一定的吸音性,故也可称为装饰吸音板。轻质装饰板的基层可为木龙骨或金属龙骨,采用金属龙骨时,龙骨可以露明或不露明。

2. 镜面玻璃吊顶

镜面玻璃吊顶多用于空间较小、净高较低的场所,主要目的是增加空间的尺度感。镜面玻璃的外形多为长方形,边长500~1000mm,厚度为5~6mm,可以车边,也可以不车边。

镜面玻璃吊顶宜用木搁栅,搁栅的底面要平整,其下还要先钉一层5~10mm厚的木夹板。镜面玻璃借螺钉(镜面玻璃四角钻孔)、铝合金压条或角铝包边固定在夹板上(图9-8)。

为体现某种气氛,也可用印花玻璃、贴花玻璃作吊顶,它们常与

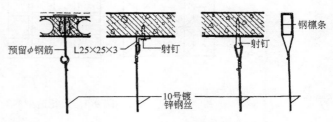

a) 不上人吊顶的吊点连接

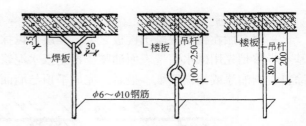

b) 上人吊顶的吊点连接

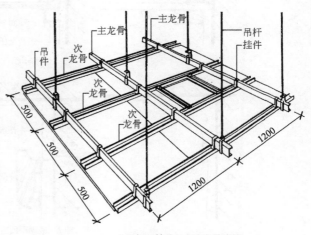

c) 吊杆、挂件与主次龙骨连接

图9-7　吊筋与轻钢龙骨示意图

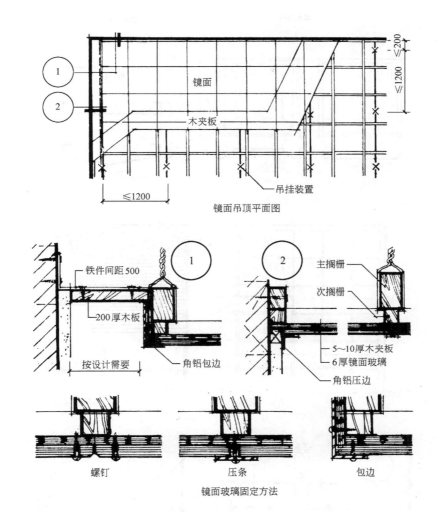

图 9-8 镜面玻璃吊顶的构造

灯光相配合,以取得蓝天白云、霞光满天等效果。

3. 金属板吊顶

金属板包括不锈钢板、钢板网、金属微孔板、铝合金压型条板及铝合金压型薄板等。金属板具有重量轻、耐腐蚀和耐火等特点,带孔者还有一定的吸音性。金属板可以压出各式凸凹纹,还可以处理成不同的颜色。金属板呈方形、长方形或条形。方形板多为 500mm×500mm 及 600mm×600mm;长方形板短边为 400~600mm,长边一般不超过 1200mm;条形板宽 100mm 或 200mm,长度为 2000mm,图 9-9 反映了金属薄板吊顶中方形板和条形板吊顶的构造。

4. 胶合板吊顶

胶合板吊顶的龙骨多为木龙骨,由于胶合板尺寸较大,容易裁割,故既可作成平滑式吊顶,又能作成分层式吊顶、折面式吊顶或轮廓为曲线的吊顶。胶合板的表面,可用涂料、油漆、壁纸等装饰,色彩、图案应以环境的总体要求为根据。图 9-10 为一个折面吊顶的节点图,这种吊顶多用于声学要求较高的场所。图 9-11 为分层式吊顶的节点图。

5. 竹材吊顶

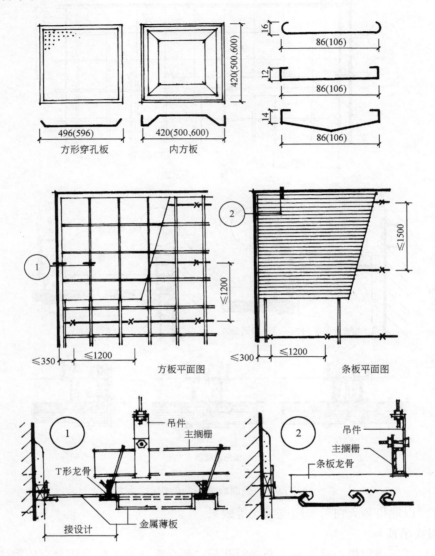

图 9-9 金属薄板吊顶的构造

用竹材作吊顶，在传统民居中并不少见。在现代建筑中，多见于茶室、餐厅或其他借以强调地方特色和田园气息的场所。竹材面层常用半圆竹，为使表面美观耐看，可以排成席纹或更加别致的图形。这种吊顶多用木搁栅，其下要先钉一层五夹板，再将半圆竹用竹钉、铁钉或木压条固定在搁栅上（图 9-12）。

6. 花格吊顶

花格常用木材或金属构成，花格的形状可为方形、长方形、正六角形、长六角形、正八角形或长八角形，格长约 150~500mm（图 9-13）。为取得较好的空间效果，空间较低时，宜用小花格，空间较高时，宜用大花格。它们用吊筋直接吊在楼板或屋架的下方，并将通风管道等遮蔽起来，楼板的下表面和管道多涂成深颜色。花格吊顶经济、简便，而不失美观，常用于超市及展览馆(图9-14)。

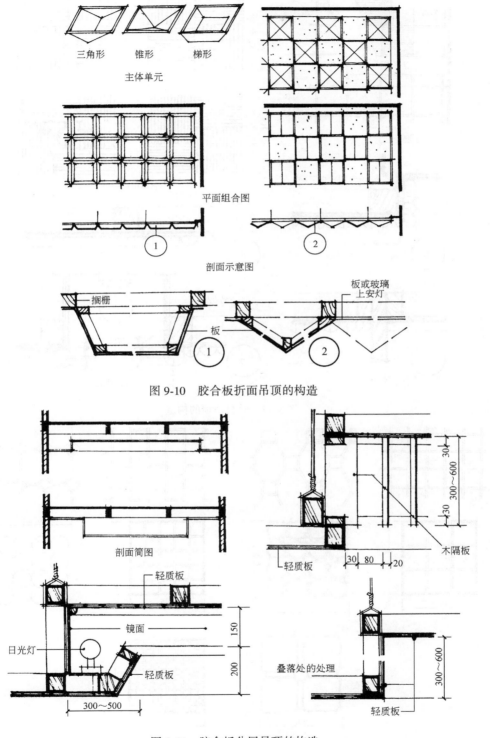

图 9-10　胶合板折面吊顶的构造

图 9-11　胶合板分层吊顶的构造

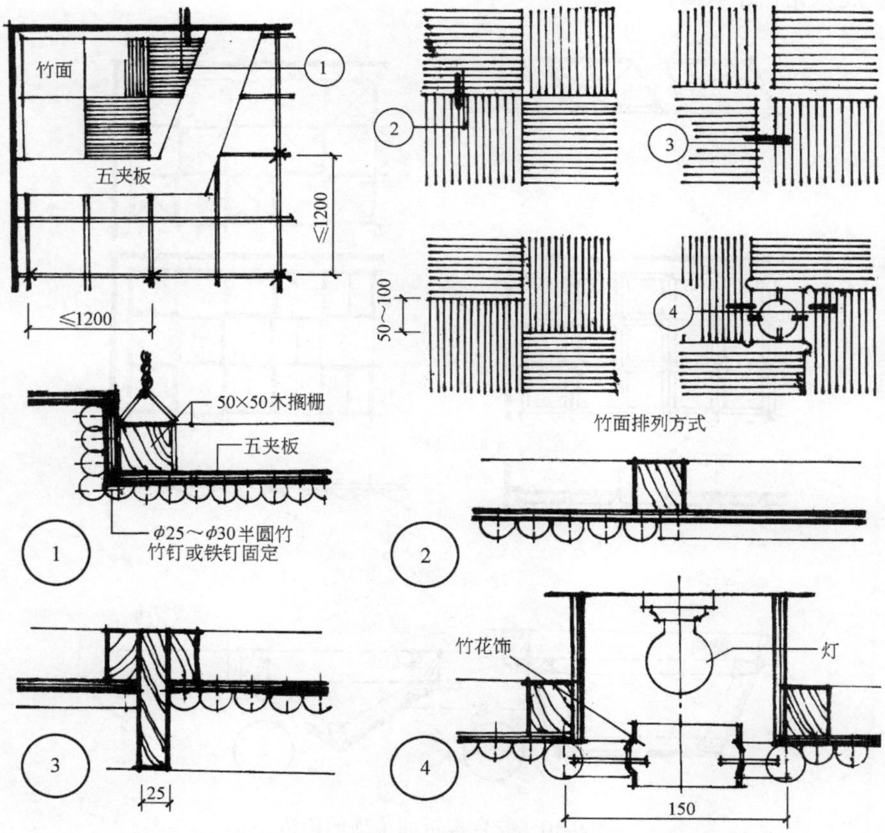

竹面

五夹板

≤1200

≤1200

50×50木搁栅

五夹板

φ25～φ30半圆竹
竹钉或铁钉固定

50～100

竹面排列方式

25

竹花饰

灯

150

图 9-12 竹材吊顶的构造

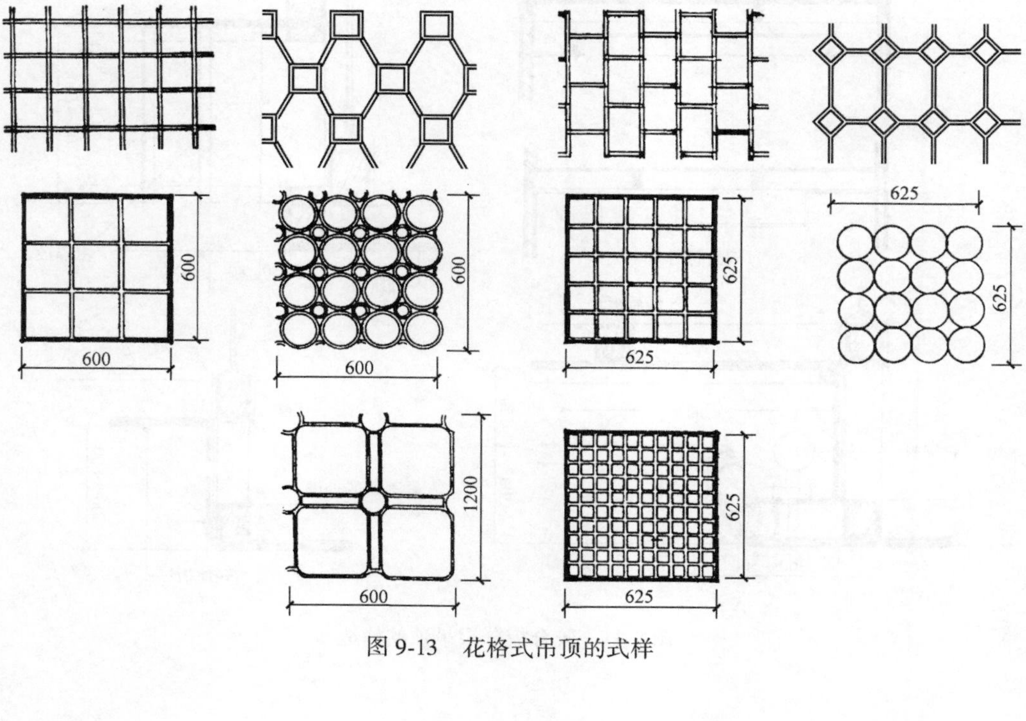

600

600

600

600

625

625

625

625

600

1200

600

625

625

图 9-13 花格式吊顶的式样

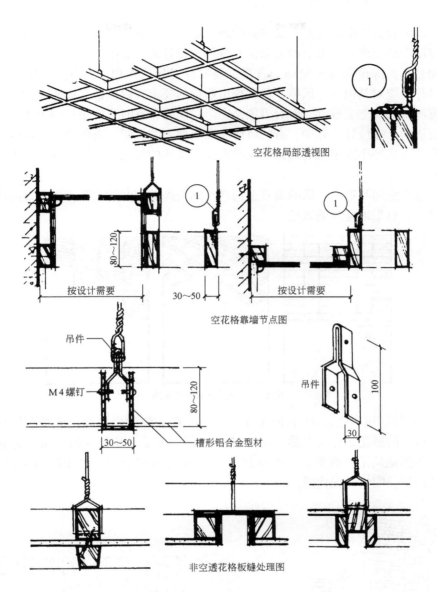

图 9-14 花格式吊顶的构造

7. 玻璃顶

这里所说的玻璃顶主要指单层建筑的玻璃顶和多层共享空间的玻璃顶。它们直接吸纳天然光线，可以使大厅具有通透明亮的效果。

第三节 侧界面的装修

一、侧界面的造型

侧界面也称垂直界面，有开敞的和封闭的两大类。前者指列柱、幕墙、有大量门窗洞口的墙体和多种多样的隔断，后者主要指实墙包括承重墙及到顶的非承重间隔墙。

　　侧界面面积较大，距人较近，又常有壁画、雕刻、挂毯、挂画等壁饰。因此，其装修要全面顾及使用上的要求和艺术上的要求，充分体现设计的总意图。

　　侧界面是家具陈设和各种壁饰的背景，要发挥衬托的作用。如有大型壁画、浮雕或挂毯，室内设计者应对其内容、风格、色调提出明确的要求，以保证总体协谐调统一。

　　要注意侧界面的空实程度。有时可能是完全封闭的，有时可能是半隔半透的，有时则可能是基本空透的。在设计实践中，有的将砖墙砌出整齐的孔眼，有的用瓦片砌成鱼鳞状或类似传统的窗花，这些半隔半透的墙体不仅富有民俗文化的气息，还极大地增加了光影变幻的效果(图 9-15)。

　　要注意这个空间与那个空间的关系及内部空间与外部空间的关系，做到该隔则隔，该透则透，尤其要注意吸纳室外的景色。

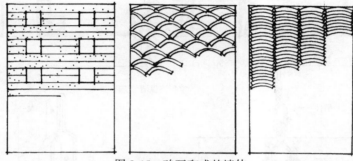

图 9-15　砖瓦砌成的墙体

　　要充分利用材料的质感，图 9-16 表示了一个用砖装饰的内墙面，该墙面具有内墙外墙化的特点，给人的感受是朴实自然。图 9-17 表示了一个毛石墙餐厅的内景，它有雕塑般的体量，给人的感觉是粗犷而耐看。图 9-18 表示的是金属玻璃墙，其中的门窗口形状特异，总体上更具简洁、明快的现代感。

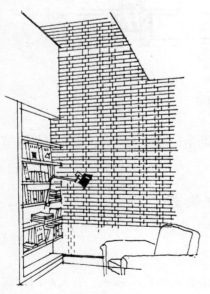

图 9-16　砖砌内墙

图 9-17　餐厅的毛石墙

　　侧界面是有色或带有图案的，自身的分格及凹凸变化也有图案的性质。它们或冷或暖，或水平或垂直，或倾斜或流动，无不影响空间的特性。图 9-19 是一个图案化了的墙面，生动而有趣味性。图 9-20 是一个外形为锯齿形的墙面，图 9-21 是一个方向、材质、形态均呈对比的墙面，不难看出，它们都各有各的表现力。

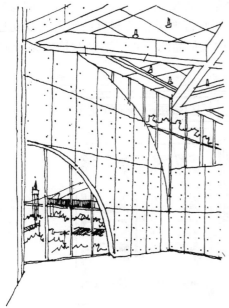

图 9-18　金属玻璃墙面

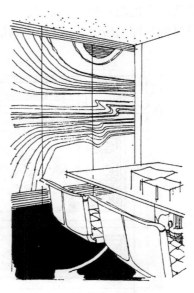

图 9-19　图案化了的墙面

图 9-20　锯齿形墙面

图 9-21　对比强烈的墙面

　　要尽可能利用侧界面的造型展现空间的民族性、地方性与时代性，与其他要素一起综合反映空间的特色。从总体上看，侧界面的常见风格有三大类：一类是中国传统风格，另一类为西方古典风格，第三类为普遍流行的现代风格。中国传统风格的侧界面，大多借用传统的建筑符号，并多用一些吉祥如意的图案，如借用隔扇的形象，使用龙、凤、福、寿图案等（图9-22）。西方古典风格的侧界面，大都模仿古希腊、古罗马的建筑符号，并喜用雕塑作装饰，其间常常出现一些古典柱式、拱券等形象。有些古典风格的侧界面则着力模仿巴洛克、洛可可的装饰风格（图9-23）。现代风格的侧界面大都简约，它们不刻意追求某个时代

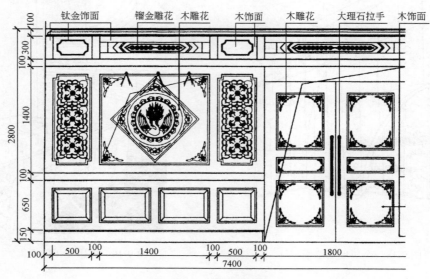

图 9-22　具有中国传统韵味的墙面

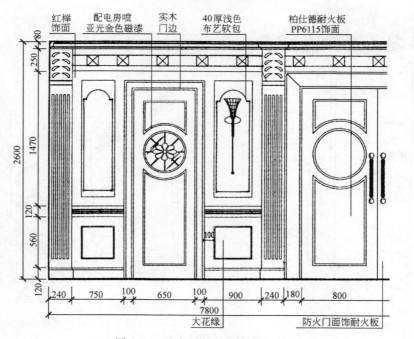

图 9-23　具有西方古典韵味的墙面

的某种样式，更多的是通过色彩、材质、空实的搭配，表现界面的形式美（图 9-24、图9-25）。
在设计实践中，还有所谓美式、日式等风格的侧界面，此处不再赘述。

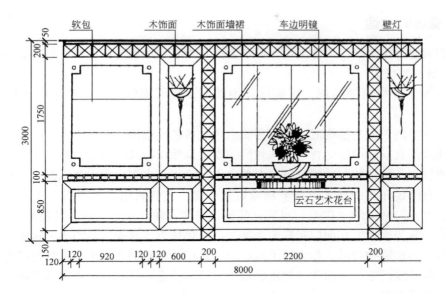

图 9-24　现代墙面之一

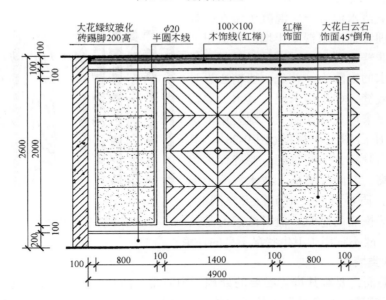

图 9-25　现代墙面之二

概括地说，侧界面造型设计的常用手法不外以下几种：

1. 使用不同质地的材料，形成质地对比。

2. 间用绘画、浮雕等装饰丰富界面内容。

3. 间用壁灯、花斗等器物对界面进行点缀。

4. 开设壁龛，配置瓶、罐等陈设，并用重点照明。

5. 利用不同色彩，形成各式图案。

6. 利用独特的拼缝，消除界面的单调感。

二、墙面的构造

墙面的装修方法很多，大体上可以归纳为抹灰类、喷涂类、裱糊类、板材类和贴面类。

（一）抹灰类墙面

以砂浆为主要材料的墙面，统称抹灰类墙面，按所用砂浆又有普通抹灰和装饰抹灰之分。

普通抹灰由两层或三层构成，表面多刷白色或各色内墙漆。

装饰抹灰的底层和中层与普通抹灰相同，面层则使用特殊的胶凝材料或工艺，而且具备多种颜色或纹理。装饰抹灰的胶凝材料有普通水泥、矿渣水泥、火山灰水泥、白色水泥和彩色水泥等，有时还在其中掺入一些矿物颜料及石膏，其骨料则有大理石、花岗石渣及玻璃等。从工艺上看，常见的"拉毛"可算是装饰抹灰的一种。其基本做法是用水泥砂浆打底，以水泥石灰砂浆为面层，在面层初凝而未凝之前，用抹刀或其他工具将表面做成凸凹不平的样子。其中，用板刷拍打的，称大拉毛或小拉毛；用小竹扫洒浆扫毛的称洒毛或甩毛；用滚筒压的视套板花纹而定，表面常呈树皮状或条线状。拉毛墙面有利于声音的扩散，多用于影院、剧场等对于声学有较高要求的空间。传统的水磨石，也可视为装饰抹灰，但由于工期长，又属湿作业，现已较少使用。

顺便提一下清水混凝土。混凝土墙在拆模后不再进行处理者称清水混凝土墙。但这里所用的混凝土并非普通混凝土，而是对骨料和模板另有技术要求的混凝土。首先，要精心设计模板的纹理和接缝。如果用木模，其木纹要清晰好看，如果要求显现特殊图案，则要用泡沫塑料或硬塑料压出图案作衬模（图9-26）。其次，要细心选用骨料，做好级配，要确保振捣密实，没有蜂窝、麻面等弊病。清水混凝土墙面，质感粗犷，质朴自然，用于较大空间时，可以给人以气势恢宏的感觉。值得注意的是其表面容易积灰，故不宜用于卫生状况不良的环境。

图9-26　清水混凝土墙面外观举例

（二）竹木类墙面

用竹装修墙面，要对其进行必要的处理。为防霉、防蛀，可用100份水，3.6份硼酸，2.4份硼砂配成溶液，在常温下将竹子浸泡48小时。为防止开裂，可将竹浸在水中，经数月取出风干，也可用明矾水或石碳酸溶液蒸煮。竹子的表面可以抛光，也可涂漆或喷漆。

用于装饰墙面的竹子应该均匀、挺直，直径小的可用整圆的，直径较大的可用半圆的，直径更大的也可剖成竹片用。竹墙面的基本做法是：先用方木构成框架，在框架上钉一层胶合板，再将整竹或半竹钉在框架上（图9-27）。

木墙面是一种比较高级的界面，常见于客厅、会议室及声学要求较高的场所。有些时候，可以只在墙裙的范围内使用木墙面，这种墙面也称护壁板。

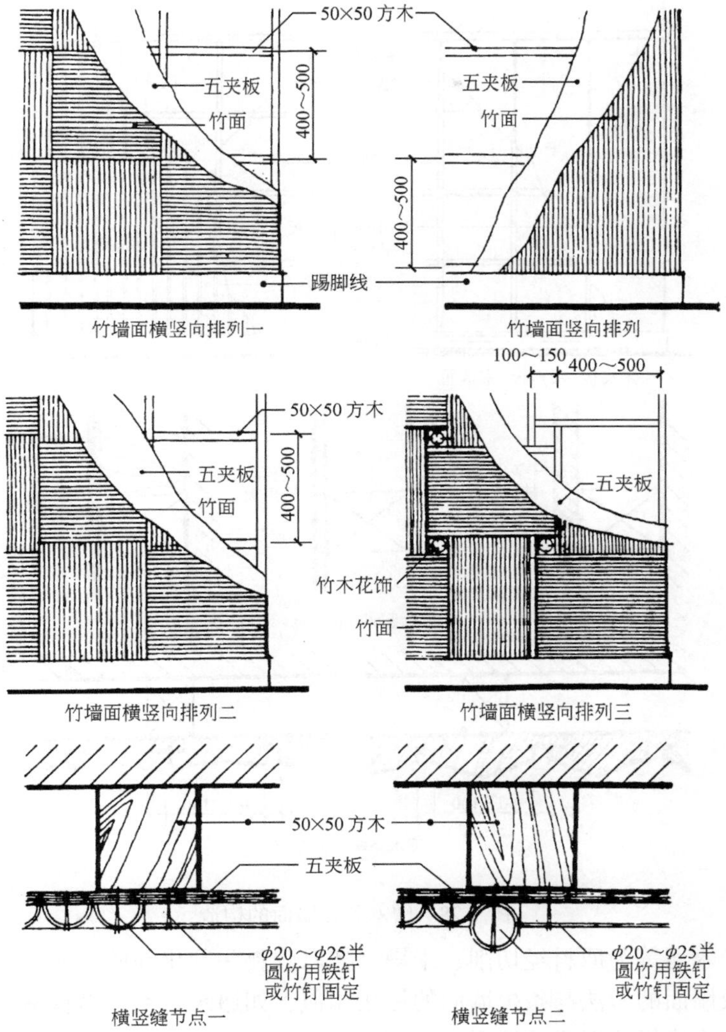

图 9-27 竹墙面的构造

木墙面的基本做法是：在砖墙内预埋木砖，在木砖上面立墙筋，墙筋的断面为（20~45）mm×（40~50）mm，间距为 400~600mm，具体尺寸应与面板的规格相协调，横筋间距与立筋间距相同。为防止潮气使面板翘曲或腐烂，应在砖墙上做一层防潮砂浆，待其干燥后，再在其上刷一道冷底子油，铺一层油毛毡。当潮气很重时，还应在面板与墙体之间组织通风，即在墙筋上钻一些通气孔。面板厚 12~25mm，常用硬木制成。断面有多种形式，拼缝也有透空、企口等许多种。图 9-28 显示了条板木墙面的构造方法，其中的条板在必要时也可以水平布置。

除用硬木条板外，实践中也用其他木材制品如胶合板、纤维板、刨花板等做墙面。胶合板有三层、五层、七层多种，俗称三夹板、五夹板和七夹板，最厚的可达十三层。纤维板是用树皮、刨花、树枝等废料，经过破碎、浸泡、研磨等工序制成木浆，再经湿压成型、干燥处理而成的。由于成型的温度与压力不相同，分硬质、中质和软质三种。刨花板以木材加工

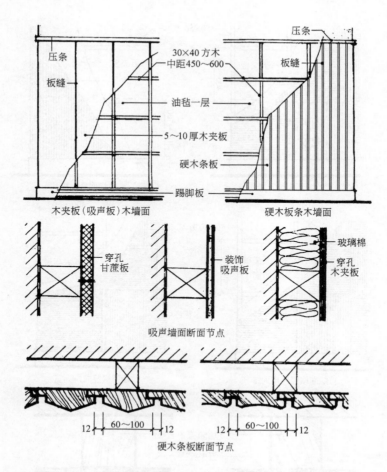

图 9-28 硬木条板墙面的构造

中产生的刨花、木屑等为原料经切削、干燥，拌以胶料和硬化剂而压成，特点是吸声性能较好。普通胶合板墙面的做法与条板墙面的做法相似，如遇录音室、播音室等声学要求较高的场所，可将墙面作成折线形或波浪形（图 9-29）。

当采用木墙面或木护墙板时，踢脚板也要用木的，图 9-30 表示了木护墙板上端与其下的踢脚的做法。

（三）石材类墙面

装修墙面的石材有天然石材与人造石材两大类。前者指开采后加工成的块石与板材，后者是以天然石渣为骨料制成的板材。

用石材装修墙面要精心选择色彩、花纹、质地和图案，还要注意拼缝的形式以及与其他材料的搭配与衔接。

1. 天然大理石墙面

天然大理石是变质或沉积的碳酸盐类岩石，特点是组织细密，颜色多样，纹理美观。与花岗石相比，大理石的耐风化性能和耐磨、耐腐蚀性能稍差，故很少用于室外和地面。

我国大理石资源丰富，花色品种繁多，较为著名的有北京房山的"汉白玉"，云南大理的"彩云""晚霞"，河北曲阳的"墨玉"，山东掖县的"雪花白"和浙江杭州的"杭

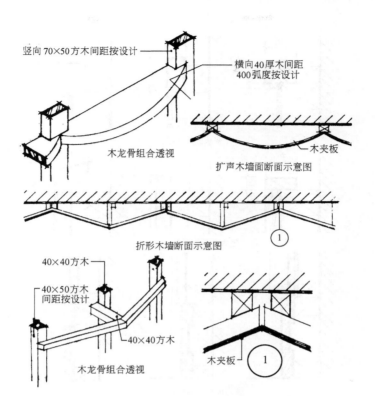

竖向70×50方木间距按设计

横向40厚木间距
400弧度按设计

木龙骨组合透视

木夹板

扩声木墙面断面示意图

折形木墙断面示意图

①

40×40方木

40×50方木
间距按设计

40×40方木

木龙骨组合透视

木夹板

①

图 9-29　胶合板扩声墙面的构造

灰"等。

　　天然石板的标准厚度为 20mm，如今，12～15mm 的薄板逐渐增多，最薄的只有 7mm。我国常用石板的厚度为 20～30mm，每块面积约为 0.25～0.5m^2。

　　大理石墙面的做法有三大类：一是传统挂贴法，二是干挂法，三是直接粘贴法。传统挂贴法的具体做法是：先在墙中甩出钢筋头，在其上绑扎钢筋网，所用钢筋的直径为 6～9mm，上下间距与石板高度相同，左右间距为 500～1000mm。石板上部两端钻小孔，通过小孔用钢丝或铅丝将石板扎在钢筋网上。施工时，先用石膏将石板临时固定在设计位置，绑扎后，再往石板与墙面的空隙中灌 1：2.5 的水泥砂浆(图 9-31)。

　　干挂法又称空挂法，具体做法是用高强螺栓和高强、耐腐蚀的柔性连接件将石板直接挂在墙体上或钢制骨架上，石板与墙体之间有 80～90mm 的缝隙，其间不灌水泥砂浆(图 9-32)。干挂法适用于钢筋混凝土墙体，不能用于砖墙和加气混凝土墙。

　　直接粘贴法就是用大力胶直接将石板粘贴在墙体上，这种墙面的高度不宜超过 3m，石板的厚度也要薄一些，如 6～12mm，图 9-33 表示了采用直接粘贴法时涂胶的位置和嵌缝的种类。

　　采用大理石墙面，必须使墙面平整，接缝准确，并要做好阳角与阴角。

　　大理石护墙板的做法相对简单，因为它的高度很少超过 3m，故可以用直接粘贴法将石板粘在墙体上。

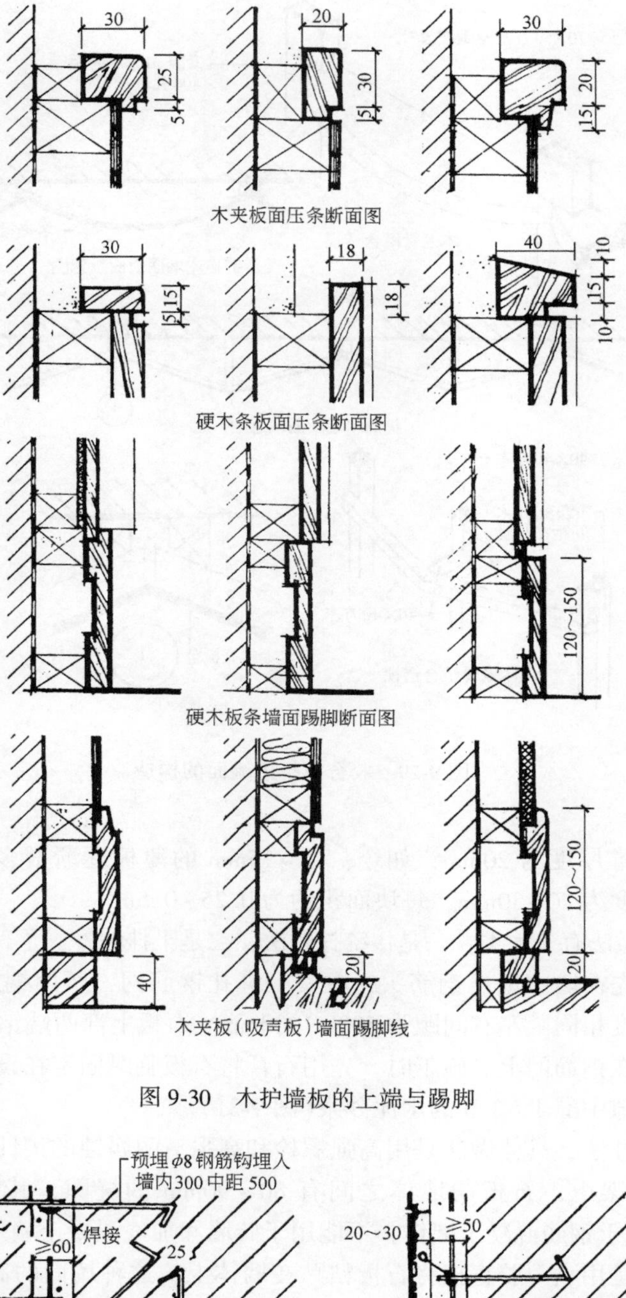

木夹板面压条断面图

硬木条板面压条断面图

硬木板条墙面踢脚断面图

木夹板(吸声板)墙面踢脚线

图 9-30　木护墙板的上端与踢脚

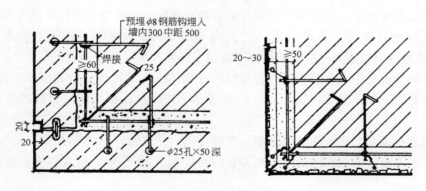

图 9-31　用传统挂贴法施工的大理石墙面

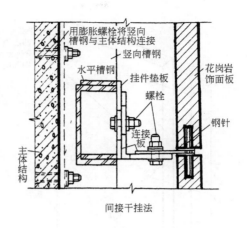

图 9-32 用干挂法施工的大理石墙面

2. 天然花岗石墙面

天然花岗石属岩浆岩，主要矿物成分是长石、石英及云母，因此，比大理石更硬、更耐磨、耐压、耐侵蚀。花岗石多用于外墙和地面，但也用于内墙面和柱面，其构造与大理石墙面相同。花岗石是一种高档的装饰材料，花纹呈颗粒状，并有发光的云母微粒，磨光抛光者，宛如镜面，颇能显示豪华富丽的气氛。

3. 人造石墙面

人造石主要指预制水磨石以及人造大理石和人造花岗石。预制水磨石是以水泥（或其他胶结料）和石渣为原料制成的，常用厚度为 15 ~ 30mm，面积为 0. 25 ~ 0. 5m^2，最大规格可为 1250mm×1200mm。

人造大理石和人造花岗石以石粉和粒径为 3mm 的石渣为骨料，以树脂为胶结剂，经搅拌、注模、真空振捣等工序一次成型，再经锯割、磨光而成材，花色和性能均可达到甚至优于天然石。

4. 天然毛石墙面

用天然块石装修内墙者不多，因为块石体积厚重，施工也较麻烦。常见的毛石墙面大都是用雕琢加工的石板贴砌的。雕琢加工的石板，厚度多在 30mm 以上，可以加工出各种纹理，通常说的"蘑菇石"，即属这一类。毛石墙面质地粗犷、厚重，与其他相对细腻的材料相搭配，可以显示出强烈的对比，因而常能取得令人振奋的视觉效果。使用毛石墙面的关键是选用立面与接缝的形式，图 9-34 为部分毛石墙面的立面和接缝的形式。

（四）瓷砖类墙面

用于内墙的瓷砖有多种规格，多种颜色，多种图案。由于它吸水率小、表面光滑、易于清洗，耐酸耐碱，多用于厨房、浴室、实验室等多水、多酸、多碱的场所。近年来，瓷砖的种类越来越多，有些仿石瓷砖其色彩、纹理接近天然大理石和花岗石，但价格却比天然大理石、花岗石低得多，故常被用于档次一般的厅堂，以便既可减少投资又能取得不错的效果。

在有特殊要求的环境中，可用陶瓷制品作壁画。方法之一是用马赛克拼贴；方法之二是在白色釉面砖上用颜料画上画稿，再经高温烧制；方法之三是用浮雕陶瓷板及平板组合镶嵌

191

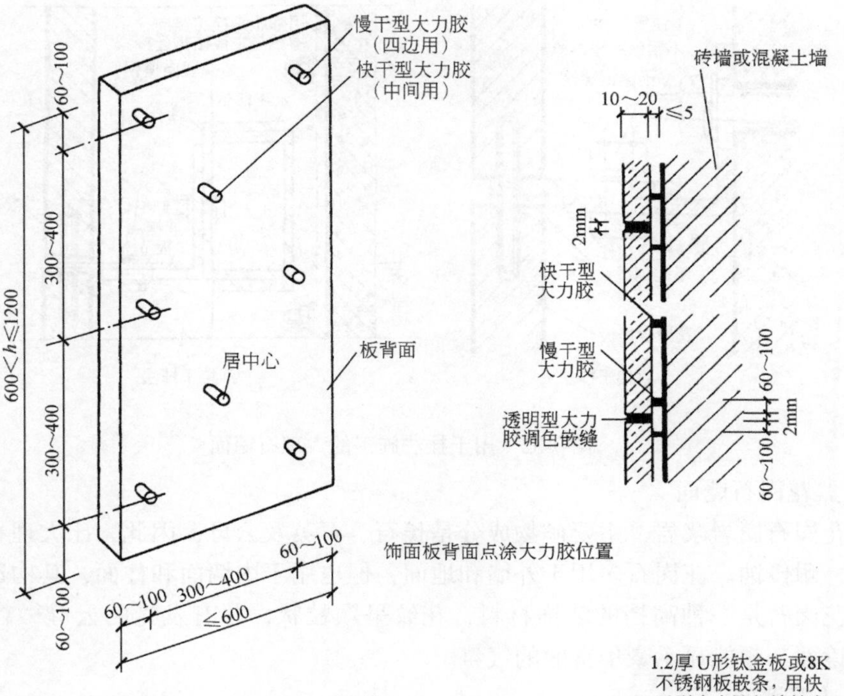

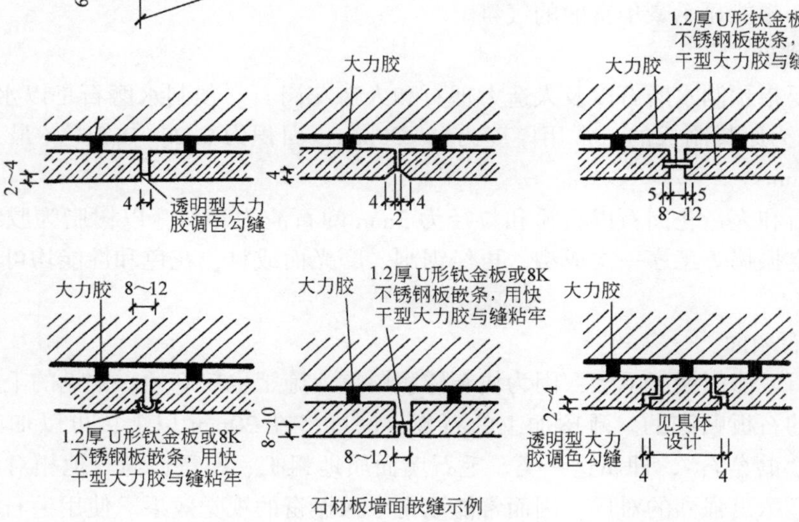

图 9-33　用直接粘贴法施工的大理石墙面

成壁雕。

（五）裱糊类墙面

裱墙纸图案繁多，色泽丰富，通过印花、压花、发泡等工艺，还可产生多种质感。用墙纸、锦缎等裱糊墙面可以取得良好的视觉效果，还有施工简便等优点。

纸基塑料墙纸是一种应用较早的墙纸。它可以印花、压花，有一定的防潮性，并且较便宜，缺点是易断裂，不耐水，清洗也较困难。

普通墙纸用每平方米 80g 的纸作基材，如改用每平方米 100g 的纸，增加涂塑量，并加入发泡剂，即可制成发泡墙纸。其中，低发泡者可以印花或压花，高发泡者表面具有更加凸

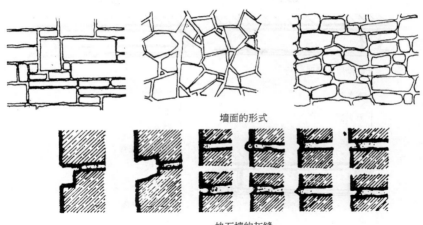

墙面的形式

块石墙的灰缝

图 9-34 毛石墙的立面与接缝的形式

凹不平的花纹，装饰性和吸声性均为普通墙纸所不及。

除普通墙纸和发泡墙纸外，还有许多特种墙纸：

一是仿真墙纸，它们可以模仿木、竹、砖、石等天然材料，给人以质朴、自然的印象。

二是风景墙纸，即通过特殊的工艺将油画、摄影等印在纸上。采用这种墙纸，能扩大空间感，增加空间的自然情趣。

三是金属墙纸，这是一种在基层上涂金属膜的墙纸，它可以像金属面那样光闪闪、金灿灿，故常用于舞厅、酒吧等气氛热烈的场所。

除上述墙纸外，还有荧光、防水、防火、防霉、防结露等墙纸，在装饰设计中，可根据需要加以选用。

墙布是以布或玻璃纤维布为基材制成的，外观与墙纸相似，但耐久性、阻燃性更好。

锦缎的色彩和图案十分丰富，用锦缎裱糊墙面，可以使空间环境由于特定的色彩和图案而显得典雅、豪华或古色古香。锦缎墙面的构造有两类：墙面较小时，可以满铺；墙面较大时，可以分块拼装。方法是先用 40mm×40mm 的木龙骨按 450mm 的间距构成方格网，在其上钉上五夹板衬板，再将锦缎用乳胶裱糊在衬板上。不论满铺还是拼装，都要在基底上作防潮处理，常用做法是用 1：3 水泥砂浆找平，涂一道冷底子油，再铺一毡二油防潮层（图9-35）。

（六）软包类墙面

以织物、皮革等材料为面层下衬海绵等软质材料的墙面称软包墙面，它们质地柔软，吸声性能良好，常被用于幼儿园活动室、会议室与歌厅等。

用于软包墙面的织物面层，质地宜稍厚重，色彩、图案应与环境性质相契合。作为衬料的海绵厚 40mm 左右。

皮革面层高雅、亲切，可用于档次较高的空间，如会议室和贵宾室等。人造皮革是以毛毡或麻织物作底材，浸泡后加入颜色和填料，再经烘干、压花、压纹等工艺制成的。用皮革或人造皮革覆面时，可采用平贴、打折、车线、钉扣等形式。

无论采用哪种覆面材料，软包墙面的基底均应作防潮处理（图 9-36）。

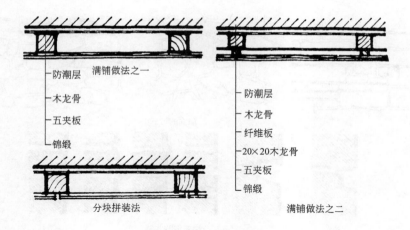

图 9-35　锦缎墙面的做法

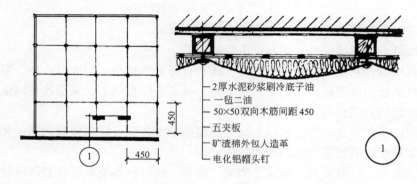

图 9-36　皮革墙面的做法

（七）板材类墙面

用来装修墙面的板材有石膏板、石棉水泥板、金属板、塑铝板、玻璃板、塑料板和有机玻璃板等。

1. 石膏板墙面

石膏板是用石膏、废纸浆纤维、聚乙烯醇粘结剂和泡沫剂制成的。具有可锯、可钻、可钉、防火、隔声、质轻、防蛀等优点，表面可以油漆、喷涂或贴墙纸。常用的石膏板有纸面石膏板、装饰石膏板和纤维石膏板。石膏板规格较多，厚为 9.5mm 和 12mm。石膏板可以直接粘贴在承重墙上，但更多的是钉在非承重墙的木龙骨或轻钢龙骨上。板间缝隙要先填腻子，在其上粘贴纸带，纸带之上再补腻子，待完全干燥后，打磨光滑，再进一步进行涂刷等处理。石膏板耐水性差，不可用于多水潮湿之处。

2. 石棉水泥板墙面

波形石棉水泥瓦本是用于屋面的，但在某些情况下，也可局部用于墙面，以取得特殊的声学效果和视觉效果。用于墙面的石棉水泥瓦多为小波的，表面可按设计要求涂上所需的颜色。石棉水泥平板多用于多水潮湿的房间。

3. 金属板墙面

用铝合金、不锈钢等金属薄板装饰墙面不但坚固耐用，还有强烈的时代感。值得注意的

194

是金属板质感硬冷，大面积使用时(尤其是镜面不锈钢板)容易暴露表面不平等缺陷。铝合金板有平板、波型、凸凹型等多种，表面可以喷漆、烤漆、镀锌和涂塑。不锈钢板耐腐性强，可以做成镜面板、雾面板、丝面板、凸凹板、腐蚀雕刻板、穿孔板或弧形板，其中的镜面板常与其他材料组合使用，以取得粗细明暗对比的效果。金属板可用螺钉钉在墙体上，也可用特制的紧固件挂在龙骨上。

4. 玻璃板墙面

用于墙面的玻璃大体有两类：一是平板玻璃或磨砂玻璃；二是镜面玻璃。在下列情况下使用镜面玻璃墙面是适宜的：一是空间较小，用镜面玻璃墙扩大空间感；二是构件体量大(如柱子过粗)，通过镜面玻璃"弱化"或"消解"构件；三是故意制造华丽乃至戏剧性的气氛，如用于舞厅或夜总会；四是着力反映室内陈设，如用于商店，借以显示商品的丰富；五是用于健身房、练功房，让训练者能够看到自己的身姿。

镜面玻璃墙面可以是通高的，也可以是半截的。采用通高墙面时，要注意保护下半截，如设置栏杆、水池、花台等，以防被人碰破。玻璃墙面的基本做法是：在墙上架龙骨，在龙骨上钉胶合板或钉纤维板，在板上固定玻璃。方法有三种：一是在玻璃上钻孔，用镀铬螺钉或铜钉把玻璃拧在龙骨上；二是用螺钉固定压条，通过压条把玻璃固定在龙骨上；三是用玻璃胶直接把玻璃粘在衬板上(图9-37)。

5. 塑铝板墙面

塑铝板厚3~4mm，表面有多种颜色和图案，可以十分逼真地模仿各种木材和石材。它施工简便，外表美观，故常常用于外观要求较高的墙面。

近年来，用硅藻泥装修墙面逐渐流行。硅藻泥的主要原料是海洋藻类植物形成的硅藻土，它有多孔性、稳定性和很高的安全性。用硅藻泥装修墙面，多用喷涂法，主要程序是先用喷枪将泥浆喷到底面上，再用抹子进行必要的加工。饰面可选多种颜色，还可做成多种图案和不同的质地。

三、隔断的构造

隔断与实墙的区别主要表现在分隔空间的程度和特征上。一般说来，实墙(包括承重墙和隔墙)是到顶的，因此，它不仅能够

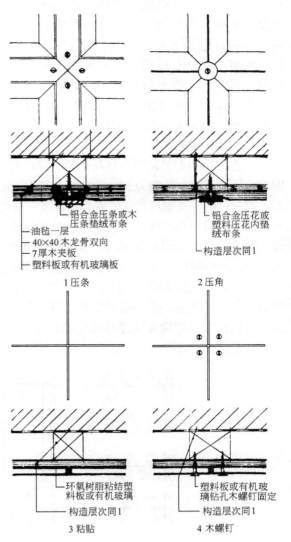

图 9-37 镜面玻璃墙面的构造

195

限定空间的范围，还能在较大程度上阻隔声音和视线。与实墙相比较，隔断限定空间的程度比较小，形式也更加多样与灵活。

（一）传统式隔扇

传统隔扇多用硬木精工制作。上部称格心，可做成各种花格，用来裱纸、裱纱或镶玻璃。下部称裙板，多雕刻吉祥如意的纹样，有的还镶嵌玉石或贝壳。传统隔扇开启方便，极具装饰性，不仅用于宫廷，也广泛用于祠堂、庙宇和民居。在现代室内设计中，特别是设计中式环境时，可以借鉴传统隔扇的形式，使用一些现代材料和手法，让它们既有传统特征，又有时代气息（图9-38）。

（二）拆装式隔断

拆装式隔断是由多扇隔扇组成的，它们拼装在一起，可以组成一个成片的隔断，把大空间分隔成小空间，如有另一种需要，又可一扇一扇地拆下去，把小空间打通成大空间。隔扇不须左右移动，故上下均无轨道和滑轮，只要在上槛处留出便于拆装的空隙即可。隔扇宽约800~1200mm，多用夹板覆面，表面平整，很少有多余的装饰。

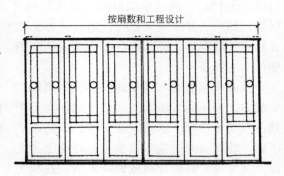

图 9-38　具有传统韵味的隔扇

（三）折叠式隔断

折叠式隔断大多是用木材制作的，隔扇的宽度比拆装式小，一般为500~1000mm。隔扇顶部的滑轮可以放在扇的正中，也可放在扇的一端。前者，由于支承点与扇的重心重合在一条直线上，地面上设不设轨道都可以；后者，由于支承点与扇的重心不在一条直线上，故必须在顶部和地面同时设轨道。隔扇之间须用铰链连接，滑轮的位置如图9-39所示。折叠式隔断收拢时，可收向一侧或两侧。如装修要求较高，则在一侧或两侧作"小室"，把收拢的隔断掩藏在"小室"内（图9-40）。

上述折叠式隔断的隔扇多用木骨架，并用夹板、防火板、铝塑板等做面板，故专称硬质折叠式隔断。还有一类折叠式隔断，用木材或金属制作可以伸缩的框架，用帆布或皮革做蒙面，可以像手风琴的琴箱那样伸展和收缩，被称为软质折叠式隔断。软质折叠式隔断多用于

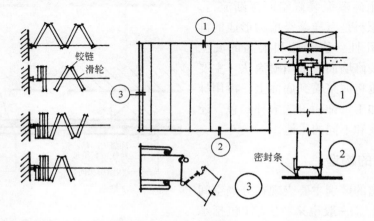

图 9-39　折叠式隔断的构造

196

开口不大的地方，如住宅的客厅或卧室等(图9-41)。

(四)　玻璃隔断

这里所说的玻璃隔断有三类：第一类是以木材和金属做框，中间大量镶嵌玻璃的隔断；第二类是没有框料，完全由玻璃构成的隔断；第三类是玻璃砖隔断。前者，可用普通玻璃，也可用压花玻璃、刻花玻璃、夹花玻璃、彩色玻璃和磨砂玻璃等。以木材为框料时，可用木压条或金属压条将玻璃镶在框架内。采用金属框料时，压条也用金属的，金属表面可以电镀抛光，还可以处理成银白、咖啡等颜色。

全部使用玻璃的隔断，主要用于商场和写字楼。它清澈、明亮，不仅可以让人们看到整个场景，还有一种鲜明的时代感。这种玻璃厚约 12~15mm，玻璃之间用胶接。

玻璃砖有凹形和空心两种。凹形空心砖的规格是 148mm×148mm×42mm、203mm×203mm×50mm 和 220mm×220mm×50mm。空心玻璃砖的常用规格是 200mm×200mm×90mm 和 220mm×220mm×90mm。玻璃砖隔断的基本做法是：在底座、边柱(墙)和顶梁中甩出钢筋，在玻璃砖中间架纵横钢筋网，让网与甩出的钢筋相连，再在纵横钢筋的两侧用白水泥勾缝，使其成为美观的分格线(图9-42)。玻璃砖隔断透光，但能够遮蔽景物，是一种新颖美观的侧界面。但面积不能太大，根据经验，最好不要超过 13m²，否则，要在中间增加横梁和立柱。

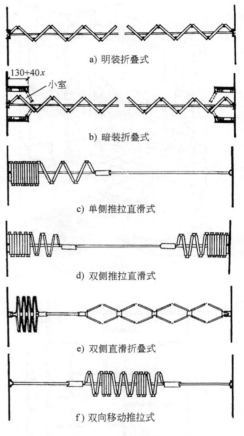

a) 明装折叠式

130+40x
小室

b) 暗装折叠式

c) 单侧推拉直滑式

d) 双侧推拉直滑式

e) 双侧直滑折叠式

f) 双向移动推拉式

图 9-40　折叠式隔断的类型与收藏

(五)　各式花格

这里所说的花格是一种以杆件、玻璃和花饰等要素构成的空透式隔断。它们可以限定空间范围，具有很强的装饰性，但大都不能阻隔声音和视线。

木花格是常见花格之一。它们以硬杂木做成，杆件可用榫接，或用钉接和胶接，还常用金属、有机玻璃、木块做花饰(图9-43)。木花格中也可镶嵌各式玻璃，不论是夹花、印花或刻花的玻璃，均能给人以新颖、活泼的感受。

竹花格是用竹竿架构的，竹的直径约为10~50mm。竹花格清新、自然，富有野趣，可用于餐厅、茶室、花店等场所。

金属花格的成型方法有两种：一是浇铸成型，即借模型浇铸出铜、铁、铝等花饰；另一种是弯曲成型，即用扁钢、钢管、钢筋等弯成花饰，花饰之间、花饰与边框之间用点焊、铆钉或螺栓连接。金属花格图案丰富，尤其是容易形成圆润、流畅的曲线，可使花格更显活泼和有动感。图9-44是金属花格之一例，其主要材料是方钢与扁铁。

除上述花格外，还可以用水泥制品、琉璃等构成花格。

图 9-41 软质折叠式隔断

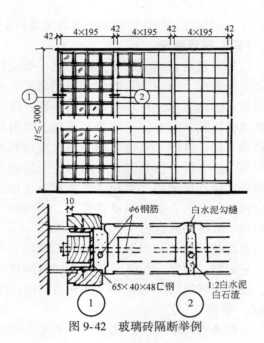

图 9-42 玻璃砖隔断举例

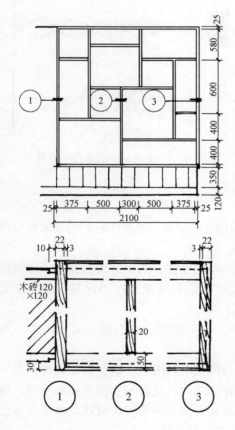

图 9-43 木花格举例

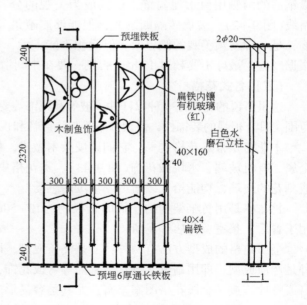

图 9-44 金属花格举例

第四节　底界面的装修

一、底界面设计要点

楼地面的装修设计要考虑使用上的要求：普通楼地面应有足够的耐磨性和耐水性，并要便于清扫和维护；浴室、厨房、实验室的楼地面应有更高的防水、防火、耐酸、耐碱等要求；经常有人停留的空间如办公室等，楼地面应有一定的弹性和较小的传热性；对某些楼地面来说，可能还会有较高的声学要求，如为减少空气传声，要严堵孔洞和缝隙，为减少固体传声，要加做隔声层等。

楼地面面积较大，其图案、质地、色彩可能给人留下深刻的印象，甚至影响整个空间的氛围。

选择楼地面的图案要充分考虑空间的功能与性质：在没有多少家具或家具只布置在周边的大厅、过厅中的时候，楼地面可选用中心比较突出的团花图案，并与顶棚造型和灯具相对应，以显示空间的华贵和庄重(图9-45)。在一些家具覆盖率较大或采用非对称布局的居室、客厅、会议室等空间中，宜优先选用一些几何形图案或网格形图案，给人以平和稳定的印象(图9-46)。如果仍然采用中心突出的团花图案，其图案很可能被家具覆盖而不能完整地显示原有的面貌。有些空间可能需要一定导向性，不妨用斜向图案，让它们发挥诱导、提示的作用。在当代室内设计中，设计师为追求一种朴实、自然的情调，常常故意在室内设计一些类似街道、广场、庭园的地面，其材料往往为大理石碎片、卵石、广场砖及凿毛的石板。图9-47是两个利用大理石碎片铺砌的地面，其中之一，外形呈三角形或多边形，粗犷有力而不失趣味性；其中之二，外形圆滑，总体效果是更加自由和圆润。诸如此类的地面，常用于茶室或四季厅，如能与绿化、水、石等配合，空间气氛会更显活跃与轻松。图9-48是一种利用粗细程度不等的石板铺砌的地面，可以使人联想到街道与广场，体现出内部空间外部化的意图。图9-49所示的地面，类似一幅抽象画，新颖醒目，富有动感，更容易与现代化的建筑技术相匹配。

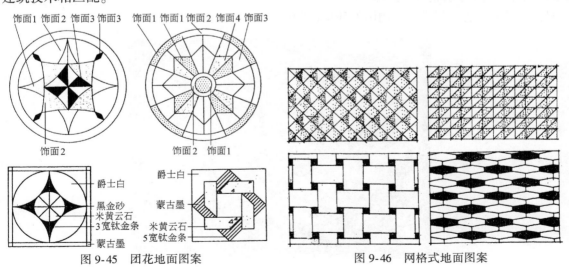

图 9-45　团花地面图案　　　　图 9-46　网格式地面图案

图 9-47　大理石碎片铺砌的地面

图 9-48　粗细石板铺砌的地面

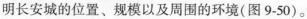

一般情况下，作为底界面的楼地面，并不传达特定的意义，但也有一些室内环境确实赋予了楼地面表达意义的任务。某大学图书馆的大厅铺设了一块很大的玻璃地面，玻璃下为一幅该大学所在地的航拍图。从航拍图上，不仅可以清楚地看到学校的位置，还能全面地了解学校的总体规划以及每一幢建筑。西安博物馆入口大厅的地面上，用不同颜色的大理石和铜条镶嵌了古代长安的演变图。从图上，人们可以清楚地看到汉、唐、明长安城的位置、规模以及周围的环境（图 9-50）。

图 9-49　类似抽象画的地面图案

图 9-50　地面上的"古代长安城"

二、底界面的构造

楼地面的种类很多，有水泥地面、水磨石地面、瓷砖地面、陶瓷锦砖地面、石地面、木地面、橡胶地面、玻璃地面和地毯等，下面着重介绍一些常用的地面：

（一）瓷砖地面

瓷砖极多，从表面状况说有普通的、抛光的、仿古的和防滑的，至于颜色、质地和规格就更多了。抛光砖大都模仿石材，外观宛如大理石和花岗石，规格有 400mm×400mm、500mm×500mm 和 600mm×600mm 等多种，最大的可以到 1m 见方，厚度为 8~10mm。仿古砖表面粗糙，颜色素雅，有古拙自然之感。防滑砖表面不平，有凸有凹，多用于厨房等地。铺瓷砖时，应先做 20mm 厚的 1：4 干硬性水泥砂浆结合层，并在上面撒一层素水泥，边撒清水边铺砖。瓷砖间可留窄缝或宽缝，窄缝宽 3mm，须用干水泥擦严，宽缝宽约 10mm，须用水泥砂浆勾缝。有些时候，特别是在使用抛光砖的时候，常常用紧缝，即将砖尽量挤紧，目的是取得更加平整光滑的效果。

（二）马赛克地面

马赛克，是一种尺寸很小的瓷砖，有方形、矩形、六角形和八角形等多种形状。方形的尺寸常为 39mm×39mm、23.6mm×23.6mm 和 18.05mm×18.05mm，厚度均为 4.5mm 或 5mm。为便于施工，还在工厂时，小块的马赛克便被贴在 300mm×300mm 或 600mm×600mm 的牛皮纸上。施工时，先在基层上做 20mm 厚的水泥砂浆结合层，并在其上撒水泥，后把大张马赛克纸面朝上地铺上去，待结合层初凝后，用清水洗掉牛皮纸，即可使马赛克整齐地露出来。马赛克具有瓷砖的优点，适用于面积不大的厨房、洗手间及实验室。

（三）石地面

地面所用石材多为磨光花岗石，因为花岗石比大理石更耐磨，也更具耐碱、耐酸的性能。有些地面有较多拼花，为使色彩丰富，纹理多样，也掺杂使用大理石。石地面光滑、平整、美观、华丽，多用于公共建筑的大厅、过厅、电梯厅等。

为体现质感的丰富性，有时也为防滑，石地面可搭配使用一些表面粗糙的石板。在一些田园风情十足和古朴素雅的环境，也可采用表面更糙的青石板。

上述石板均可直接贴在水泥砂浆上。

（四）复合板地面

复合地板是一种工业化生产的产品，装饰面层和纤维板基层压在一起，面层多为枫木、榉木、橡木、胡桃木等纹样。用于商店等公共场所的复合地板宽度一般为 195mm，长度为 2000~2100mm，厚度为 8mm，周围有拼缝，拼装后不需刨光和油漆。这种板的主要优点是外形美观，施工极方便。不足之处是板子薄，弹性差，缺乏足够的耐久性和舒适感。用于宾馆客房和住宅卧室等地的复合板，长宽尺寸较小，厚度为 12mm，不但铺装方便，弹性和舒适感都优于上述厚度为 8mm 的复合板。铺设复合地板的方法是：找平基层，在其上铺一层波形防潮衬垫，将复合地板铺设在衬垫上。最后装钉踢脚线，并在门口等处加盖金属收口条。

（五）橡胶地面

橡胶地面有普通型和难燃型之分，它们有弹性，不滑，不易在摩擦时发出火花，故常用于实验室、美术馆或博物馆。橡胶地板有多种颜色，表面还可以作出凸凹起伏的花纹。铺设橡胶地板时应将基层找平，然后同时在找平层和橡胶板背面涂胶，继而将橡胶板牢牢地粘结在找平层上。

（六）玻璃地面

玻璃地面往往用在地面的局部，如舞厅的舞池等。使用玻璃地面的主要目的是增加空间的动感和现代感，因为玻璃地板往往被架空布置，其下可能有流水、白沙、贝壳、干花等景物，如有灯光照射，会更加引人注目。用作地面的玻璃多为钢化玻璃和镭射玻璃，厚度往往为 10～15mm。

（七）地毯

地毯有吸声、柔软、色彩图案丰富等优点，用地毯覆盖地面不仅舒适、美观，还能通过特有的图案体现环境的特点。

第五节　结构构件的装修

室内的主要结构构件为梁和柱，它们暴露在人们视野之内，装饰设计不仅事关构件的使用功能，还影响整个空间的形象、氛围与风格。

一、柱子的装修

柱子的造型设计首先要与整个空间的功能性质相一致。舞厅、歌厅等娱乐场所的柱子可以华丽、新颖、活跃些；办公场所的柱子则要简洁、明快些；候机楼、候车厅、地铁等场所的柱子应坚固耐用，有一定的时代感；商店里的柱子则可与展示用的柜架和试衣间等相结合。

近年来，在柱子的表面上加做图案的做法日益增多，有的在柱面做上牡丹花的图案，有的用不同材料拼出花饰。北京地铁西土城站的柱子以青花瓷的图案作装饰，不仅新颖大方，还极具中国传统文化的特色。

其次，要考虑柱子自身的尺度和比例。柱子过高、过细时，可将其分为两段或三段；柱子过矮、过粗时，应采用竖向划分，以减弱短粗的感觉；柱子粗大而且很密时，可用光洁的材料如不锈钢、镜面玻璃做柱面，以便弱化它的存在，或让它反射周围的景物，进而融于整个环境中。

第三，应与灯具设计相结合，即利用顶棚上的灯具、柱头上的灯具及柱身上的壁灯等共同表现柱的装饰性。

图 9-51 列举了常见柱身的形式。

用于柱面的材料多种多样，除墙面常用的瓷砖、大理石、花岗石、木材外，还常用防火板、不锈钢、塑铝板和镜面玻璃等，有时也局部使用块

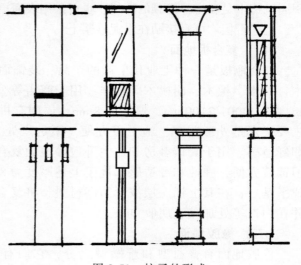

图 9-51　柱子的形式

石、铜、铁做装饰。图 9-52 列举了几种不同柱子的横断面，从中可以看清它们的构造方法。

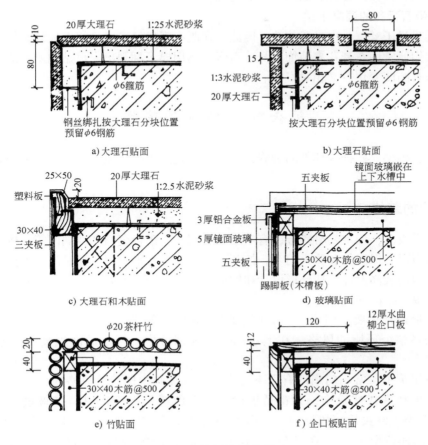

图 9-52 柱面的基本构造

二、梁的装修

楼板的主梁、次梁直接暴露在板下时，可作或繁或简的处理。简单的处理方法是梁面与顶棚使用相同的涂料或壁纸。复杂一些的做法是在梁的局部作花饰或将梁身用木板等包起来。

在实际工程中，可能有以下情况：

（一）露明的梁

在传统建筑中和模仿传统木结构的建筑中，大梁大都是露明的，它们与檩条、椽条、屋面板一起，暴露在人们的视野内，被称为"彻上露明造"。现代建筑中，木梁较少，但一些特殊的亭、阁、廊和一些常见的"中式"建筑，仍然会有些露明的木梁或钢筋混凝土梁。采取上述装饰方法，会使它们更具传统建筑的特色。

（二）带彩画的木梁或混凝土梁

在中式厅堂或亭、阁、廊等建筑中，为突出显示空间的民族特色，常以彩画装饰梁身。彩画是中国传统建筑中常用的装饰手法，明清时发展至顶峰，并已形成相对稳定的形制。清代彩画有三大类，即和玺彩画、旋子彩画和苏式彩画。现今建筑中的梁身彩画，不拘泥于传统彩画的形制，多数是传统彩画的翻新和提炼。

（三） 带石膏花的混凝土梁

彩画梁身过于繁缛，也过于传统。因此，在既有现代气息又希望有较好装饰效果的室内空间中，人们便常用石膏花来装饰梁身。石膏花是用模子翻制出来再贴到梁上的，往往与梁身同色，既有凸凹变化，又相对素雅。

第六节　部件的装修

门、窗、楼梯、栏杆等部件的装修，可能在建筑过程中完成，也可能在室内装修过程中完成。

一、门的装修

门的种类极多，按主要材料分，有木质门、钢门、铝合金门和玻璃门等；按用途分，有普通门、隔声门、保温门和防火门等；按开启方式分，有平开门、弹簧门、推拉门、转门和自动门等。门的装修设计包括外形设计和构造设计两部分，不同材料和不同开启方式的门的构造方法是很不相同的。

门的外形设计主要指门扇、门套（筒子板）和门头的设计，它们的形式不仅关系门的功能，也关系整个环境的风格。在上述三个组成部分中，门扇的面积最大，也最能影响门的大效果。

在民用建筑中，常用门扇约有以下几大类：一类是中国传统风格的，它们由传统隔扇发展而来，但在现代建筑中，大都适度简化，有的还用上现代材料如玻璃与金属等（图9-53）。第二类是欧美传统风格的，它们大都出现于西方古典风格的建筑和近现代欧美风格的建筑，总体造型较厚重（图9-54）。第三类是常见于居住建筑的普通门，它们讲究实用，造型简单，多用于居室、厨房和厕所等（图9-55）。第四类是一些讲究装饰艺术的现代门，它们或用于公共建筑，或用于居住建筑，大都具有良好的装饰效果和现代感。这种门造型不拘一格，追求的是色彩、质地、材料的合理搭配，往往同时使用木材、玻璃、扁铁等材料（图9-56）。

门的构造因材料和开启方式的不同而不同。常用的木门由框、扇两部分组成。门扇可以用胶合板、饰面板、皮革、织物覆盖，可以大面积镶嵌玻璃，也可在局部用铝合金、钛合金、不锈钢等作装饰。下面，具体介绍几种常用门的构造：

（一） 木质门

木质门从构造角度说有夹板和镶板两大类。夹板门由骨架和面板组成，面板以胶合板为主，也局部使用玻璃及金属。镶板门的门扇以冒头和边梃构成框架，芯板均镶在框料中。这种门结实耐用，外观厚重，但施工较复杂。

有些木门以扁铁作花饰，并与玻璃相结合，扁铁常常漆成黑色，可以使门的外观更具表现力。

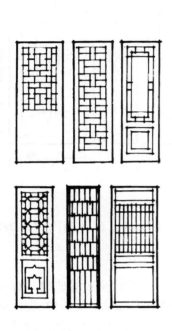

图 9-53　具有中国传统特色的门

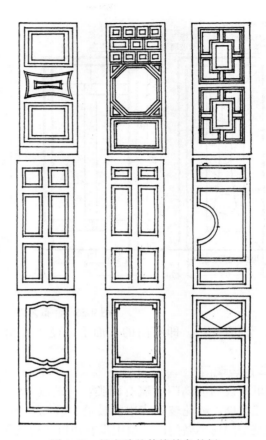

图 9-54　具有欧美传统特色的门

205

图 9-55　讲究实用的普通门

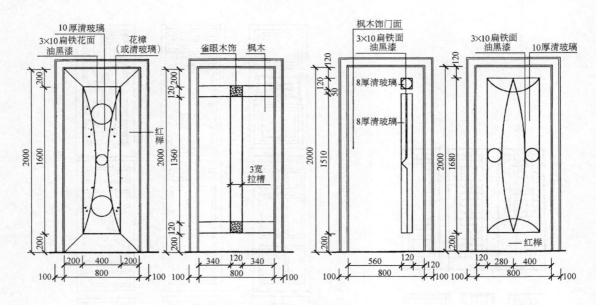

图 9-56 注重艺术效果的现代门

有一种雕花门，即在门的表面上以硬木雕出花饰，再配以木线，雕花的内容可为花、草、鱼、虫等。

（二）玻璃门

这里所说的玻璃门大概有两类：一类以木材或金属作框料，中间镶嵌清玻璃、磨砂玻璃、刻花玻璃、喷花玻璃或中空玻璃，玻璃在整个门扇中所占比例很大（图 9-57、图 9-58）；另一类完全用玻璃做门扇，扇中没有边梃、冒头等框料。门扇用特殊的铰链与顶部的过梁和

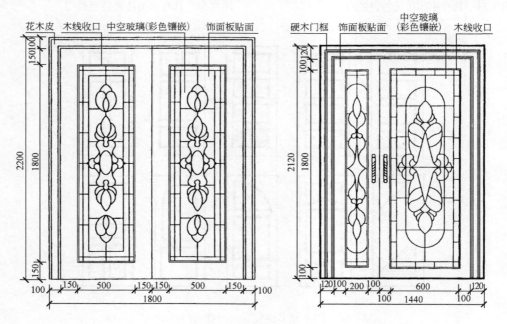

图 9-57 中空玻璃门举例

地面相接，形成可以转动的轴，铰链则用不锈钢门夹固定在门扇上。

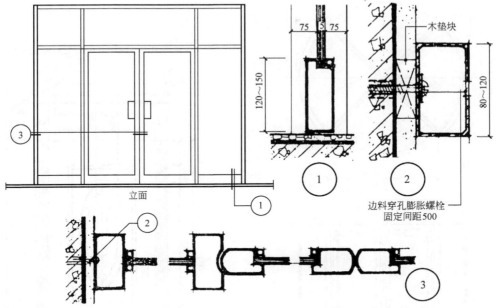

图 9-58　铝合金弹簧门的构造

（三）皮革门

皮革门质软、隔声，具有亲切感，多用于会议室或接见厅。常用做法是：在门扇的木板上铺海绵，再在其上覆盖真皮或人造革。为使海绵与皮革贴紧木板，也为了使表面更加美观，可用木压条或钢钉等将皮革固定在木板上。

（四）转门

转门由外壳和门扇组成。门扇可为 3 扇或 4 扇，运行过程中，保持三叉形或十字形，如有特殊需要，则可重叠在一起。

转门常用于宾馆、酒店的正门，其最大好处是不管门扇旋转到哪一个位置，总会有两个门扇与外壳相接触，故能最大限度地保持门厅的正常温度，防止冷气（夏天）或暖气（冬天）白白地散到室外去。图 9-59 为一个转门的平面图与立面图。

为使门洞整洁美观，在装饰要求较高的场所，常把门洞的周围及门洞的内侧用石材或木板等覆盖起来，这就是人们常说的门套或筒子板。由于门框的位置可能在墙身的中间，也可能与墙面的某一侧面相平，故筒子板也有两种相应的做法。图 9-60 为常见筒子板的外观图，图 9-61 为筒子板的构造图，由该图可知，筒子板可以是木的、石的、胶合板的，也可以是金属的。

"门头"是门的上部，它常常占据"亮子"的位置，兼有采光、通风、装饰的功能。也有一些门头属于纯装饰物，唯一的功能就是突出门的地位并赋予建筑更加鲜明的性格。门头的风格应与门扇相一致，故也有中式、西式和现代式之分，图 9-60 的上部就具有门头的性质。

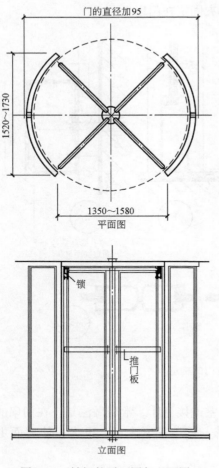

图 9-59　转门的平面图与立面图

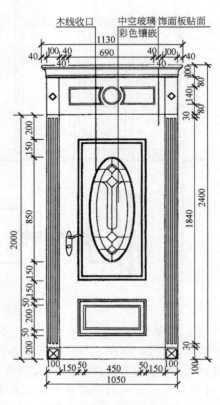

图 9-60　筒子板的外观

近年来，门的设计与制造已经逐渐专业化，即由现场制作转入工厂设计和制作。尽管如此，室内设计师仍要了解门的尺寸、构造方法和风格特点，以便合理地选择和配置。

二、窗的装修

建筑中的窗子特别是外墙上的窗子大多已在建筑设计中设计完毕，只有少数有特殊要求以及在室内设计中增加的内窗才需要重新设计和装修。

窗的式样有普通式的，也有中式的（图 9-62）和西式的（图 9-63），其构造方法与门的构造方法相似。

三、景门与景窗的装修

在提及门窗的装修时，不能不提及景门、景窗的装修。景门实际上是一个可以过人又无门扇的门洞，因洞口形状富有装饰性而被称为景门。景窗可以采光和通风，但有一个重要的作用就是供人观赏：带花饰的，本身就是一幅画；不带花饰的，也因外形美观且能成为"取景框"而能使人欣赏到它本身和它取到的景色。景窗内的花饰可以用木、砖、瓦、琉璃、扁铁等多种材料制成，图 9-64 和图 9-65 分别为景门、景窗的形式。

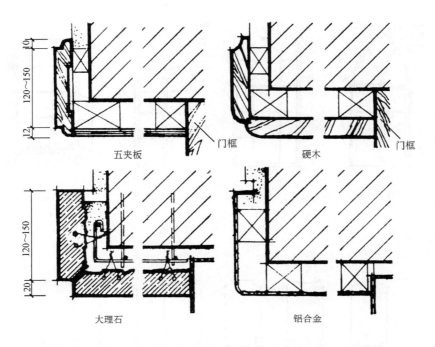

图 9-61　筒子板的构造

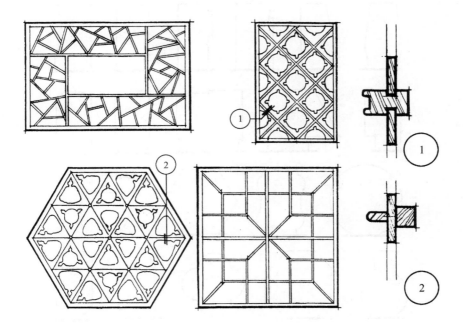

图 9-62　中式窗举例

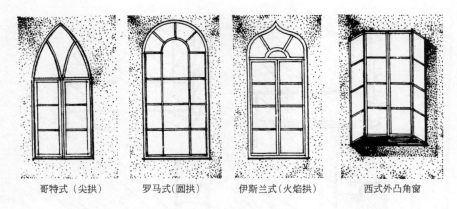

哥特式（尖拱）　　罗马式(圆拱)　　伊斯兰式（火焰拱）　　西式外凸角窗

图 9-63　西式窗举例

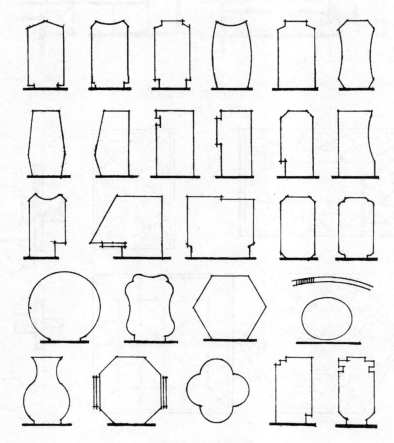

图 9-64　景门的形式

图 9-65　景窗的形式

四、楼梯的装修

在建筑设计中，楼梯的位置、形式和尺寸已经基本确定。所谓楼梯的装修主要是进一步设计装修踏步、栏杆和扶手，这种情况大多出现在重要的公共建筑和改建建筑中。

（一）踏步

踏步的面层多数是由石材、瓷（缸）砖、地毯以及玻璃和木材做成的。前三种面层大多覆盖在混凝土踏步上，后两种面层大都固定在木梁或钢梁上。玻璃踏步由一层或两层钢化玻璃构成，一般情况下，只有踏面而无踢面，可用螺栓通过玻璃上的孔眼固定到钢梁上。玻璃踏步轻盈、剔透、具有很强的感染力，如果使用双层玻璃，其间还可夹绢、夹纱，如果在楼梯的下面设置水池、绿化等景观，则更能增加楼梯的观赏性与趣味性。木踏步质地柔软，富有弹性，行走舒适，外形美观，但防火性差，只能用于通过人数很少的场所，如复式住宅中。

无论使用哪种踏步面层，都要做好防滑处理，并要保护踏面（水平面）与踢面（垂直面）形成的交角。防滑条的种类很多，常用的有陶瓷（成品）、铜、铁、橡胶等。如用玻璃踏步，须在前部进行磨砂处理。现在，有一种专门铺设踏面的瓷砖，它在前端生产时就已做出防滑槽，用起来更加简便。

（二）栏杆与扶手

通常说的楼梯栏杆乃是栏杆与栏板的通称。具体地说，由杆件和花饰构成、外观空透的称栏杆；由混凝土、木板或玻璃板等构成、外观平实的称栏板。栏杆与栏板作用相同，都是为使用楼梯者上下楼梯提供安全保证和方便。确定栏杆或栏板的形式除考虑安全要求外，还应充分考虑视觉和总体风格方面的要求，如封闭、厚重还是轻巧、剔透，古朴凝重还是简洁现代等。常常有以下两种情况：一是追求西方古典风格，使用车木柱、铁

制花饰和在欧美建筑中常见的栏板；二是
强调现代气息，使用简洁明快的玻璃栏板
或杆件较少的栏杆。

1. 木栏杆

由立柱或另加横杆组成。立柱可以是
方形断面的，也可以是各式车木的，其上
下端多以方形中榫分别与扶手和梯帮相连
接(图9-66)。

2. 金属栏杆

有两类：一类以方钢、圆钢、扁铁为
主要材料，形成立柱、横杆和花饰；另一
类是由铸铁件构成的花饰。前者，风格简

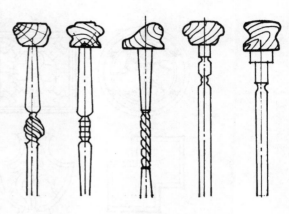

图9-66 车木栏杆举例

约；后者，更具装饰性。用作立柱的钢管直径为 10～25mm，钢筋直径为 10～18mm，方钢管
截面为 16mm×16mm 至 35mm×35mm，方钢截面约 16mm×16mm。近年来，用不锈钢、铜等
制作的栏杆渐多，其形式与用钢铁等制作的栏杆相似，图9-67 为金属栏杆的形式之一。

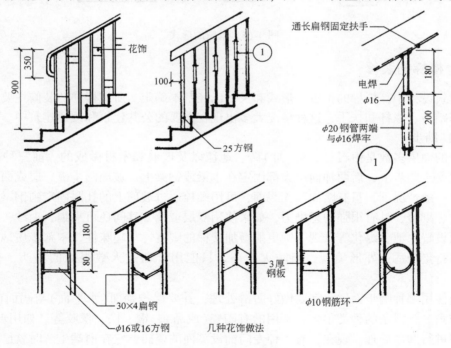

图9-67 金属栏杆的形式

3. 玻璃栏板

用于栏板的玻璃是厚度大于 10mm 的平板玻璃、钢化玻璃或夹丝玻璃。有全玻璃的，也
有与不锈钢立柱结合的，玻璃与金属件之间用螺钉和胶连接，图9-68 显示了玻璃栏板与扶
手和踏步的连接方法，图9-69 是玻璃栏板的构造图。

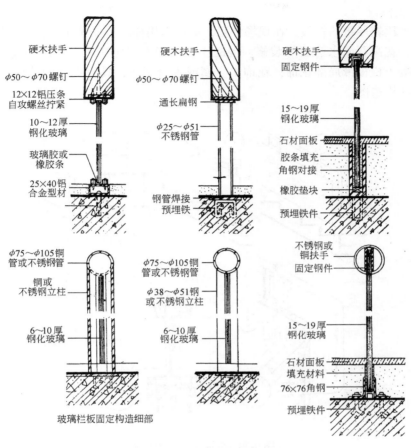

图 9-68 玻璃栏板与扶手和踏步的连接

213

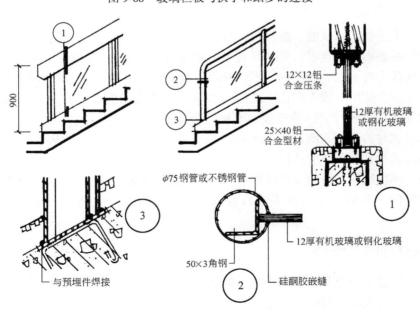

图 9-69 玻璃栏板的形式与构造

4. 混凝土栏板

这是一种比较厚重的栏板，在现场浇灌，板底与楼梯踏步浇灌在一起。栏板两侧可用瓷砖、大理石、花岗石或水磨石等装修。混凝土栏板形态稳定庄重，常用于商场、会堂等场所。有些混凝土栏板带局部花饰，花饰由金属或木材制作，具有更强的装饰性，图 9-70 为混凝土栏板的构造图。

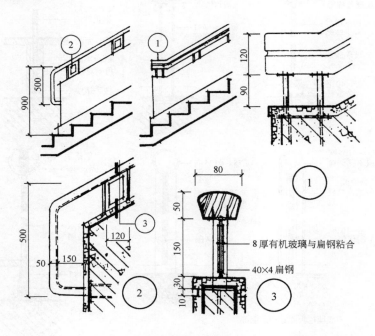

图 9-70　混凝土栏板的构造

5. 扶手

扶手是供上下行人抓扶的，故材料、断面、形状和尺寸应充分考虑使用的舒适度。与此同时，也要使断面形状、色彩、质地具有良好的形式，与栏杆（栏板）一起，构成美观耐看的部件。常用扶手有木的、橡胶的、不锈钢的、铜的、塑料的和石板的，现场水磨石扶手因施工不便已经很少使用。成人用扶手高度为 900mm，儿童用扶手高度为 500～600mm。常用扶手的种类及其与栏杆（栏板）的连接如图 9-71 所示。

当楼梯较宽时，为使靠墙行走的人也有扶手可扶，可以另设沿墙扶手，图 9-72 显示了这种扶手的形式及其与墙体的连接。

在商场、博物馆等场所的大型楼梯中，为行人使用方便，也为了创造一种特殊的艺术效果，可在扶手的下面做一个与扶手等长的灯槽，灯光向下，形成一个鲜明而又不刺眼的光带。

五、电梯厅的装修

电梯是高层建筑乃至某些多层建筑不可缺少的垂直交通工具。它与楼梯一起组成建筑物的交通枢纽，既是人流集散的必经之地，自然也是人们感受建筑风格、特色、等级、品位的一个重要场所。

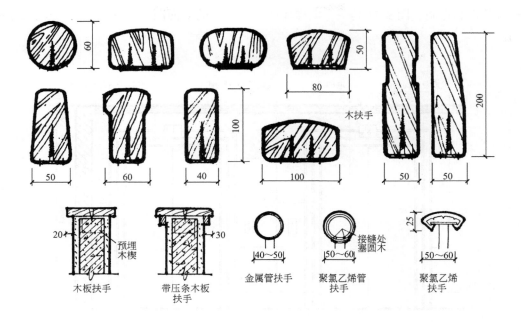

图 9-71 常用的楼梯扶手

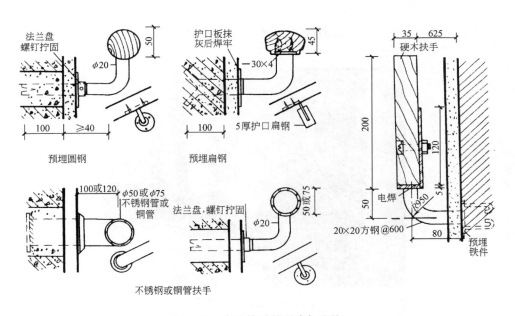

图 9-72 靠墙扶手的形式与连接

电梯厅的设计包括顶棚、地面、墙面的装修，也包括一些必要的陈设。

电梯厅的顶棚常用比较简洁的造型和灯具，有时还采用镜面玻璃顶。这是因为，电梯厅的净高大都不高，不宜采用过于复杂的造型和高大的吊灯。电梯厅的地面大都采用磨光花岗石或大理石。墙面也多用石材、不锈钢等坚固耐用、美观光洁的材料。要按照电梯样本的要求，预留好按钮和运行状况显示器的洞口。在厅的适当位置还应布置盆栽、花桌、壁饰、果皮箱等陈设和设施,图 9-73 是一个电梯厅墙面和门套的立面图,图 9-74 为一个电梯厅的实景图。

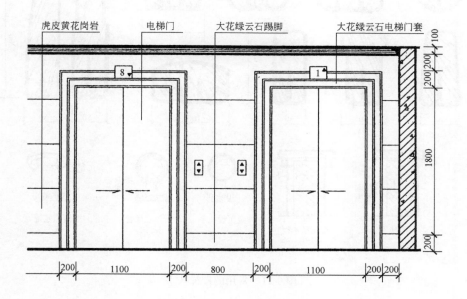

图 9-73 电梯厅墙面与门套

图 9-74 电梯厅实景图

第十章　室内环境中的自然景物

工业社会带来的负面作用主要表现在两个方面：一是让人们逐渐淡忘了历史，二是破坏了环境，让人们特别是城市中的人们远离了大自然。于是，从近几十年开始，人们便大声疾呼："回到历史当中去""回到自然当中去"。

在室内设计中，回归自然的倾向转化为两种重要的途径：一是尽量引入自然光、自然风，并通过加强内外空间的联系，将室外的自然景观导入室内；二是在室内直接配置绿化、石景、水景等自然景物，使"室内设计室外化"。

置于室内的自然景物具有改善气候条件和组织空间等实际意义，然而，更重要的是自然景物还具有与人造物大不相同的审美价值和文化价值。自然景物的审美价值，源于它的自然性，即天造地设、自然生成的特性；源于它的多样性与多变性，即姿态万千以及富于变化的特性；源于欣赏方式的丰富性，即人们可以通过多种感觉器官感知自然景物的形、色、声、味：观赏美丽的色彩及和谐的形状，聆听美妙的声音，闻到清雅或者浓郁的芳香；还源于自然景物具有象征性，即由于自然景物往往能与人及社会生活异质同构，让人们通过联想想象，形成与人和社会生活的联系。

自然景物的文化价值是它的审美价值的延展与升华，其具体表现是以愉悦人的精神为中心，上下延伸，多维拓展，让人们在身心愉悦的同时，在真善美等方面得到陶冶、浸染、优化和提升。

下面，分别介绍各主要自然景物的作用、类型及设计的原则与方法。

第一节　室　内　绿　化

一、室内绿化的作用

（一）改善小气候

室内环境是人类生活环境中的一个局部，故常把其中的气候条件称为小气候。

室内绿化具备净化空气的功能，这主要是因为它能够吸收二氧化碳，释放人类需要的氧气，有时还能吸收和分解其他有害的气体。研究表明，吊兰、黛粉叶等植物能够消除室内装修材料释放的80%以上的甲醛、氯等有害气体，这表明室内绿化净化空气的功能是非常显著的。

室内绿化可以吸声和吸热，如果有高大植物靠近门窗，或有爬藤植物依附于墙面，它们还有隔声、隔热的作用。

植物表面大多粗糙，并有细细的绒毛，因此，它们可以有效地吸附室内的灰尘，使内部空气变得更洁净。

表10-1列举了室内绿化在净化空气、"解毒"、降温方面的功能，这种新的研究成果，对室内设计师来说，很有参考的必要。

表 10-1　室内绿化"解毒"功能概要

主　要　功　能	相　关　植　物	主　要　功　能	相　关　植　物
吸收甲醛、氯、苯类化合物	吊兰、黛粉叶、喜林竽	吸附漂浮微粒和烟尘	兰花、花叶竽
夜晚释氧	芦荟、景天	明目清脑、调节情绪	薰衣草、柠檬
抑制结核、杆菌、肺炎球菌、葡萄球菌生长	玫瑰、桂花	降低室内温度	爬山虎、鸡蛋果等

湿度是室内小气候的重要条件，用绿化调节室内湿度不仅有效，而且经济。有研究表明，干燥季节，绿化较好的室内其湿度可比一般室内的湿度高出20%；而梅雨季节，由于植物具有吸湿性，其室内湿度又可比一般室内的湿度小一些。

（二）美化环境

室内绿化比一般的工艺品更有生气，更有活力，因此，尤其能使环境更显勃勃的生机。绿化是一种自然物，无论是色彩、形态，还是质地，都能与建筑实体、家具、设备等人造物构成鲜明的对比，而恰恰是这种对比，可以大大增强室内环境的表现力。

1. 色彩对比

墙面、地面大都是植物的背景，在背景的衬托下，红花、绿叶会更加鲜艳，如有阳光、灯光把植物的影子投射于墙面和地面，还会产生丰富的光影。

2. 形态对比

现代建筑的轮廓日益简洁，梁、板、柱等几乎全为平直的线条，有些空间和构件，还具有明显的雕塑感。与上述人造物相反的是，植物的形态全是自然的，它们形状各异，高低不同，疏密相间，有曲有直，不仅能消除人造物的生硬感和单调感，还能通过对比，使自然物与人造物相互补充，相得益彰。

图 10-1 是奥哈拉海亚特摄政旅馆中庭的内景，由图可知，正是从天桥和挑台上垂下来的藤蔓植物，打破了平直线条的生硬感，并通过曲线与直线的对比、参差的轮廓与整齐的轮廓间的对比，增加了大厅的表现力。

3. 质地对比

室内装修和设备，多用质地光洁细腻的材料，它们干净利落，却难免枯燥冷漠，缺少人情味。花草树木等，质地粗糙，凸凹变化明显，与光洁细腻的装修与设备相对比，必然会使光者更光，糙者更糙，让环境更加丰富和有层次。

（三）陶冶情操

室内绿化不仅能够悦目，还能赏心，即提高人们的审美水准，陶冶人们的情操，净化人们的心灵。

它可以形成某种气氛，如用苍劲的铁树使空间显得端庄，用潇洒的翠竹使空间显得清新等。

植物所以能够陶冶人的情操，主要是因为人们习惯将某些植物的生物特征与人的人格特征相联系，于是，

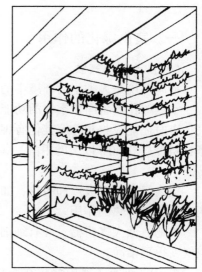

图 10-1　中庭挑台的绿化

便有了兰花的清丽、荷花的高洁、梅花的傲骨、竹子的气节、松柏的坚劲、杨柳的灵活等。郑板桥何以爱竹、种竹、画竹？有一首题竹诗可以作答："咬定青山不放松，立根原在破岩中；千磨万击还坚劲，任尔东西南北风。"可见，郑板桥是以竹拟人，用以励志的。

（四）组织空间

绿化可以参与空间组织，特别是可以构成虚拟空间，这在前面已经提到了。这里，再作一些比较详尽地阐述。

1. 沟通空间

绿化可以成为联系空间的纽带，使相连的空间相互沟通。

这种沟通有两种含意，其一是沟通内部空间与外部空间，使内部空间与外部空间之间有一个过渡。这种过渡可以理解为外部绿化向内部空间延伸，也可以理解为内部空间的室外化。其常用手法是在入口处设置玻璃自动门或旋转门等，增加入口的透明度，在门的周围使用窗台较低的玻璃窗或落地窗，并在入口附近设置盆栽或花台，在门厅设置盆花、花台和树木，使外部和内部的绿化连成一体，图 10-2 就形象地图解了这种情形。这是一个住宅的门廊，玻璃门的内外，有绿化呼应，于是，便十分自然地实现了外部空间与内部空间的转换。图 10-3 是美国旧金山银行的入口，在这里，外部空间与内部空间几乎没有什么明确的界限。

图 10-2　某住宅的入口处　　　　　　　图 10-3　旧金山银行的入口处

用绿化沟通空间的另一个含意是沟通两个或两以上的内部空间。图 10-4 所示大空间本来已被花格分成两部分，但下面的花台又把这两个被分割的空间连接了起来，这样，便使两个空间形成了"你中有我、我中有你"既分又连的空间。

2. 分隔空间

现代建筑有许多大空间，这些空间具有复杂的功能，其中的许多功能分区既要联系方便，又要相对独立，以绿化进行分隔便是达到这一要求的一个简便易行的手段。

图 10-5 是一个大厅的透视图，由图可知，其中的不同的区域是用花槽分隔的，类似的分隔物还可能是绿篱和花台等。

图 10-4　用绿化沟通内部空间的实例　　　　　　　　图 10-5　用绿化分隔空间的实例

3. 填充空间

　　室内的许多剩余空间是难以利用的，如沙发组的交角部位，楼梯、自动扶梯的底部，会议桌围成的中央区域等，这些剩余空间便常用盆花、花池等填充。采用这种做法，不仅能使总体环境更和谐，还能提高环境的趣味性和观赏性。

　　图 10-6 是用绿化填充居室剩余空间和走廊转角的例子。

图 10-6　用绿化填充空间的实例

图 10-7 是广州南园曲线楼梯之下的绿化、水景和石景。

4. 构成虚拟空间的中心

用绿化分隔空间可以把大空间划分为若干个虚拟空间。用绿化作主要景点，则可以形成一个以该景点为中心的虚拟空间。不少门厅、休息厅常常环绕花池、丛竹、乔木设置座椅和坐凳，它们构成相对独立的空间，其中心便是这些花池、丛竹、乔木等绿化栽植形成的景点（图 10-8）。

 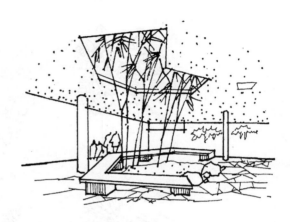

图 10-7　广州南园楼梯下的绿化与水石景　　　图 10-8　绿化构成虚拟空间中心的实例

绿化在组织空间中心的作用是多方面的，除上述几点外，它们还能起提示、引导和柔化等作用。

二、室内绿化的素材

室内绿化的主要素材有插花、花池、花槽、草坪、灌木和乔木等。

用于室内的植物有多种类别，从生长季节看，有适合不同季节的：如春季花卉植物有报春花、吊兰、君子兰、郁金香、芍药、牡丹、玫瑰、杜鹃、海棠、米兰等；夏季花卉植物有石榴、紫薇、南天竹、蜀葵及锦葵等；秋季花卉植物有银杏、金橘、佛手柑、山茶、桂花、菊花等；冬季花卉植物有蜡梅、冬青、山茶及天竺葵等；常年花卉植物有文竹、天门竹、仙人掌、雪松、罗汉松、苏铁、棕竹、万年青、绿萝及圆柏等。

从欣赏角度看，常用室内绿化有观花的、观叶的、观茎的、观果的和香花的。近年来，世界上逐渐流行原产于亚热带和热带的观叶植物和兼观茎、花、果的常绿植物，它们姿态生动、常年翠绿，相对耐阴，且容易与现代建筑的空间和陈设相配合。这类植物颇多，常见的有龟背竹、绿萝、斑纹芋、紫罗兰、鹤望兰、火鹤花、龙血树、散尾葵和棕竹等（图 10-9）。

选择室内绿化的品种，要综合考虑植物习性、空间尺度、环境性格等多种因素。

为适应室内的自然条件，应优先选能够忍受低光照、低湿度和高温度的植物。从这一角度看，观叶植物比观花植物具有更多的优越性。

要考虑空间大小，让植物与空间、家具获得良好的比例关系。

要考虑植物的色彩，使植物的色彩与环境的总体色彩相协调。在一般情况下，植物往往

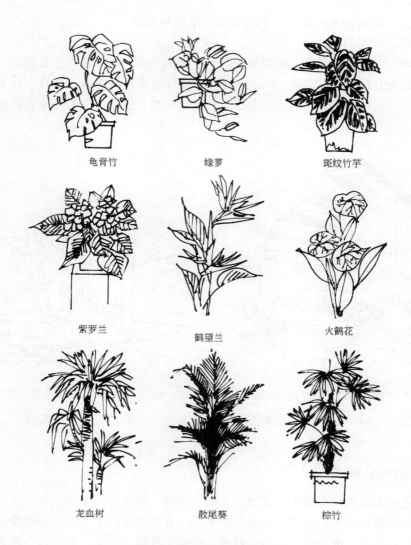

龟背竹　　　　　　　绿萝　　　　　　　斑纹竹芋

紫罗兰　　　　　　　鹤望兰　　　　　　　火鹤花

龙血树　　　　　　　散尾葵　　　　　　　棕竹

图 10-9　室内常用的观叶植物

是作为点缀而出现的，其色彩可以醒目些，让空间的色彩成为其背景。有些时候，植物面积较大，可能成为雕塑、小品的背景，其色彩则应统一和沉稳些。

要考虑空间环境的性格，让植物的大小、形态、色彩与总体要求相一致，体现出或者庄重、或者潇洒、或者幽静、或者淡泊的气氛。

在设计实践中，不乏使用"人造植物"的实例。具体做法有三种：第一种是用尼龙、塑料等材料制作草坪、盆栽、藤蔓和乔木；第二种是用混凝土塑制竹竿、树桩或树干；第三种是用不锈钢等现代材料制作比较高大的乔木。

采用"人造植物"的目的，依然是满足人们贴近自然的需求，但上述三种做法又各有各的侧重点：第一种做法的侧重点是减轻养护的工作量；第二种做法的侧重点是提高"人造植物"的坚固性，因为用混凝土制作的"竹子"和"树干"，肯定比真的竹木更耐用；第三种做法的侧重点是突出时尚感，因为不锈钢是一种现代感较强的材料，用它制作植物，必然会给人耳目一新的感觉。

应该指出的是，不论采用哪种"人造植物"，其材料必须是无毒、无味和环保的。

图 10-10 是某地铁站的柱子用混凝土包装成大树的样子，该柱子与顶部浑然一体，使人工痕迹原本极强的地铁，一下子有了自然的情调。

图 10-11 是珠海金怡酒店大堂的一角，其中有三株金属制作的棕榈树，树下为石与石米形成的枯山水。

图 10-12 是置于柱顶的人造盆栽，它与造型夸张的梭形柱一起，成了环境中一个极具装饰趣味的要素。

图 10-10　某地铁站的柱子用混凝土塑树的实例

图 10-11　酒店大堂的金属棕榈

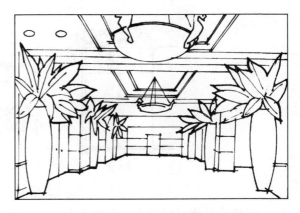

图 10-12　造型夸张的"植物柱"

三、室内绿化的配置

室内绿化可按点、线、面三种方式进行配置。

1. 点状绿化

点状绿化主要指独立或成组设置的盆栽、灌木和乔木等。它们是室内的主要景观，一般都有较强的装饰性和观赏性。

配置点状绿化的原则是突出重点，忌在周围堆砌与其高低、形态、色彩相近的器物。

用于点状绿化的植物可以放在地上，可以放到桌上、几上、案上和柜上，还可以吊在空中，形成上下呼应的局面。

点状绿化依配置方式不同又可分为孤植式、对植式、群植式、攀缘式、下垂式、悬吊式和镶嵌式(图 10-13)。

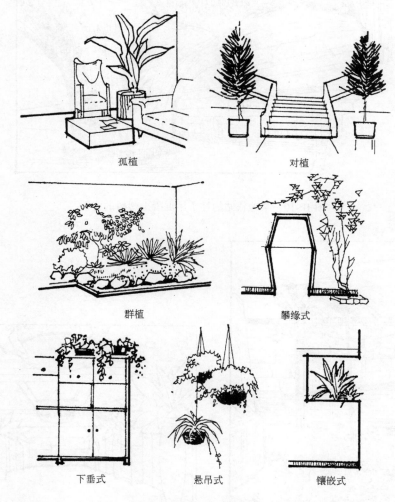

图 10-13　点状绿化的配置

孤植式绿化可以成为主要景观点，大多设置在人流的转弯点或人流环绕的中心，姿态、色彩应优美、鲜明。有些孤树或竹丛，位于墙前窗下，墙、窗为"纸"，树、竹为"画"，树、竹以墙、窗为背景，必然更具立体感。如有阳光或灯光照射，让树影、竹影洒于墙上或窗上，就会构成更加生动的"立体画"。

对植绿化常常放在通道入口、楼梯或自动扶梯的两侧，由于轴线突出，具有一定的庄重感。对植，通常都是对称的，如果不对称，也要保持基本均等的态势。

群植绿化有两种情况：一种是同一种植物成群配置，意在着重表现这种植物的色彩、形态或性格，如竹丛等。另一种是多种植物混合配置，意在表现它们的差异，体现统一之中有对比。采用第二种配置时，原则上应以一种植物为主，用其他植物做点缀，做到有主有次，错落有致。一般做法是，姿态优美、色彩鲜艳的小株在前，色彩浓绿的大株在后。

攀缘式和下垂式绿化意在增加自然情趣和动态美，当植物位于门窗洞口和柱的周围时，还有柔化建筑构件、部件的作用。

图 10-14 是总统套房的透视图，房中玻璃隔断外的绿化属于群植，是点状绿化中一个较好的实例。

2. 线状绿化

线状绿化往往采用同一种植物，如连续布置的盆栽、花槽及绿篱等，其主要作用是分隔空间或强调空间的方向性。

配置线状绿化要顾及空间组织和形式构图的要求，并以此作为依据，决定绿化的高低、长短和曲直。

图 10-14　点状绿化的实例

图 10-15 是线状绿化的实例。图 10-15a 表示的是楼梯间顶层具有护栏作用的花槽。图 10-15b 表示的是自动扶梯两侧的花槽，该花槽可供上下扶梯者观赏，还有提示空间性质的作用。

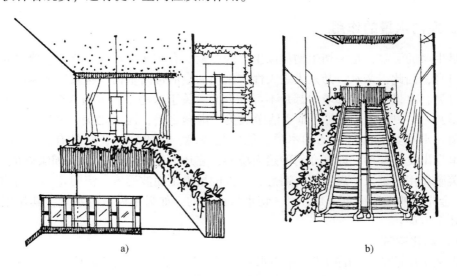

a)　　　　　　　　　　　　　　　　　　b)

图 10-15　线状绿化的实例

3. 面状绿化

面状绿化多是用作背景的，故形态和色彩应以突出前面的景物为原则。有些面状绿化，可能用来遮挡空间中有碍观瞻的部分，此时，它可能具有主景的性质，故形态和色彩应有较强的观赏性。

属于面状绿化的有面积较大的草坪，成片栽植的乔木，成片覆墙的攀缘植物以及大面积吊于天花下面的藤蔓植物等。

4. 立体绿化

室内绿化从所在的位置看共有两大类：一类是水平绿化，一类是垂直绿化。地面上的花草树木属水平绿化；沿墙面、柱子配置的绿化以及空中的绿化属垂直绿化。在设计实践中，特别是在高大的空间中，人们常常采用水平绿化与垂直绿化相结合的立体绿化，使上下绿化相互呼应，形成一个有机的整体。图 10-16 为美国底特律文艺复兴中心的大厅，由图可

图 10-16 立体绿化的实例

知，其中的立体绿化对烘托整个环境气氛起了重要的作用。

第二节 室内水景

一、室内水景的作用

水是生命的源泉，是一切生物赖以生存的要素。有水才有森林、草地、珍禽异兽，也才有人类自身，因此，亲水，乃是人之天性。人们的生活常因垂钓、听泉、观瀑而具有更多的情趣，可见，水景在内外环境中都是不可缺少的。关于水的审美价值，金学智先生在《中国园林美学》一书中归纳成四点，即"洁净之美，虚涵之美，流通之美，文字之美"。他进一步解释道：水"具有清澄纯洁的本质，能净化环境，洗雪精神；它具有虚涵透明的特性，其倒影呈现出变影变形、亦真亦幻的迷人境界；它还有活泼流动的性格和皱谷成文的外观，它总的美感作用是逗人情思，引人遐想，使人的情思也随波逐流，流向超越眼前物质空间的远方"。金先生的上述论点，是针对一切水景而言的，如果单说室内水景，其作用主要表现在以下几个方面：

（一）净化空气

即上文中所谓的"洁净美"。室内水景多种多样，但均可调节温度、湿度，使干燥、污浊的空气变得湿润清新，使酷热的环境变得凉爽宜人。

（二）供人欣赏

喷泉、水池、小溪、瀑布等水景，形态多变，性格鲜明，或静或动，都能给人留下深刻的印象。有相当多的水景，又与灯光、音响相配合，还能反射周围的人群和景物，形成具有动感的图像，给空间环境带来更加蓬勃的生机。

从组景和欣赏角度看，室内水景可以成为主景，也可以成为烘托其他景物的背景。

构成主景的水景多为瀑布与喷泉等，在空间中大都占有显著的位置，形态也具有较强的感染力。某商业中心入口的瀑布，地位显赫，有声、有色、有势，就是一个充当主景的实例（图 10-17）。

与瀑布、喷泉等相比，水池要安静得多。它们可以成为主景，也可以成为背景，用以烘托池上的亭、台、桥、岛、花、石、树木以及水面的睡莲、水草和水中的尾尾游鱼。美国亚特兰大桃树广场旅馆的水池衬托着许多"休息区"，情形就像海上漂浮着一个个小岛一般（图 10-18）。深圳某餐厅的楼梯，悬挑于池水之上，楼梯、行人和灯具都可以倒映于池水中（图 10-19），这些都是构成背景的实例。

图 10-17　充当主景的瀑布

227

图 10-18　充当背景的水池之一

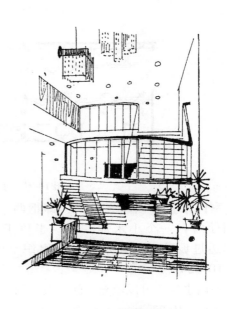

图 10-19　充当背景的水池之二

（三）引人遐想

古语说："仁者爱山，智者乐水""山使人古，水使人远"，这足以表明，水能引人遐想，陶冶人的品格、情操与情趣。

（四）组织空间

室内水景可以分隔空间，如在舞厅中，可用小溪划分舞池与舞台，用小溪划分不同的坐席等。采用这种做法，不仅能界定不同的空间范围，还能使空间具有更强的观赏性。北京大观楼电影院的一层，设有前厅和茶厅，在茶厅设计中，设计者用石景、水景将空间划分成茶座、操作间和洗手间等部分，用小桥作为其间的联系，这石景、水景、小桥既是空间分隔物，又是室内的景观点，有力地烘托了"细品香茗，静观瀑布，凝听古乐"的气氛（图10-20）。日本东京大同人寿保险公司内，有一条纵向水渠，水渠的一侧为交通部分和营业部分，另一侧为公司的办公机构和库房，水渠有效地分隔了性质不同的空间，但同时也成了环境中极具审美价值的要素（图10-21）。

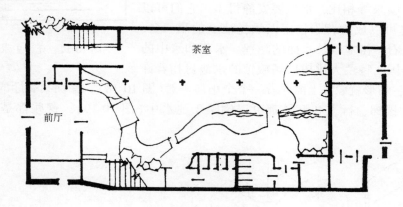

图 10-20　水景分隔空间的实例之一

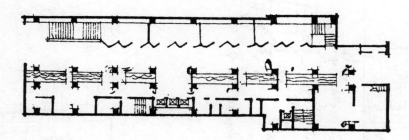

图 10-21　水景分隔空间的实例之二

室内水景可以联系空间，即把两个或更多相互独立的空间联系起来。上海尤柏饭店门厅内有一个小水池，它一半位于室内，一半位于水院，人们置身于门厅之内，可以透过玻璃窗看到水院，从组织空间角度看，该水池便起了联系内外空间的作用（图10-22）。

室内水景还可以填充空间，典型的例子就是在楼梯、自动扶梯的下面，设置绿化、石景和水景（图10-23）。

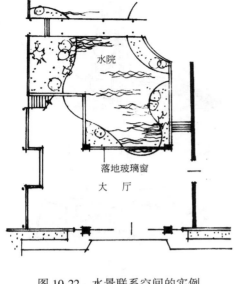

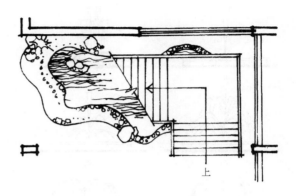

图 10-22　水景联系空间的实例　　　　　　　图 10-23　水景填充空间的实例

二、室内水景的种类

室内水景种类繁多，常用的是喷泉、壁泉、水池与瀑布。

（一）喷泉

喷泉是利用水流外射产生不同形态的水花而成的水景。其主要特点是气氛活跃，形态多变，常与水池、山石、绿化、雕塑相结合，还常用灯光装饰，并采用音控、钟控等技术。

喷泉用水为自来水，由水泵、管道、喷嘴等形成一个完整的系统。喷泉的水花是由喷嘴控制的，常用的喷嘴有单射喷嘴、转动喷嘴、喷雾喷嘴、环形喷嘴、多头喷嘴和吸力喷嘴等。

这些喷嘴或单独使用，或组合使用，能够形成不同的射流，图 10-24 是常见射流的形式。

设计喷泉要特别注意装饰性，充分考虑尺度、形状、风格以及人们的观赏范围与角度，慎重选用雕塑和小品，处理好它们与喷泉主体及整个环境的关系。图 10-25 是几种不同的喷泉，图 10-25a 是与儿童雕塑、水池结合的喷泉，图 10-25b 是一个叠流式喷泉，图 10-25c 是一个与古典雕塑结合的喷泉。

（二）壁泉

壁泉可视为喷泉之一种，因出水口设在墙壁而得名。

壁泉由墙壁、出水口、承水盘和贮水池等组成。墙壁可以是平的，也可用卵石、块石、毛石等砌筑，或用壁龛、拱券等装饰。出水口可藏在块石之中，给人以藏而不露的印象，也可用石雕、铜雕加以装饰，如西方常用狮头，中国常用龙头等。由出水口流出的泉水通常首先落至承水盘，由于承水盘可呈不同的形状，往下散落的水流也会相应地呈现出不同的形态。如果不用承水盘，泉水则直接落入水池中。

室内壁泉占用空间较小，不求气势磅礴，多求巧妙有趣，是一种静中有动的水景。

229

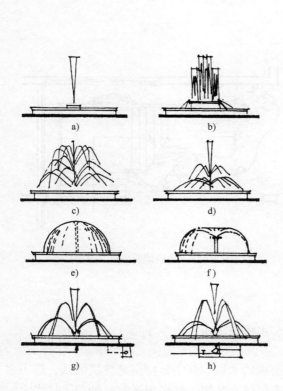

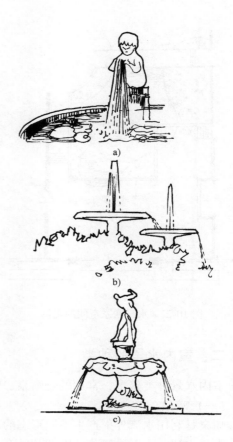

图 10-24　常见的射流　　　　　　　　图 10-25　喷泉实例

　　图 10-26 是几个壁泉的实例，图 10-26a 以拱券作装饰，没有承水盘；图 10-26b 具有古典韵味，有承水盘，承水盘水满之后，水便散落至水池；图 10-26c 的出水口设在独立的矮墙上，造型相对简练；图 10-26d 有水有石，水石兼用，更加自然有趣，从出水口流出的泉水，分段跌落，形态多变，总体构图与中国画颇有相似之处。

（三）水池

　　水池的主要特点是气氛平和，但不冷漠。它能成为背景，也能成为组景的中心。在室内设计中，常在池上架桥、筑岛，在池中放养鸳鸯、锦鲤，在池边建廊、置榭，进而形成锦鲤戏水、荷叶飘浮、影像交映的生动景象。

　　室内水池的形状有几何形的和自由形的。池之护岸应与池的形状相对应，如几何形水池可用花岗石、大理石、瓷砖砌筑池壁；自由形水池可用卵石、块石、树桩建构护岸等（图 10-27）。

（四）瀑布

　　在各种水景中，气势雄伟壮观者莫过于瀑布。

　　瀑布有挂瀑、叠瀑和帘瀑等多种。

　　在室内建瀑布，须有高大的空间，一般做法是在高处建造蓄水池，通过水泵使流水周而复始地循环。

　　与室外相比，室内空间毕竟是有限的，因此，建室内瀑布不可过分追求庞大的体量，而

图 10-26 壁泉实例

图 10-27 池岸举例

应着重表现其宛自天成的品格，即所谓在乎神而不在乎形。在手法上，切忌落水等高、等距和一束直流到底的方式，要尽可能使水流曲折、分层、分段地下落。

瀑布中的挂瀑，最具居高临下的气势。它的泄水石向外悬挑，故而能让水流具有水晶珠帘悬空而挂的雄姿。叠瀑是逐级跌落的，整齐者，如沿着台阶流淌一般；自然者，台阶大小不等，形态更加曲折蜿蜒。图 10-28 为广州白天鹅宾馆中庭的叠瀑。

帘瀑状如水帘，"花果山、水帘洞"的洞前瀑布自属帘瀑。图 10-29 为某会所内的一个

231

帘瀑，其中的水首先集至顶部的玻璃上，再如水帘一般泄至瀑底的水池。

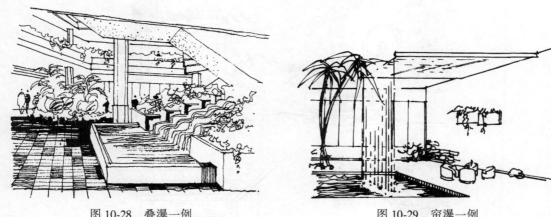

图 10-28　叠瀑一例　　　　　　　　　　图 10-29　帘瀑一例

有些瀑布沿墙下泄，其墙可用光滑的石材或玻璃装修，也可用质地较粗的块石砌筑。这种瀑布人们通常称为"流水墙"。

（五）小溪

王羲之在《兰亭集序》中写过这一段话："清流湍，映带左右，引以为流觞曲水。"说的是古代有一种习俗，即在农历三月初三，邀友相聚，曲水传杯，饮酒吟诗，以抒发雅兴。此俗今已不见，但在餐厅、咖啡厅、茶室中设置小桥流水的做法仍然屡见不鲜，这种情形与曲水流觞一样，同样是在体现人们亲近自然的心境。

室内水景形式很多，多种水景组合后，还能形成许多复杂的形式。图 10-30a 为利用落

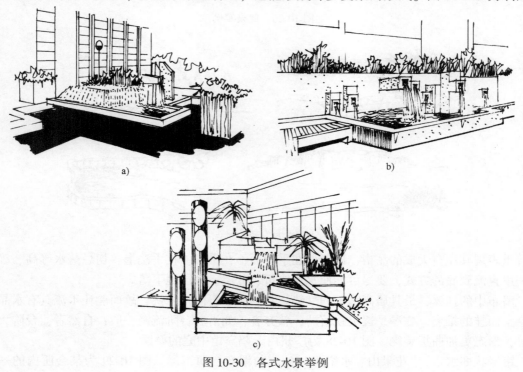

a)　　　　　　　　　　　　　　　b)

c)

图 10-30　各式水景举例

差注水的水景；图 10-30b 为泉注式水池；图 10-30c 为利用落差的双层水池。

第三节 室内石景

"水以石为面""水绿山妩媚"，水体的形态往往为山石所制约。以池为例，其形或圆或方，皆因池岸曲直而形成。以溪为例，其体或宽或窄，亦受堤岸的影响。瀑布的动势与悬崖峭壁密切相关，石壁上的泉水正因有石壁作为背景才更有情趣。因此，在室内设计中，石景设计和水景设计往往是相互结合的。

一、石的性格

石的性格来自石的形状、质地和纹理，是人们把石的特征拟人化的结果，白居易在《双石》诗中写到"回头问双石，能伴老夫否？石虽不能言，许我为三友，"就是把石视为"人"和"朋友"的。

在中国的文化历史上，文人、画家、收藏家大都爱石、写石、画石、咏石和玩石。他们对于石的形状、神态和品格有着深刻的体悟。古人说石"有盘拗秀出如灵邱鲜云者，有端俨挺立如真人官吏者，缜润削成如圭瓒者，有廉棱锐刿如剑戟者"，进而把石之性格与人的品德相联系，如用"万古不移石"（郑板桥）比喻君子之美德等。

在中国，赏石已成一种文化，在赏石者眼里石头是有灵性的，是有刚柔美丑之分的。

二、室内石景的素材

用于室内石景的石有湖石、黄石、锦川石、剑石、蜡石和英石等(图 10-31)。

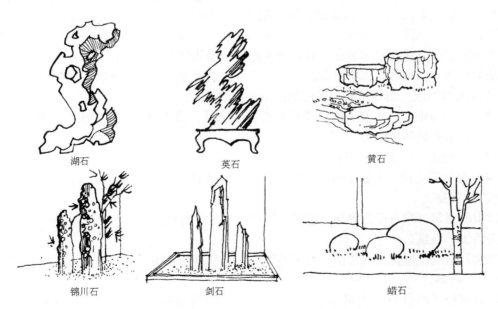

湖石　　　英石　　　黄石

锦川石　　　剑石　　　蜡石

图 10-31　室内常用景石

在中国，孔雀石、大理石、太湖石、雨花石和英石被列为五大名石。孔雀石属于宝石，

233

只用于装饰和观赏，大理石多用于建筑的内外装修，雨花石也只作观赏石。

蜡石也称黄蜡石，因表面有一层黄褐色蜡质光泽而得名。它颜色偏黄，表面光滑，触感柔和，常给人一种玉一样的温润感。由于易于雕刻，常常刻字，设在园门景点的显眼之处，用来展示景点的名称或名人的书法与篆刻。

湖石又称太湖石，质坚表润，形态各异，叩之有声，是室内用石特别是峰石之首选。

锦川石又称石笋，体态细长，表面有斑，常与绿化相配。

剑石挺拔峻峭，似剑破天，色清淡雅，可作峰石或盆景。

英石质坚有棱，结晶奇特，极有观赏价值。

古人选石有严格标准。清代文人李渔在《闲情偶寄·居室玩器部》中说："言山石之美者，俱有透、漏、瘦三字。此通于彼，彼通于此，若有道路可行，所谓透也；石上有眼，四面玲珑，所谓漏也；劈立当空，孤峙无倚，所谓瘦也。"以后的文人又在透、漏、瘦三字之后，加了一个"皱"字。金学智先生解释说：皱就是石面上的凹凸和纹理，其审美功能为"破囫囵之体，去平面之态，使立面多样，纹理丰富，层棱起伏，折襞纵横"。

上述选石标准，主要是针对湖石而言的，但也有一定的普遍意义。它集中表明，选择石材或组合石材，都要注意虚实变化，姿态千万，突出其性格。现代室内空间比古代丰富多了，用石的方法也必然会多种多样，因此，选石除须参照上述标准外，更要注意现代空间的大小和性质。

三、室内石景的种类

室内石景有假山、山洞、石壁、孤石、散石、步石和枯山水。

（一）假山

积土为山由来已久，叠石筑山，始自汉代。在室内砌筑假山，须有高大空间，空间过小，即有失真的危险。可以登临之假山，尤其要防止失真，切切不可使登临者头及天花板。

假山之美，表现在诸多方面，有拔地而起者，形如擎天支柱；有一脉相承者，似龙飞凤舞。基本原则是因地制宜，有真有假，做假成真，还要在实施中注意以下问题：

（1）山水相依，相辅相成，尽可能让山水相结合。

（2）主次分明，从整体着眼，条形的要首高尾低，或中落端起；团聚形的要数峰参差，主高从低，呈众星环拱之势。

（3）注意统一，即统一石料，统一纹理，统一色泽。

（4）要情景交融，寓情于石，"片山有致，寸山有情"，故应运用石景激发人们的联想。

（二）石壁

依山的建筑可取石壁为界面，这样做既省工本又显自然，如为游览、娱乐场所，还能体现轻松活泼的气氛。

砌筑石壁应使壁身挺直如削，壁面凸凹起伏，如顶部悬挑，就会更具悬崖峭壁的气势。

（三）石洞

以石洞构成的空间可大可小，其体量应视洞的用途和洞与相邻空间的关系来决定。洞与相邻空间应该若断若续，构成浑然一体的有机体。广州白天鹅宾馆中的盆景洞与中庭的关系，就是一个处理得相当成功的例子。如把石洞作为冷饮部、茶室或一般的休息场所，可在其中配些石桌、石凳。如果能凿壁成泉，引来一般潺潺之水，那就更有情趣了。

（四）峰石

单独设置的峰石，应选形状、纹理优美者。一般情况下，可按上大下小的原则竖立起来，以使之有动势。

选择峰石一定要严格，湖石空透，但容易失败于太琐碎；黄石浑厚，但容易失败于少变化。配置湖石要婉转多姿，但不要流露矫揉造作的痕迹；配置黄石要力求美观耐看，但不要失掉质朴的性格。

当同时采用几块峰石垒砌时，应保持上大下小的态势，要富有动感，而不失平衡和稳定，要浑然一体，不露人工垒砌的缝隙。

形态奇特的峰石可以像雕塑那样放置在基座上，可与水体、绿化相结合。

图 10-32 为特置峰石的基本形式。其中的图 10-32a 为剑立式，图 10-32b 为斧立式，图 10-32c 为垒立式，图 10-32d 为悬挑式，图 10-32e 为斜立式。

图 10-33 为多块组合的峰石。

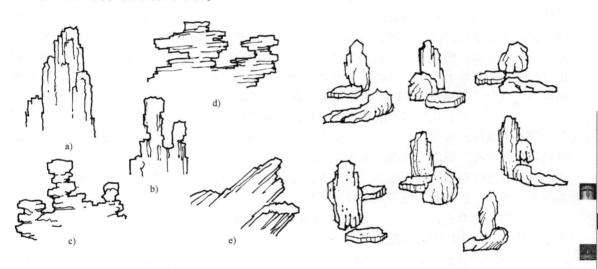

图 10-32 特置峰石   图 10-33 组合峰石

（五）散石

大小不等零散布置的散石，经过精心设计，巧妙布置，很能增加内部环境的气氛。散石的配置方式相当多，有的临岸探水，有的浸水半露，有的嵌入土内，有的立于草坪，只要用之得当，都能显出万千姿态、各异的情趣（图 10-34）。配置散石没有定数，以下两点应予注意：

1. 力求使观赏价值与实用价值相结合

清代李渔在《一家言居室器玩

图 10-34 散石举例

235

部》中写到："贫士之家，有好石之心而无其力者，不必定作假山，一卷特立，安置有情，时时坐卧其旁，即可慰泉石膏肓之癖。若谓如拳之石，亦需钱买，则此物亦能效用于人，岂徒为瞻而设。使其平而可坐，则与椅榻同功，使其斜而可倚，则与栏杆并力，使其肩背稍平，可置香炉茗具，则又可代几案，花前月下，有此待人，又不妨于露处，则省他物运动之劳，使得久而不坏，名虽石也，而实则器矣。"李渔这段话相当精辟，他道出了配置散石的一个重要原则，只有依此，才能使散石的配置自然有趣，可赏可用，不显造作。在现代室内设计中，有许多配置散石的例子是相当成功的：人们倚石可以观鱼，坐石可以小息，扶石可以留影，其中的情调在很大程度上都来源于实用价值与观赏价值的统一。

2. 力求符合形式美的基本原则

配置散石要于统一之中求变化，在对比之中求和谐。散石之间、散石与周围环境之间，要有整体感，即从整体上取得平衡统一的效果。从这一点上讲，粗纹的要与粗纹的相结合，细纹的要与细纹的相搭配，色彩相近的最好成一组。但是，过分强调统一时，会给人以平淡乏味的感觉，因此，从局部看，又须富于变化，使散石之间在大小、高低、方圆、钝锐、粗细等方面表现出对比性。多数散石相组合，切忌高低平齐、大小相似、距离均等，而要主次分明、有分有聚，使散石在大同小异之中显现出自身的表现力。散石与环境之间也要讲对比，在平坦的草坪上配置一两块散石可能很耐看，在色彩单纯的背景前，配置几块色彩鲜艳的散石，也会显得很突出。团形灌木丛旁，配以笔直的石笋，石笋会显得格外挺拔、有力；葱郁的丛竹下，配上几块圆形的散石，散石就会显得更朴实。

当成组或连续布置散石时，要讲韵律感，即通过连续不断地、有规律地使用大小不同、色彩各异的散石，形成一种起伏变化的秩序。

成组或连续布置的散石还要有恰当的态势，即该静者静，该动者动，动势的强弱要按环境的要求考虑。散石的动势主要来自以下几方面：

（1）散石形状的运动感，如椭圆形或长方形的石块，沿长轴方向有运动感；一头大一头小的块石，小头代表前进的方向。

（2）倾斜放置的块石，由于偏离了垂直线和水平线，也能给人以运动感，偏离的程度越大，形成的动感就越强。

（3）连续布置的散石，不管按直线或是曲线排列，都能显出一定的方向性，如能恰当地运用纹理、大小，精心设计排列的顺序，其方向性就会更明确。一般地说，大小两石块组合时，大石块具有领头行走的气势；数块石头组合时，则可能给人以后石追赶前石的感觉。

（六）步石

步石是供人行走的。用作步石的块石或石板按常人步距铺设，人们行一步踏一块，故称步石。

用作步石的材料可以是天然石材，包括块石和石板，也可以用混凝土块代替。其形有方、有圆，也有不甚规则的。

步石常铺在草坪之上。在室内，也可铺在人造草坪上。步石形成的路径是一种粗放、质朴的路径。其本意是保护草坪，但同时也可创造出山道弯弯、石板片片、探幽寻胜的诗意。

236

在室内，还可将步石布置在水池中，人们踏石行进，可以登临小岛，可以到达彼岸，此时的步石便起了小桥的作用。这种步石，又称汀步或蹬步，在日本又称泽飞。其高度不宜超过水面过多，这样，人们才能品味到蜻蜓点水的乐趣。

步石可以是单排的或双排的，可以是直线的或折线的。有的步石按自由曲线铺设，此时，便更显灵活自然而有动势（图10-35）。

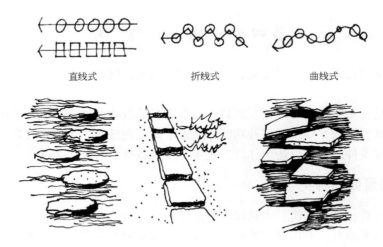

直线式　　　　　　折线式　　　　　　曲线式

图 10-35　步石举例

（七）枯山水

以石代山，以沙代水，用齿耙将沙子耙出纹理，代表波浪，以这种手法构成的景观，称为枯山水（图10-36）。图10-37是室内环境中应用枯山水的实例。

图 10-36　枯山水举例

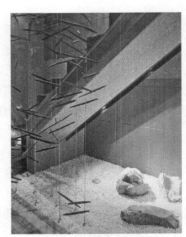

图 10-37　枯山水实景图

枯山水盛行于日本，特别是日本的寺庙园林。但近年来，对我国的园林设计和室内设计已有明显的影响。日本之所以流行枯山水，与日本的地理文化背景具有密切的关系。

日本是个国土面积较小的岛国，枯山水在某种意义上就是在表现海洋与岛屿。

日本人的审美意识与西方人不同，他们讲究心领、神会，讲究"意得"，枯山水就恰恰适合用这种意趣来品评。

日本的传统文化艺术中，隐含着不少现代艺术的特征，特别是抽象、隐喻的特征。枯山水崇尚抽象、隐喻，把用齿耙梳理出来的白沙纹看成大海，把几块简练的石头看成岛屿或山，充分体现了禅言"一即多，多即一"的审美境界。

枯山水在艺术处理上还体现出一种简洁美，这与日本一贯崇尚精美、重视细部、注重工艺性和逻辑性的意识是一脉相通的。

第四节 室内景园

绿化、水景与石景可以分别使用，也可以综合使用；既可以用于个别空间，也可组成一个较大的景园。

室内景园是一个集中展现绿化、水景、石景等自然景物的地方，大一些的景园又是一个具有休闲、餐饮、购物、娱乐等多种功能的共享空间。在这里，人们不仅可以坐享自然景观而不受外界气候条件的影响，还能休息、餐饮、观看歌舞、时装等表演。

一、室内景园的种类

从景观内容看，有植物园、水景园和石景园。

从内外空间关系看，有借景式景园和内外穿插式景园。前者之景，主要为室外之景；后者之景，是内外兼有，相互融合。

从与地面关系看，有位于底层的景园，即常说的落地式景园，还有底面为屋盖或楼板的空中花园。前者，便于栽植大型乔木、灌木，也便于组织给水排水。后者，能使位于楼层的人们贴近自然景物，但难于种植高大乔木，必须种植高大乔木时，则要采用新的技术，花费较多的资金。

从景园在整个建筑中的位置看，有专为某厅、某室服务的景园，有位于建筑中央、为周围众多厅室服务的中心景园。后者，面积较大，有的通高几层或十几层，上部还可用玻璃顶采光，基本上可供整个建筑中的人们享用，从空间性质上说，是一个地道的共享空间。中国传统建筑的群体，常常表现为所谓的"四合院"或"三合院"，并将中空的部分称之为院落或庭院，因此，上述中心式景园也叫中心式庭园。

二、室内景园的设计

设计室内景园，要继承、借鉴和发展已有的造园理论和经验，特别是我国的造园理论和经验。但室内景园毕竟与室外园林有别，因此，在应用一般理论和经验的同时，还要着重研究室内景园的特点，特别是要处理好与周边环境的关系。

首先，室内景园面积不会很大，故应因地制宜，适当控制造园的内容。在一般情况下，可以绿化为主，少用大体量的假山等石景。

其次，要讲究意境。意境存在于物我之间，内涵深刻的景物能使人迷恋，使人陶醉，使人忘我。室内景园要与建筑空间的总体性格相一致，从造园的角度表达设计意图，让欣赏者触景生情，领悟其中的奥妙。

再次，要善于选材，善于剪裁，善于加工。中国造园最讲"虽由人作，宛自天开"。这里的"人作"，指的是设计、加工；这里的"天开"，指的是朴实、自然。"人作"而似

238

"天开"，需要设计者对自然景物有敏锐的洞察力，同时又要设计者精心提炼而不是盲目照搬。

最后，要注意在室内进行维修养护的特殊要求，维护良好的生态环境。要减少能源消耗，有条件时，应尽可能使用天然采光。

总之，设计当代室内景园，一定要因地制宜，就地取材，把继承与创新结合起来，把自然景物与各种休闲、娱乐设施结合起来，把自然物的生态要求和人的心理需求、行为要求结合起来。

图 10-38 是一个室内的小景园。

图 10-39 是深圳国贸大厦的中庭。

图 10-40 是北京香山饭店的四季厅。

图 10-38　室内小景园

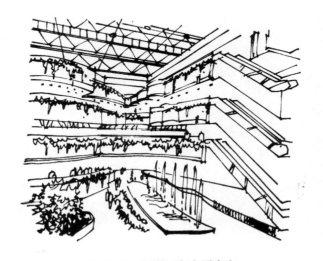

图 10-39　深圳国贸大厦中庭

图 10-40　北京香山饭店的四季厅

第十一章　室内环境的色彩

在室内设计中，色彩占有重要地位。某房间富丽堂皇、花哨艳丽，某房间简洁淳朴、淡雅清新，不但与家具、陈设的多少和款式等有关，更与墙面、地面、顶棚的色彩以及家具、陈设、织物、灯光的色彩有关。这是因为室内设计所涉及的空间、家具、设备、照明、灯具等各个方面，最终都要以形态和色彩为人们所感知。形态与色彩不可分，空间、家具和设备的形态再好，如无好的色彩来表现，终难给人以美感。反过来说，空间形式、家具和设备的某些缺欠，却可以通过色彩处理，在不同程度上加以弥补和遮掩。

人们重视室内色彩、追求色彩美绝不是偶然的，因为在自然美中，色彩美是一个极其重要的方面。人们所以乐于欣赏日出、朝霞、草地、牛羊、苍松、枫叶、碧海、白帆等，在很大程度上就是由于这些风光景物表现了色彩美。

人们早就认识到，室内色彩能够影响人们的情绪，如使人欢快兴奋或淡漠安静。中世纪的哥特式教堂，就常常利用丰富多变的色彩，制造圣洁神秘的气氛。色彩也是一种最实际的装饰因素，同样的家具、陈设和织物，施以不同色彩，就能产生不同的装饰效果。色彩可以使墙壁、地面、顶棚等，表现得"突出"或"隐没"，也可以使其成为装饰的重点或其他器物的背景。必须指出的是，新的研究表明，在室内设计中，色彩的作用远远不止这些，它还具有实际价值、物理作用、生理作用和心理作用。因此，对室内色彩的研究必须逐步地从定性研究向定性、定量相结合的研究过渡，从一般的主观评价向主观评价与科学检测相结合的方向过渡，使室内色彩设计建立在更加科学的基础上。

241

第一节　色彩基本知识

一、色彩的来源

色彩是光作用于人的视觉神经所引起的一种感觉。物体的颜色只有在光线的照射下才能为人们所识别。把苹果、香蕉放到暗室中，人们根本弄不清它们是红的还是青的，这就充分表明，有光才有色，无光也就无色了。光线照射到物体上，可以分解为三部分：一部分被吸收，一部分被反射，还有一部分可以透射到物体的另一侧。不同的物体有不同的质地，光线照射到物体之后分解的情况也不同，正因为这样，世间万物才有了千变万化的颜色。

光的来源相当多，总体来说不外两大类：一类是天然光，另一类是人造光。现代色彩科学以太阳作为标准发光体，并以此为基础解释光色等现象。太阳发出的白光由多种光色所组成。英国科学家牛顿，曾把经过三棱镜分解后形成的光带划分为红、橙、黄、绿、青、蓝、紫七种色。后来，法国化学家祥夫鲁尔和斐尔德认为蓝色不过是青紫之间的一种色，光带的色彩应划为红、橙、黄、绿、青、紫六种色。他们的这一见解被色彩学界所接受，因此，今天的色彩学都以这六种色作为标准色（彩图 11-1）。

太阳发出的白光照射到物体上，被反射的光色就成了物体的颜色。如红布吸收了橙、黄、绿、青、紫色，反射出红色，因而使我们得以辨认为红色；树叶吸收了红、橙、黄、青、紫色，反射出绿色，因而使我们得以辨认为绿色；白色物体因反射出大部分光色而呈白色；黑色物体因吸收了大部光色而呈黑色；灰色物体则对每种光色都部分吸收和反射而呈现出明暗不等的灰色。上面所说的黑色与白色都是相对的，因为，在自然界中并无纯黑与纯白的物体，也就是说，并无完全吸收或反射所有光色的物体。同理，物体对光色的吸收和反射也是相对的，事实上，它们除大部分吸收或反射某种光色外，又往往少部分吸收或反射其他光色。正因为如此，世间万物才能丰富多彩，以至达到令人眼花缭乱的程度。

应该说明，虽然物体的颜色要依靠光线来显示，但光色与物色并不是一回事。光色的原色为红、绿、青色，混合之后近于白色(彩图 11-2)；物色的原色为红、黄、青色，混合之后近于黑色(彩图 11-3)。

二、色彩三要素

我们常从色相、明度、彩度三方面研究色彩的视效果，并把它们作为分别和比较各种色彩的标准和尺度。色相、明度和彩度即所谓的色彩三要素。

(一) 色相

色相即色别，也就是不同色彩的面目，它反映不同色彩各自具有的品格，并以此区别各种色彩。我们平常所说的红、橙、黄、绿、青、紫等色彩名称，就是色相的标志。

世间万物，色彩缤纷，但人们的肉眼所能识别的色相是很少的。作为一个室内设计人员，应努力提高自己的辨色力，要善于从大致相似的色彩中，发现其间的差别，如红色在朱红(红偏黄)、大红(红偏橙)、曙红(红偏紫)、深红(红偏青)之间的差别。

十二色环包括六个标准色以及介于这六个标准色之间的中间色，即红、橙、黄、绿、青、紫以及红橙、橙黄、黄绿、青绿、青紫和红紫十二种颜色，这十二种颜色就是常说的十二色相(彩图 11-4)。这十二色相以及由它们调和变化出来的大量色相称为有彩色；黑、白为色彩中的极色，加上介于黑白之间的中灰色，统称无彩色；金、银色光泽耀眼，称为光泽色。

(二) 明度

明度即色彩的明暗程度。它的具体含意有两点：一是不同色相的明暗程度是不同的。光谱中的各种色彩，以黄色的明度为最高。由黄色向两端发展，明度逐渐减弱，以紫色的明度为最低。二是同一色相的色彩，由于受光强弱不一样，明度也不同，如同为绿色，就有明绿、正绿、暗绿等区别。同为红色，则有浅红、淡红、暗红、灰红等层次。

以无彩色系为标准，可把色彩的明度分为九级，见表 11-1。

表 11-1　色彩的明度

1	2	3	4	5	6	7	8	9
白	最明	明	次明	中	次暗	暗	低暗	黑
	黄	橙黄、绿黄	青绿	青绿、橙红	青、红、紫	青紫	紫	

(三) 彩度

彩度又称纯度或饱和度，系指颜色的纯粹程度。当色素含量达到饱和程度时，该色彩的特性才能充分地被显示。

标准色彩度最高，因为它既不掺白也未掺黑。在标准色中加白色，彩度降低而明度提高；在标准色中加黑色，彩度降低，明度也降低，彩图 11-5 显示了彩度的变化。

在日常生活中，人们常说某色鲜艳夺目，其实就是它的彩度高；说某色混浊不清，就是它的彩度低。

三、原色、间色与复色

从色彩调配的角度，可把色彩分为原色、间色和复色。

（一）原色

物体的颜色是多种多样的，除极少数颜色外，大多数颜色都能用红、黄、青三种色彩调配出来。但是，这三种色却不能用其他颜色来调配，因此，人们就把红、黄、青三种色称为原色或第一次色。

（二）间色

由两种原色调配而成的颜色称为间色或第二次色，共三种，即：橙＝红＋黄；绿＝黄＋青；紫＝红＋青。

（三）复色

由两种间色调配而成的颜色称为复色或第三次色，主要复色也有三种，即：橙绿＝橙＋绿；橙紫＝橙＋紫；紫绿＝紫＋绿。

每一种复色中都同时含有红、黄、青三种原色，因此，复色也可以理解为是由一种原色和不包含这种原色的间色调成的。不断改变三原色在复色中所占的比例数，可以调出为数众多的复色。与间色和原色相比较，复色含有灰色的因素，所以较混浊。

243

（四）补色

一种原色与另外两种原色调成的间色互称补色或对比色，如：红与绿（黄＋青）；黄与紫（红＋青）；青与橙（红＋黄）。

从十二色相的色环看，处于相对位置和基本相对位置的色彩都有一定的对比性，以红色为例，它不仅与处在它对面的绿色互为补色，具有明显的对比性，还与绿色两侧的黄绿和青绿构成某种补色关系，表现出一定的一暖一冷、一暗一明的对比性。补色并列，相互排斥，对比强烈，能够取得活泼、跳跃等效果。

第二节　室内色彩的作用

色彩通过视觉器官为人们感知后，可以产生多种作用和效果，研究和运用这些作用和效果，有助于室内色彩设计的科学化。

一、色彩的物理作用

具有颜色的物体总是处于一定的环境中。物体的颜色与周围环境的颜色相混杂，可能相互协调、排斥、混合或反射，这就必然影响人们的视觉效果，使物体的大小、形状等在主观感觉中发生这样那样的变化。这种主观感觉的变化，能够用物理单位来表示，故称之为色彩的物理作用。

（一）温度感

人们看到太阳和火，会自然地产生一种温暖感，久而久之，一看到红色、橙色和黄色，也就相应地产生了温暖感。海水和月亮常常给人以凉爽感，于是，人们看青和青绿之类的颜色，也会相应地产生凉爽感。由此可见，色彩的温度感不过是人们的习惯反应，是人们在长期实践中积累的经验。

人们把红、橙之类的颜色叫暖色，把青类的颜色叫冷色。从十二色相所组成的色环看，红紫到黄绿属暖色，以橙为最暖；青绿到青属冷色，以青为最冷；紫色是由属于暖色的红色与属于冷色的青色合成的，绿色是由属于暖色的黄色与属于冷色的青色合成的，所以紫和绿称为温色；黑、白、灰和金、银等色，既不是暖色，也不是冷色，称为中性色。

色彩的温度感不是绝对的，而是相对的。拿无彩色和有彩色来说，有彩色比无彩色暖。从无彩色本身看，黑色比白色暖。从有彩色本身看，同一色彩含红、橙、黄色等成分偏多时偏暖，含青色的成分偏多时偏冷。因此，绝对地说某种色彩（如紫、绿色等）是暖色或冷色，往往是不准确和不妥当的。

色彩的温度感与明度有关系。含白色的明色具有凉爽感，含黑色的暗色具有温暖感。

温度感还与彩度有关系，在暖色中，彩度越高越具温暖感；在冷色中，彩度越高越具凉爽感。

色彩的温度感还涉及物体表面的光滑程度。一般地说，表面光滑时色彩显得冷，表面粗糙时，色彩就显得暖。

在室内设计中，正确运用色彩的温度作用，可以制造特定的气氛，用以弥补不良朝向造成的缺陷。据测试，色彩的冷暖差别，主观感觉可差 3~4℃。

（二）重量感

色彩的重量感主要取决于明度。明度高者显得轻，明度低者显得重。从这个意义上，有人又把色彩分为轻色与重色。

正确运用色彩的重量感，可使色彩关系平衡和稳定，例如，在室内采用上轻下重的色彩配置，就容易收到平衡、稳定的效果。

（三）体量感

从体量感的角度看，可以把色彩分为膨胀色和收缩色。由于物体具有某种颜色，使人看上去增加了体量，该颜色便称为膨胀色；反之，缩小了物体的体量，该颜色则属收缩色。

色彩的体量感主要取决于明度。明度越高，膨胀感越强；明度越低，收缩感越强。

色彩的体量感还与色相有关系。一般地说，暖色具有膨胀感，冷色则具有收缩感。

实验表明，色彩膨胀的范围大约为实际面积的4%左右。在室内色彩设计中，可以利用色彩的这一性质，来改善空间效果，如当墙面过大时，适当采用收缩色，以减弱空间的空旷感；当墙面过小时，采用膨胀色，以减弱空间的局促感。

（四）距离感

色彩可以分为前进色和后退色，或称为近感色和远感色。

所谓前进色，就是能使物体与人的距离看上去缩短的颜色；所谓后退色，就是能使物体与人的距离看上去增加的颜色。

色彩的距离感与色相有关系。实验表明，主要色彩由前进到后退的排列次序是：红>黄、橙>紫>绿>青。因此，可以把红、橙、黄等颜色列为前进色，把青、绿、紫等颜色列为后退色。

　　实验还表明，当人眼到物体表面的距离为 1m 时，前进量最大的红色表面可以"前进"45mm，后退量最大的青色表面可以"后退"20mm。这就是说，在实际距离为 1m 时，由于色彩的作用可使物体表面在 65mm 的范围内"前进"或"后退"。

　　色彩的距离感还与明度有关系。一般地说，高明度的颜色具有前进感，低明度的颜色具有后退感。因为，在日常生活中，人们总是觉得朝光的表面向前凸，而背光的表面向后退。

　　利用色彩的距离感改善空间某些部分的形态和比例，效果很显著，是室内设计人员经常采用的手段。

二、色彩的心理作用

　　色彩的心理作用表现在两个方面：一是它的悦目性，二是它的情感性。

　　所谓悦目性，就是它可以给人以美感。所谓情感性，就是它能影响人的情绪，引起联想，乃至具有象征的作用。

　　不同的年龄、性别、民族、职业的人，对于色彩的好恶是不同的。在不同的时期内，人们喜欢色彩的基本倾向也是不同的。以家具为例，忽而流行深颜色，忽而流行浅颜色，就是一个很好的例证。这也表明，室内设计工作者既要了解不同的人对于色彩的好恶，又要注意色彩流行的总趋势。

　　色彩的情感性主要表现为它能给人以联想，即能够使人联想起过去的经验和知识。由于人的年龄、性别、文化程度、社会经历、美学修养不同，色彩引起的联想也不同：白色可以使小男孩联想到白雪和白纸，小女孩则容易联想起白雪和小白兔。

　　色彩给人的联想可以是具体的，也可以是抽象的。所谓抽象的，就是联想起某些事物的品格和属性。

　　红色：是血的颜色，最富刺激性，很容易使人想到热情、热烈、美丽、吉祥、活跃和忠诚，也可以使人想到危险和浮躁。

　　橙色：是丰收之色，明朗、甜美、温情又活跃，可以使人想到成熟和丰美，但也可以引发烦躁的情绪。

　　黄色：古代帝王的服饰和宫殿常用黄色，能够给人以高贵、娇媚的印象，还可以使人感到光明和喜悦。

　　绿色：是森林的主调，富有生机，可以使人想到新生、青春、健康和永恒，也是公平、安详、宁静、智慧、谦逊的象征。

　　蓝色：最易使人联想到碧蓝的大海。抽象之后，则能使人想到深沉、远大、悠久、纯洁、理智和理想。蓝色是一种极其冷静的颜色。但从消极的方面看，也容易激起阴郁、贫寒、冷淡等感情。

　　紫色：欧洲古代的王者喜欢用紫色，中国古代的将相也常常穿戴紫色的服饰，因此，紫色既可使人想到高贵、古朴和庄重，也可使人想到阴暗、污秽和险恶。

　　白色：能使人想到清洁、纯真、光明、神圣、和平等，也可使人想到哀怜和冷酷。

　　灰色：具有朴实感，但更多的是使人想到平凡、空虚、沉默、阴冷、忧郁和绝望。

　　黑色：可以使人感到坚实、含蓄、庄严、肃穆，也可以使人联想起黑暗与罪恶。

　　色彩的联想作用还受历史、地理、民族、宗教、风俗习惯等多种因素的影响，有些民族以特定的色彩象征特定的内容。使色彩的情感性又进一步发展为象征性。在我国古代，黄色被视为皇帝的专用色。在印度，黄色也是壮丽辉煌的象征。在古罗马，黄色同样用于帝王。在日本，黄色则被视为安全色，被广泛用于生产设备、交通设施乃至儿童的书包和帽子上。然而，在西方的基督教国家中，黄色一直被视为低级色，以致人们把庸俗下流的新闻称为"黄色新闻"。从建筑的内外装修装饰看，朝鲜族常用白色，在他们看来，白色最能反映美好的心灵；藏族视黑色为高尚色，以致常用黑色涂刷门窗的边框。上述种种情况清楚地表明：室内设计师在运用色彩时，不仅要考虑色彩的一般心理作用，还要熟悉尊重不同民族在用色方面的特殊习惯和传统。

三、色彩的生理作用

　　色彩的生理作用首先在于对视觉本身的影响。

　　人从暗处走到明处，要过上半分钟或一分钟，才能看清楚明处的东西，反之，从明处到暗处，也要过上半分钟或一分钟，才能看清暗处的东西，这种现象称为视觉的适应性。在上述过程中，则分别称为视觉的明适应和暗适应。视觉器官对于颜色也有一个适应的问题。由于颜色的刺激而引起的视觉变化，被称为色适应。

　　可以做个小实验：在大红纸上写黑字，拿到阳光底下看，时间稍久，黑字就会变成绿字。何以如此？道理就在于大红纸在强烈的阳光下十分耀眼，致使视网膜上的红色感受器始终处于高度兴奋的状态，当视觉转向黑字时，红色感受器已经疲劳，处于休息和抑制状态的绿色感受器却开始活动，以致把黑色看成为绿色。

　　色适应的原理经常被运用到室内色彩设计中，一般的做法是，把器物色彩的补色作背景，以消除视觉干扰，减少视觉疲劳，使视觉器官从背景色中得到平衡和休息。例如，外科医生在手术过程中要长时间地注视鲜红的血液，如果采用白色的墙面，就会呈现出血液的补色——深绿色。如果主动采用淡绿、淡青色的墙面，当医生在手术过程中抬头注视墙面时，就能使视觉器官获得休息的机会，从而提高手术的效率和质量。同理，在商店、车间设计中，都应注意使商品、工件的颜色与背景色成为某种对比色。

　　不了解色彩的生理作用，只凭主观爱好进行色彩设计，往往是要失败的。例如，鲜肉店的墙面如果采用淡绿、淡青等颜色，可以使鲜肉显得更新鲜，反之，如果采用橙色墙面，就会诱导出橙色的补色——青色，带给人以鲜肉腐烂变质的感觉。

　　色彩的生理作用还表现为对人的脉搏、心率、血压等具有明显的影响。近年来，不少国家的科学家对色彩与健康的关系进行了认真的研究。他们认为，正确地运用色彩将有益于健康，反之，将有损于健康，甚至作出了"色彩可以治病"的结论。下面，介绍一些见解，供大家参考。

　　红色：能刺激和兴奋神经系统，加速血液循环，增加肾上腺素的分泌。研究表明，在所有色彩中，红色最能加速脉搏的跳动。接触红色过多，会感到身心受压，出现焦虑感，长时间地接触红色，还会使人疲劳，甚至出现筋疲力尽的感觉。因此，起居室、卧室、会议室等不应过多地用红色。

　　橙色：能产生活力，诱人食欲，有助于钙吸收，因此，可用于餐厅等场所。但彩度不宜过高，否则，很可能使人过于兴奋，诱发醉酒等现象。

黄色：可刺激神经系统和消化系统，有助于提高逻辑思维的能力，对情绪压抑者和悲观失望者有好处。但是，大量使用金黄色容易出现不稳定感，甚至引发行为上的任意性，因此，不宜过多地用于办公室或其他公共性场所。

绿色：有助于消化和镇静，能促进身体平衡，对好动者和身心受压抑者极有益处。自然的绿色对于克服晕厥、降低眼压、缓解疲劳和消极情绪也有一定的作用。但长期生活于绿色环境中，容易感到冷清，并可能影响胃液的分泌，使食欲减退。

蓝色：能缓解紧张情绪，缓解头痛、发烧、晕厥、失眠等症状。有助于调整体内平衡，制造使人感到幽雅、宁静的气氛。可用于办公室、教室和治疗室。

橙蓝色：有助于肌肉松弛，减少出血，还可减轻身体对于病痛的敏感性。

紫色：对运动神经、淋巴系统和心脏系统有抑制作用。可以维持体内的钾平衡，具有安全感。用于产房中，可使产妇更镇静。

白色：对易怒之人有调节作用，有助于保持血压的正常。但不宜让患孤独症者和精神忧郁症者长时间生活在白色的环境中。

黑色：具有清热、镇静、安定的作用。是一种极为随和的颜色，对人的健康没有消极的影响。

四、色彩的标志作用

色彩的标志作用主要体现在以下几个方面：一是安全标志，二是管道识别，三是空间导向，四是空间识别。

为防止灾害和建立急救体制而使用的安全标志，在国际上尚无统一的规定，但各国都有一些习惯的办法。以日本为例，他们把这些标志分为九类，即防火标志、禁止标志、危险标志、注意标志、救护标志、小心标志、放射标志、方向标志和指导标志。用来表示这些标志的颜色是：

红色：表示防火、停止、禁止和高度危险。

黄红色：表示危险和航海、航空的安全措施。

黄色：表示注意。

蓝色：表示属于轻度危险的注意。

红紫色：表示存在放射性。

白色：表示通路和整顿。

黑色：用于表示方向的箭头、注意的条纹和说明危险的文字。

用不同的色彩来表示安全标志，对建立正常的工作秩序和生产秩序，保证生命财产的安全，提高劳动效率和产品质量等具有十分重要的意义。但是，过多使用安全标志反而会松懈人们的注意力，甚至使人心烦意乱，无法达到预期的目的。

在室内色彩设计中，将色彩用于管道和设备识别，将有助于管道和设备的使用、维修和管理。著名的法国蓬皮杜文化中心就将各种管道暴露在结构的外面，并按不同用途涂上了不同的颜色。

色彩可以导向。在大厅、走廊及楼梯间等场所沿人流活动的方向铺设色彩鲜艳的地毯或设计方向性强的色彩地面，可以提高交通线路的明晰性，更加明确地反映各空间之间的关系。

色彩可用于空间识别。高层建筑中，可用不同的色彩装饰楼梯间、过厅和走廊的地面，使

247

人们容易识别建筑的层数。商店的营业厅,可用不同色彩的地面装饰不同的营业区。体育馆和剧场也可用不同色彩装饰不同区域的座椅,使进场观众能尽快地找到自己的看台和坐席。

五、色彩的吸热能力和反射率

早在两个世纪前,伟大的发明家富兰克林就得出了"不同颜色的布片吸热程度不同"的结论。他劝说人们在炎热的天气,穿戴浅色或白色的衣帽,因为,他用实验说明:颜色深的布片其吸热能力远远大于颜色较浅的布片。

按照反射率正确选用墙面、顶棚的颜色,对改善采光和照明条件有着重要的作用。不同颜色的物体反光的能力不同,一般说来,色彩明度越高反射能力越强。主要颜色的反射率如下:白色84%,乳白色70.4%,浅红色69.4%,米黄色64.3%,浅绿色54.1%,深绿色9.8%,黑色2.9%。

研究色彩的吸热能力,对改善室内的热工状况、节约能源也有重要的意义。

第三节　室内色彩的协调与对比

室内色彩设计能否取得令人满意的结果,在于正确处理各种色彩之间的关系,其中最关键的问题是解决色彩协调与对比的问题。

室内的色彩部件和器物相当多,如果不加选择、不按构图规律随意地堆积在一起,必然会给人以杂乱无章的感觉。只有使它们的色彩关系符合统一之中有变化、协调之中有对比的原则,才能使人感到舒适,才能给人以美的享受。

色彩协调可以创造平和、稳定的气氛,但过分强调协调可能使环境显得平淡、无奇、单调、呆板,缺乏必要的生气。色彩对比可以使室内气氛生动活泼,但对比过度会使室内气氛失去稳定,产生强烈的刺激。

处理室内色彩关系的一般原则是"大调和,小对比"。即环境的总体要讲调和,小的色块与大的色块要讲对比。

一、色彩的协调

(一) 调和色的协调

调和色包括单纯色、同类色和近似色。"儿童急走追黄蝶,飞入菜花无处寻"(杨万里)中的蝶与花的颜色就属于调和色。如果蝶和花的色相是相同的,仅仅深浅不相同,如一个是深黄、一个是浅黄,两者即属单纯色;如果蝶为中黄,花为柠檬黄,两者即属同类色;如果蝶为中黄,整个菜花呈现出青绿色,两者则属近似色。

1. 单纯色协调

单纯色也叫同种色,指的是色相相同而深浅不同的颜色。用单纯色处理色彩关系,很容易取得协调的效果。如浅绿色的地面,镶上深绿色的边,就会很协调。但是,用单纯色处理室内色彩关系时,容易出现单调、呆板的毛病,因此,应适当加大色彩浓淡的差别,最好以小面积的浓色块包围大面积的淡色块。

2. 同类色协调

所谓同类色就是色环上色距很近的色相。究竟以多大色距来划定同类色,目前尚无统一的说法。按一般见解，橘红与大红、绿与青绿等都属同类色。

用同类色处理部件和器物，可使整个室内环境具有统一的基调，呈现出平和、大方、简洁、清爽、完整、沉着的气氛。由于同类色之间又有冷暖、明暗、浓淡等差异，还可使人感到细微的变化。

同类色协调的特征是大同小异。最宜用于庄重、高雅的空间，也可用于不须引人注目、不宜分散精力的卧室和书房。由于同类色协调有利于空间净化和使部件、器物一体化，因此，又适用于体积较小而陈设较多的空间。

同类色协调的方法容易掌握，效果也比较明显。但仍然有可能使人感到沉闷和单调。对此，可酌情采取一些补救手段。这些手段是：把同一部件(如墙面、地面、顶棚等)划分成大小、形状不同的色块；加大明度和彩度的级差；充分显示材料质地、纹理、光影等方面的差别，使墙面、地面、顶棚、地毯、家具、织物等在粗糙与细腻、光泽与灰暗、透光与遮光等方面显出明显的变化。除此之外，还可利用灯具、壁毯、挂画、盆花、玩具、器皿等作为点缀，使它们的色彩与基调形成对比。

3. 近似色协调

近似色又叫类似色或邻近色。色环上色距大于同类色而未及对比色的色相，都是近似色。如红与橙、橙与黄、黄与绿、绿与青等是近似色，蓝与紫红、红紫、紫、蓝紫等也是近似色。从上例可知，这些色所以近似，是因为它们都含相同的色素。如红与橙都含红，橙与黄都含黄，黄与绿都含黄，绿与青都含青等。上述例子还给我们一个启示：那就是在配置色彩的过程中，如果某两种颜色不协调，只要在两种颜色中间同时加入另一种颜色，便可以收到较为协调的效果。如红与绿本来是补色，如果同时加入橙色，使之成为红橙和橙绿，便成了可以协调的颜色。

近似色的色距范围较大。色距较近的色彩相协调具有明显的调和性，色距偏远的色彩相协调则有一定的对比性。因此，用近似色处理室内的色彩关系，必然会表现出色彩的丰富性。

运用近似色处理室内色彩关系的一般做法是：用一、两个色距较近的淡色作背景，形成色彩的调和，再用一、两个色距较远的、彩度较高的色彩装点家具和陈设，形成重点，以取得主次分明、变化自然的效果。由于近似色的色距范围比同类色的色距范围大，可以形成多种层次。用近似色处理色彩关系的方法适用于空间较大、色彩部件较多、功能要求相对复杂的场合。

(二) 对比色的协调

对比色冷暖相反，对比强烈，容易形成鲜明、强烈、跳跃的氛围，故能增强器物和环境的表现力和运动感。

1. 用对比处理色彩关系一般是为了实现以下意图

(1) 渲染室内环境，追求热烈、跳跃乃至怪诞的气氛。

(2) 提高人们的注意力，使色彩部件显眼，给人以深刻的印象。

(3) 突出某个部件或某些器物，强调背景与重点的关系。

2. 对比色具有相互排斥的性质，在色块面积较大，色彩、明度、纯度较高，对比色的组数过多时，很容易出现过分刺激的情况。为此，必须注意以下几点

(1) 要有主有次。"万绿丛中一点红""画龙点睛"都是讲主次分明的。

(2) 要疏密相间。对比色的色块切忌均分面积、各成独立的画面。色块面积较大而色

彩彩度较高时，尤其不能这样做。试看图 11-6，图 11-6a 黑白各半，设想黑的部分实际为红，白的部分实际为绿，不难想象，是很难调和的。图 11-6b、c 的情况则不同，尽管黑白（假设实际仍为红和绿）色块的面积相等或相近，但由于每个色块的面积都很小，又是间隔配置，所以就容易取得较为调和的效果。

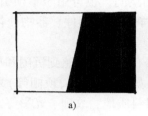 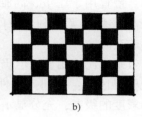 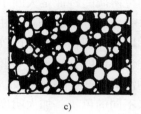

a)　　　　　　　　　　b)　　　　　　　　　　c)

图 11-6　对比色的不同用法

（3）利用中色。即用黑、灰、白、金、银等色彩勾勒图案，使对比色以中色作为媒介而调和。

（三）无彩色和有彩色的协调

黑色与白色是色彩中的极色。前者深沉、稳定，后者明亮、纯净，故在室内色彩设计中，得到了广泛的应用。在黑色与白色之间是明度范围极宽的中灰色，与有彩色相间配置时，既能表现出差异，又不互相排斥，具有极大的随和性。

黑、白、灰所组成的无彩色与有彩色极易调和。尤其是白色和各种明度的灰色，由于能够很好地起到过渡、中和等作用，被广泛地用于室内设计中。例如，当前景十分繁杂、鲜艳时，采用白色或灰色作为背景，就能起到较为统一、安稳的作用。

二、色彩的对比

在人的视场中，相邻区域的不同色彩可以互相影响，从而改变人们的感受，这就是色彩的对比作用。色彩的对比分同时对比和连续对比两大类。恰当地运用色彩对比，可以增强色彩的表现力，有助于创造某些气氛和意境。

（一）同时对比

当两种不同的颜色能同时被人看到时，其对比叫同时对比。它可以表现为色相对比、明度对比、彩度对比和冷暖对比。

在色相对比中，原色与原色、间色与间色对比时，各色都有沿色环向相反方向移动的倾向。如红、黄相对比，红色倾向于紫色，黄色倾向于绿色；橙、绿相对比，橙色倾向于红色，绿色倾向于青色。原色与间色对比时，各色都显得更鲜艳，正像黄花与绿叶相对比，黄花显得更黄，绿叶显得更绿。补色相对比，对比效果更强烈，绿叶红花相对比，绿者更其绿，红者更其红，就是一个最好的例证。

明度不同的色彩相对比，如黑白对比，浅红与深绿相对比，明者越明，暗者越暗。常识还告诉我们，对比双方明暗差别越大，对比效果越明显；明暗差别越小，对比效果也越差。

彩度不同的色彩相对比，高者越显得高，低者越显得低。

冷暖色彩相对比，冷者更显得冷，暖者更显得暖。

正确掌握色彩对比的规律，对搞好室内色彩设计，特别是对正确解决主景与背景、固有色与条件色的关系具有十分重要的意义。

（二）连续对比

当两种不同的色彩一先一后被人看到时，两者的对比称为连续对比或先后对比。以展览馆中的诸多展室为例，如果各室色调不一，并有较大的差别，人们就会在参观过程中，感受到连续对比的效果。

连续对比的效果属于色适应，对人的视觉条件和疲劳感都有较大的影响。在室内设计中，应该利用其有利的方面，避免其不利的方面，以满足功能和视觉方面的要求。

第四节　室内色彩设计的基本原则

进行室内色彩设计要综合考虑功能、美观、空间形式、建筑材料等因素，还要注意地理、气候、民族等特点。下面，分别说明应该遵循的原则：

一、充分考虑功能要求

由于色彩具有明显的生理作用和心理作用，能直接影响人们的生活、生产、工作和学习，因此，在设计室内色彩时，应首先考虑功能方面的要求。

以医院为例，色彩要有利于治疗和休养，还要使病人对医院产生信任感。在设计实践中，常用白色、中性色或彩度较低的色彩作基调，因为，这类色彩能给人以安静、平和与清洁的感觉。

251

小学校的教室常用黑色或深绿色的黑板，青绿、浅黄色的墙面，基本的出发点是有利于保护儿童视力和集中学生的注意力，创造明快、活泼的气氛，使教室成为有利于教学、有利于儿童身心健康的场所。有些教室采用白墙和纯黑板，对比强烈，容易引起视觉疲劳，应根据生理要求予以必要的改进。

餐厅、酒吧的色彩应给人以干净、明快的感受，大型宴会厅还应具有欢快、热烈的气氛。在设计中，常以乳白，浅黄等色为主调。橙色等暖色可刺激食欲，增强人们的兴趣，也常常用于餐厅和酒吧。应注意的是彩度要合适，彩度过高的暖色可能导致行为上的随意性，易使顾客兴奋和激动，以致诱发吵闹、醉酒等现象。

商店的营业厅商品万千，琳琅满目，色彩是极其丰富的。在这种情况下，墙面的色彩应该采用较素的颜色，以达到突出商品、吸引顾客的目的。

住宅中的起居室是全家团聚和接待客人的地方，色彩设计要呈现出亲切、和睦、舒适、优雅的气氛，可以浅黄、浅绿、浅玫瑰红等色为主调。

住宅中的卧室主要供人们休息，色彩处理应着重强调安静感，可用乳白、淡蓝色作主调。

纪念馆等纪念性建筑，需要体现庄严、肃穆的氛围，主要建筑部件常常使用金黄、赭红与黑色。

考虑功能要求不能从概念出发，而应进行具体地分析。

首先，要仔细分析空间的性质和用途，拿医院的各种房间来说，就要认真找出其间的相同之处和差别：手术室和病房的用途不一样，用色之道也不同。前者宜采用浅蓝、浅绿和青绿色的墙面，以减轻医生的视觉疲劳，提高手术的成功率；后者不宜采用青紫色的墙面，因为这类颜色容易使人的脸上蒙上一层暗灰色。至于病房，由于科别不同，住院时间长短不同，色彩也应是不同的。一般说来，住院时间短的病房应以淡黄、柠檬黄等色为基调，形成明快的环境，以增加病人早日康复的信心；住院时间长的病房，应采用稍稍偏冷的色调，以便起到镇静的作用。

其次，要认真分析人们感知色彩的过程。办公室和卧室等场所，人们置身于其中的时间比较长，色彩应该稳定和淡雅些，以免过分刺激人们的视觉。机场的候机室、车站的候车室和餐厅、酒吧等场所，人们停留的时间比较短，使用的色彩应该明快和鲜艳些，以便给人留下较深的印象。

最后，要注意适应生产、生活方式的改变。以银行为例，早年的银行乃是一个庄重甚至带有几分神秘的场所。随着商业的发展，银行和人的生活关系越来越密切，银行与客户之间的关系也日益表现为一种平等的关系，因此，当今银行的色彩一定要更加轻松和亲切。再以工厂为例，早年的作坊和工厂多是单色的，给人的印象是灰暗而杂乱。由于科学技术不断进步，生产日趋机械化和自动化，厂房内部也日益干净、明亮，色彩设计也应更加科学化、艺术化和人性化。

二、力求符合构图原则

要充分发挥室内色彩在美化环境方面的作用，让色彩配置符合形式美的基本原则。

1. 要定好基调

色彩关系中的基调很像乐曲中的主旋律。它能够体现内部空间的功能和性格，在创造特定的气氛和意境中，能够发挥重要的作用。基调之外的其他色彩也同样不可少，但相对于基调而言，它们只起丰富、润色、烘托、陪衬的作用。

室内色彩的基调是由面积最大、人们注视得最多的色块决定的。一般地说，地面、墙面、顶棚以及大幅窗帘、床单和台布的色彩都能构成室内色彩的基调。

色彩基调具有强烈的感染力。在十分丰富的色彩体系中，如何使基调与其他色彩有主有从、有呼有应、有强有弱，进而构成一个完整的"乐章"，需要设计师具备深厚的艺术功底和高超的技艺。

许多诗人都很注意色调的作用，一些脍炙人口的诗句正是由于着重渲染了色彩的基调而更具强烈的感染力。"两只黄鹂鸣翠柳，一行白鹭上青天"中的前一句，渲染了绿调子，后一句渲染了蓝调子，黄鹂的黄色和白鹭的白色，则分别是两种基调的点缀。可以这样说，正是因为基调与点缀之间有了绝妙的色彩搭配，这首诗才倍显清新和明快。类似的例子还多见于毛泽东的诗与词，"漫天皆白，雪里行军情更切"，渲染的是白调子，气氛高雅清澈。"万木霜天红烂漫，天兵怒气冲霄汉"，渲染的是红调子，气氛紧张而热烈。

形成色彩基调的因素相当多。从明度上讲，可以形成明调子、灰调子和暗调子；从冷暖上讲，可以形成冷调子、温调子和暖调子；从色相上讲，可以形成黄调子、蓝调子和绿调子等。

暖色调容易形成欢乐、愉快的气氛。一般的配置方法是以彩度较低的暖色作主调，以对比强烈的色彩作点缀，并常用黑、白、金、银等色作装饰。黑、红、金、银色恰当地配置在一起，可以形成富丽堂皇的气氛。白、黄、红色恰当地配置在一起，类似阳光闪烁，可以给人以光彩夺目的印象。

冷色调宁静、优雅，可用偏冷的色彩构成，也可与黑、灰、白色相掺杂。

温色调充满生机，以黄绿两色为代表。

灰色调常以米灰、青灰为代表，不强调对比，不强调变化，从容、沉着、安定而不俗，甚至有一点超尘出世的感觉。北京香山饭店的室内就以白、灰和木材的本色为主调，它与室外的白、灰建筑相呼应，与周围的山石林木相融合，留给人们的是格外典雅高贵的印象。

总之，确定色彩基调对于搞好室内色彩设计是至关重要的。可以这样说，没有基调，就没有特色，没有倾向，没有性格，没有气氛，室内色彩也就难于体现特定的意境和主题。

2. 要处理好统一与变化的关系

定好基调是使色彩关系统一协调的关键。但是，只有统一而无变化，仍然达不到美观耐看的目的。室内各部分的色彩关系是十分复杂、相互联系又相互制约的。从整体上看，墙面、地面、顶棚等可以成为家具、陈设和人物的背景；从局部看，台布、沙发又可能成为插花、靠垫的背景。因此，在进行色彩设计时，一定要弄清它们之间的关系，使所有的色彩部件和器物构成一个层次清楚、主次分明、彼此衬托的有机体。

为了取得既统一又有变化的效果，大面积的色块不宜采用过分鲜艳的色彩，小面积的色块则宜适当提高明度和彩度。

在大面积的色块上采用对比色，往往是为了追求奇特、动荡、跳跃的效果，达到令人惊奇的目的。

3. 要注意体现稳定感和平衡感

室内色彩在一般情况下应该是沉着的，低明度、低彩度的色彩以及无彩色就具有这种特点。

上轻下重的色彩关系具有稳定感。因此，在一般情况下，总要采用颜色较浅的顶棚和颜色较深的地面。采用深颜色的顶棚并非不可以，但往往是为了达到某种特殊的目的，如旋转餐厅采用深色顶棚是为了把顾客的注意力引向侧窗，让他们集中精力欣赏城市风光，博物馆采用深色顶棚是为了把参观者的注意力引向展品，让他们集中精力参观等。

4. 要注意体现韵律感和节奏感

室内色彩的起伏变化要有规律性，形成韵律与节奏，为此，就要恰当地处理门窗与墙柱、窗帘与周围部件的色彩关系。实践证明，有规律地布置餐桌、沙发、灯具、音响设备，有规律地运用书、画等都能产生韵律感和节奏感。

三、密切结合建筑材料

配置室内色彩不同于作画，不能离开界面、家具、陈设的材料。研究色彩效果与材料的关系主要是要解决好两个问题：一个是色彩用于不同质感的材料，将有什么不同的效果；一个是如何充分运用材料的本色。

事实早已表明，同一色彩用于不同质感的材料能够使人们在统一之中感受到变化，在总体协调的前提下感受到微细的差别。德国林保·蒙迪法梅公司总部的办公室，以浅棕色磨光花岗岩作为玻璃桌面的基座和地面，以浅棕色的粗织面料覆盖沙发，基座、地面和沙发蒙面颜色相近，统一协调，但由于质地不同，又出现了一定的变化。正是从这种既统一而又有变化的配置中，人们能够相当容易地从坚硬与柔软、光滑与粗糙、石材感与织物感的对比中，领略到设计者的匠心。

充分运用材料的本色，可以减少雕凿感，使色彩关系更具自然美。在我国古代建筑中，常以灰白色的花岗岩等作基座，以乳白色的汉白玉等作栏杆。由于它们成为上部红色墙、

253

柱、隔扇的背景色，建筑基座的尺度感随之增大，也使整个建筑的色彩效果更生动。在我国南方民居和园林建筑中，常用不加粉饰的竹子、藤条、原木、青砖、石板、瓦片等作装饰，由于格调清新，其经验直到今天仍为广大室内设计工作者们所借鉴。

四、努力改善空间效果

空间形式与色彩的关系是相辅相成的。一方面，由于空间形式是先于色彩设计而确定的，它是配置色彩的基础；另一方面，由于色彩具有一定的物理作用，又可以在一定程度上改变空间的尺度与比例，例如，空间过于高大时，可用近感色，减弱空旷感，增加亲切感；空间过于局促时，可用远感色，使界面后退，减弱局促感；顶棚过低时，可用远感色，使之"提"上去；顶棚过高时，可用近感色，使之"降"下来；墙面过大时，可用收缩色，"缩小"其面积；墙面过小时，可用膨胀色，"扩大"其范围；柱子过细时，不宜用深色，以防更纤细；柱子过粗时，不宜用浅色，以防更笨拙等。

空间效果的改善，除了借助色彩的物理作用外，还可以利用色彩形成的图案与划分。以走廊为例，空间高而短时，可以通过水平划分使之低而长；空间低而长时，可用垂直划分增加高度并减少由于过长而产生的单调感（图11-7）。

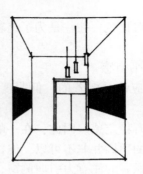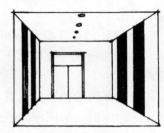

图11-7　色彩形成的水平划分与垂直划分

色彩在改善空间效果方面的作用不可低估。以桂林某饭店的门厅为例，其净高只有 2.4m 左右，按说是很低的。但是，由于设计者采用了象牙白色面砖地面，乳白色贴墙布，浅米色大面积百叶窗帘，铝合金门窗和茶色门玻璃，乳白色顶棚，铝合金的嵌缝条，整个大厅竟少了很多压抑感。

五、密切注意民族、地区特点和气候条件

色彩设计的基本规律是以多数人的审美要求为依据，经过长期实践总结出来的，但是，对于不同的人种、民族来说，由于地理环境不同、历史沿革不同、文化传统不同，审美要求不同，使用色彩的习惯又往往存在较大的差异。朝鲜族能歌善舞，性格开朗，喜欢轻盈、文静、明快的色彩和纯白色。藏族由于身处白雪皑皑的自然环境和受到宗教活动的影响，多以浓重的颜色和对比色装点服饰和建筑。汉族人多把红色作为喜庆、吉祥的象征。意大利人和法国人则喜欢暖色中更显明快的颜色，如黄色和橙色等。非洲人黑肤色者居多，服饰和建筑装饰多用黄色和白色。美国人多用蓝色。而北欧人则喜欢木材的本色。上述情况表明，进行室内色彩设计，既要掌握一般规律，又要了解不同人种、民族的特殊习俗。

气候条件对色彩设计也有很大的制约作用。我国南方多用较淡或偏冷的色调，在北方则可多用偏暖的颜色。潮湿、多雨的地区，色彩明度可以稍高；寒冷干燥的地区，色彩明度可以稍低。同一地区不同朝向的室内色彩也应有区别，朝阳的房间，色彩可以偏冷，阴面的房间，色彩则应暖一些。

第三篇

室内设计
分类原理

DESIGN

第十二章　住宅室内设计

第一节　概述

住宅按层数多少可分四大类，即低层住宅(1~2 层)、多层住宅(3~6 层)、中高层住宅(7~9 层)和高层住宅(大于或等于 10 层)。住宅可以是公寓式，也可以是别墅式。后者，是一种独门独户的住宅，它面积较大，占地较多，有独立庭院，有时还有车库、屋顶花园和游泳池。它通过自家的楼梯占用整个住宅的所有层次，但一般别墅很少超过三层。别墅平面有独立式(四面临空)、并联式(两面临空)和四联式。四联式平面为"田"字形，四个住户各占一角，各有两个相临的方向临空。

公寓式住宅与别墅的室内设计原理基本相同，本章将以公寓式住宅为例，阐述住宅室内设计的原理。

住宅的组成因面积的大小和户型的不同而不同，一般住宅都有客厅、餐厅、卧室、厨房和卫生间，面积较大的户型则可能另设工作室、贮藏室和保姆室。

由于生活水平不断提高，也由于设计理念的不断深化，住宅的组成也在不断变化，从当前看，主要有三种趋势：

1. 第一种趋势是空间不断丰富，分区更加明确

当今的住宅在解决生理分室的基础上，还进一步解决了功能分室的问题。但功能分室的方法还在细化，即不同空间的功能越来越明确。

首先，是设计独立的客厅和家庭厅。目前的客厅，大都兼有家庭成员自用和接待客人的功能，但这两种功能有时是有冲突的，如临时来客，就有可能中断家庭成员的团聚与活动。因此，在面积较大的住宅中，便同时设有专门用于会客的客厅和专供家庭成员团聚、娱乐的家庭厅(或称起居厅)。在别墅中，家庭厅常被设在第二层，这时，原本设在底层的客厅便成了名实相符的客厅。

其次，是设计独立的餐厅。目前，多数住宅中的客厅和餐厅是同处一个空间之内的，只不过是各占一角而已。这种做法，似已解决了功能分区的问题，但在某些时候，难免出现客人来访和家庭成员进餐的矛盾。因此，在别墅和面积较大的公寓式住宅中，可设独立的餐厅，即改变二厅合一的状况。

再次，是设计独立的工作室。这里所说的工作室是一个广泛的概念，包括常见的书房，也包括为从事特殊职业的人设计的工作场所，如画室、雕塑室和琴房等。

最后，是增加功能明确的玄关、贮藏间、洗衣房。在别墅和面积较大的公寓式住宅中，还可能根据业主的要求设计棋牌室、视听室、品茶室、日光室和健身室等。

2. 第二种趋势是设计多功能空间

如餐厅兼做棋牌室，书房兼做会客厅和客房等。书房兼做会客厅和客房时，可以采用多用沙发，以便在有客留宿时，作为客人的床铺。多功能空间多见于面积较小的住宅，但这绝不表明它是一种不得已而为之的做法，恰恰相反，它所体现的是一种积极主动的、很有价值的思路。

3. 第三种趋势是设计可变动空间

家庭的人口结构是可变的，年龄的增加，人数的增减都会对空间的需求提出新要求。因此，设计者应有一种必需的动态观，使住宅的空间组织适应人口结构和成员年龄变化的需要。

以子女的情况为例，初生不久的婴儿，需由父母照顾，可以睡在父母的房间；稍大后，可以睡在与父母房间相邻的"凹室"内；7岁后，则要分室，即睡在自己独用的房间内。为了适应这种变化，可用一些轻薄的隔断分隔住宅的内部空间，以保证在必要时不触及结构，即可改变空间组合的形态。

有些家庭是多代同堂的家庭，一般情况下，这种家庭中的老人与儿孙们都有共同生活的要求，但也都有相对独立的愿望。为了适应这种情况，不妨采用一种"分而不离"的模式。具体做法有三种：一是两部分人合用客厅，而各有独用的餐厅、厨房、卧室和卫生间；二是合用客厅、餐厅和厨房，而各有独用的卧室和卫生间；三是各有一套住房，两套住房相邻，仅在公用的墙上设门，视需要开闭，保证在各自独立的情况下具有方便的联系。

4. 第四种趋势是逐步走向智能化

互联网技术的发展为住宅走向智能化提供了条件。未来的住宅将把自动监控、自动报警、自动消防以及远距离操纵家用电器等全部纳入智能化系统。人们在办公室、在汽车上可以实时了解家中情况，随时开关空调和炊具。目前，智能化住宅正处实验阶段。不远的将来，即可将相关技术由少渐多地推广开来。

第二节　住宅的组成及设计要点

一、玄关

玄关是一个来自日本的名字，其实就是住宅的小门厅。

玄关具有实用功能，在这里可以换鞋，存放雨具、背包等杂物和进行简单地梳妆；玄关有过渡功能，它作为进入户门后的第一个空间，可以遮挡人们的视线，避免出现"开门见山""一览无余"的弊病；玄关有审美功能，它是人们进入户门后第一个看到的空间，在这里，人们能够初步领略整个住宅的装修风格与特点。

玄关的面积约为三、四平方米，平面多为长方形。玄关的重点是正对户门的隔断，它可以是一片花格，可以是一个屏风，也可以是一个柜架。但多数做法是下部为柜，用来放鞋和杂物；上部为架，用来陈设一些小的饰物，或为镜面，供人进出房间时进行简单地梳妆。除上述鞋柜外，也有靠墙设置的鞋柜，它们可以凸出于墙面，也可以全部凹入墙身或凹入墙身一部分。玄关内可以放一定数量的挂衣钩，但要好用、好看。玄关内的灯光应该柔和一些，装饰要小巧有趣，不要追求所谓的豪华与富丽。

图12-1、图12-2和图12-3是几个玄关的实例。

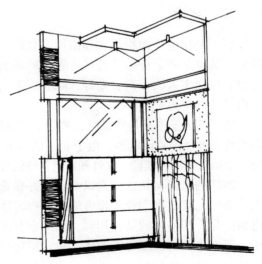

图12-1　玄关之一

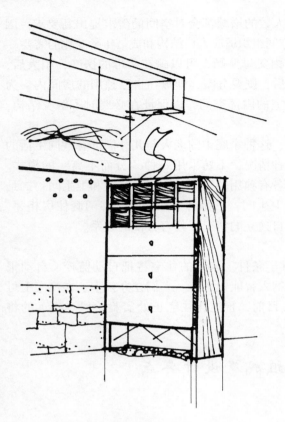

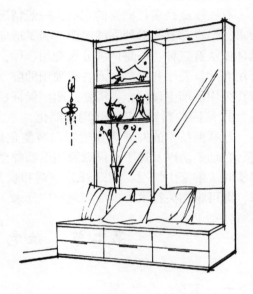

258

图 12-2　玄关之二　　　　　　　　　　图 12-3　玄关之三

近年来，住宅建筑发展很快：面积逐渐增大，户型日益丰富，有些面积较大的住宅设专门的门厅或入户花园。在这种情况下，设计玄关的，有所减少，但玄关的功能不可忽视，在没有专门的门厅或入户花园的住宅中，仍须考虑设置玄关的必要与可能。

二、客厅

客厅是住宅中面积最大和使用人数最多的空间，是家庭成员团聚、看书看报、进行娱乐活动、从事某些家务劳动和接待客人的场所。从造型设计上看，它应突出地反映住宅的风格特点，体现主人的习惯、爱好、职业、文化程度、阅历和审美倾向，因此，也就自然地成了室内设计的重点。

客厅的主要家具是沙发组、放置电视机的电视柜或组合柜。有些客厅还可能设置展示柜或酒吧台。客厅的陈设较多，由于业主的职业、爱好等互不相同，可能会出现钢琴、鱼缸、雕塑、绘画、书法、挂毯、立灯和各式各样的日用品与工艺品。图 12-4 是客厅中常用家具的尺寸。

客厅的风格与特征，常以业主的好恶意愿为依据。从大的方面说，可能有中式、西式和现代式三大类，个别业主也可能要求将客厅设计成日式、田园式或他自己喜欢的形式。应该指出的是，即使大的基调相同，仍然会有风格特点上的差异。例如，同为比较简洁的现代风格，军人之家的客厅可能大体大块，棱角分明，更有规整的秩序感；音乐家的客厅可能相对活跃，透出一种特有的浪漫；企业家的客厅可能更为豪华，为适应社交方面的需要，会有更多的座椅、吧凳以及展示品。图 12-5、图 12-6 和图 12-7 为几个不同风格的客厅。

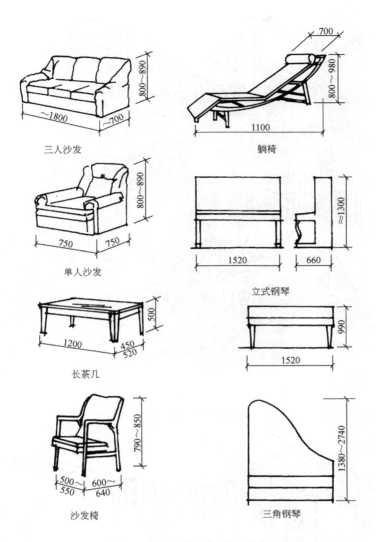

图 12-4 客厅常用家具尺寸图

　　客厅的地面可用石材、瓷砖或木材铺设。面积不大的客厅，不大使用形象繁杂的图案，有可能只在玄关或少数边角处变换一些颜色，或使用一些小花图案。客厅内满铺地毯者较少，但常在沙发组的中间即茶几的下面，使用颜色、图案得体的工艺毯。

　　客厅的墙面可用乳胶漆、硅藻泥、壁纸、饰面板等进行装修。可以搭配使用一些石材、玻璃、镜面或织物，但不宜过多使用石材、玻璃和金属，这不仅因为它们过硬、过冷，更因为它们反射声音的能力太强，容易影响电视、音响甚至日常会话的效果。面积不大的客厅，不必做墙裙，因为即便做了也容易被沙发和柜架所遮挡，且容易使本来就不高的空间由于增加了一次水平划分而显得更低矮。在面积较大的客厅中，沙发等可能是离墙布置的。此时，可以用木材或石材等做墙裙，用以保护墙面，并增加墙面的装饰性。客厅中，显眼的墙面是电视机、音响或其他重要陈设的背景墙，它是视线的焦点，应精心加以处理。设计实践中，有的搭配使用文化石或拉毛灰，有的使用织物或壁纸，有的加设搁板或加作壁龛，有的用不同的颜色形成或动或静的图案，当然也有直接在墙面上附加各种壁饰的。近年来，将背景墙

图 12-5　中式客厅

图 12-6　西式客厅

图 12-7　现代式客厅

做成完整画面的做法有所增多，有的选用风景壁纸，有的使用大幅喷画，有的则直接到陶瓷厂订制个人喜欢的画作。

客厅的顶棚很少全做吊顶，因为这样做，会减少客厅的高度。如果采用中间高而周边低的迭落式吊顶，迭落的级数不宜过多，因为若在其内暗藏灯槽，级高应为 200~250mm，连续迭落两级时，高度就已减少约半米了。故多数情况下，都优先采用局部吊顶，或在楼板的底面直接采用一些石膏浮雕等装饰。只有当客厅的净高较高时，才可以设计较为复杂的天花和装饰。

客厅的照明可以采用几种不同的灯具。中心部分，可以使用相对华丽的吊灯或吸顶灯；陈列柜架的上方或内部，可以采用强调展品的投光灯；钢琴上方，可以采用装饰性强的蜡烛灯；酒吧台的上方，可以采用吊杆筒灯或镶嵌灯；绿化和小品等，可用射灯强调其立体感；也可将某些灯具安装在壁饰的后面，从而使壁饰更加突出，甚至给人以飘浮的感觉。可以分组设置开关，这样，就有可能在进行不同活动的时候，使用不同的灯具，形成不同的氛围，如客人来到时，气氛热烈；宾主进餐时，气氛温馨；餐后品茶时，气氛宁静等。

三、餐厅与吧台

餐厅的主要家具是餐桌椅，有时也可能放一些餐具柜，但一般情况下，这些餐具柜并非用于贮存常用的餐具，而是用于展示名酒以及精美餐具、酒具和茶具等。餐桌可方、可圆，就一般家庭而言，可以选用 4 人桌或 6 人用的长方桌。餐桌可以靠墙布置，也可以离墙布置，关键要看是否好用，并有合适的面积。

餐厅的装修要与客厅的装修相协调，有时候为了显示两个分区的差别，可以选用与客厅不同的地面材料，或将顶棚降低些。

餐桌上方，最好使用专门的餐桌灯，常用的餐桌灯有吊杆式和升降式。

有些住宅，餐厅与客厅的地面不在同一个标高上。这种标高差，可以表示二者功能的不同，也可丰富空间的层次。但二者的标高差不宜过大，以免因为必须抬高餐厅的地坪而耗费过多的物力和财力。

图 12-8 是餐厅内常用家具的尺寸图，图 12-9 是一个餐厅的透视图。

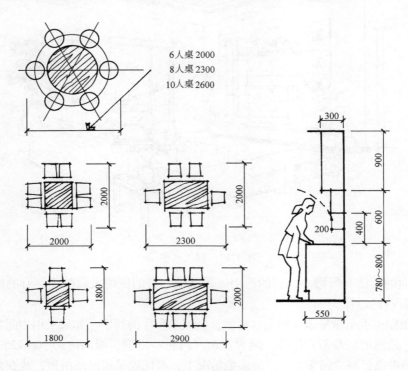

6人桌 2000
8人桌 2300
10人桌 2600

图 12-8　餐厅常用家具尺寸图

图 12-9　餐厅内景

262

　　家庭酒吧常常布置在客厅的一角或餐厅的附近。它由两部分组成：一是放置酒和酒具的酒柜，二是吧台与吧凳。由于使用家庭酒吧的人数毕竟较少，故家庭酒吧常设 2~4 个吧凳，吧台的尺寸也可比营业性酒吧的吧台小一些。

四、主卧室

　　主卧室一般为夫妻使用的卧室，主要家具有双人床、床头柜、梳妆台、休闲椅和衣柜等。一般情况下，不设专供书写的写字台，而是设一个既能写字又能化妆的多用桌。双人床应双面临空，以方便两人上下。常用的双人床尺寸为 2000mm 长，1500mm、1800mm 或 2000mm 宽。面积较小的主卧，宜用尺寸较小的床，只有面积较大的卧室，才有可能选用大床甚至是占地更大的圆形床。大片镜面的柜子和梳妆台最好不要放到双人床的对面，以免主人在夜间起床时，有可能因为看到许多光影而受惊。专门存衣的衣柜，宽度不宜小于550mm，高度可为 2100mm 左右，或一直到顶棚。为节省空间，多数衣柜都采用推拉门，柜内应按存衣要求设计挂衣杆、抽屉和搁板等。图 12-10 为主卧室常用家具的尺寸图。

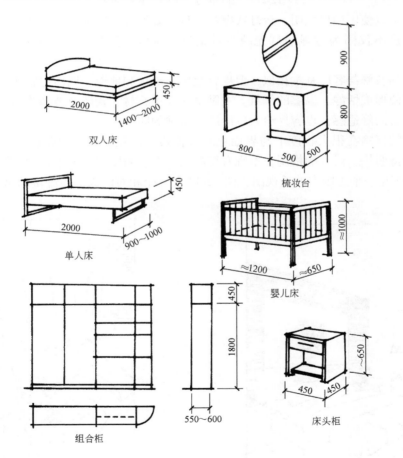

图 12-10　卧室常用家具尺寸图

　　主卧室一般都设有专用卫生间，卫生间与主卧室之间最好设一个穿越式的衣帽间，这不仅使卫生间与主卧室之间有了必要的过渡，也符合人们生活起居的习惯(图 12-11)。

263

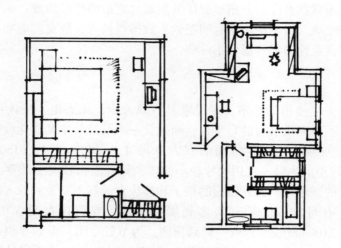

图 12-11　主卧室与卫生间、衣橱的关系

　　主卧室可以使用檐口照明、台灯或壁灯，灯光要温馨、柔和。不宜在双人床的正上方悬挂大吊灯，这不仅因为过强的灯光缺少舒适感，也因为这种吊灯可能引发意外事故，不安全。

　　主卧室的装修与客厅基本相似，但更宜使用木地板和地毯，墙面更宜使用乳胶漆、壁纸和织物，以便形成恬静、温馨的气氛。主卧室应少用石材、瓷砖及玻璃等偏冷的材料，它们不但缺乏必要的舒适感，也容易给人以冷漠、生硬的印象。

　　主卧室的氛围在很大程度上与界面色彩和窗帘、地毯、床罩的花色有关系，一般情况下，应该保持明快、淡雅的格调，不宜有特高的彩度、明度和过于繁杂的装饰。

　　图 12-12 是一个主卧室的透视图，图 12-13 是一个相对时尚的主卧室的透视图。

图 12-12　主卧室例一

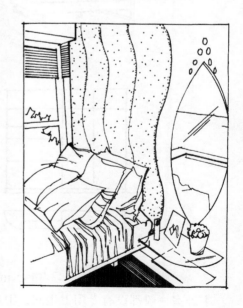

图 12-13　主卧室例二

五、次卧室

次卧室包括老人卧室、儿童卧室和客房。

儿童卧室大体包括三部分，即睡觉部分、学习部分和游戏部分。主要家具为单人床、能放置电脑的写字台、衣柜和玩具柜。当儿童年龄不大时（如上小学之前）可以使用床、桌、柜、架组合的家具，它功能齐备，且可少占卧室的面积（图12-14）。有些儿童卧室，不设普通单人床，而是把睡眠区的地坪抬高，让儿童席地而睡，其情形类似日本的"榻榻米"（图12-15）。

图 12-14　儿童卧室之一

图 12-15　儿童卧室之二

儿童卧室宜采用木地面或铺地毯。家具和装修要尽可能少出尖锐的棱角。设置电器插座要确保儿童的安全。

儿童卧室的色彩和图案可以鲜艳、活泼一些，其中的陈设、挂饰、玩具等，要符合儿童的兴趣爱好，要有利于全面提高儿童的素质(图 12-16)。

图 12-16　儿童卧室之三

老人卧室的家具和设计要点与一般卧室大体相同。应该增设休闲椅，还要解决好地面防滑等问题。

客房是临时接待留宿客人的地方，可按一般卧室设计。除床和床头柜之外，应该配备衣柜、桌椅和电视机。

六、厨房

厨房是住宅的心脏，这是因为家务活动中的大部分都在这里进行，家庭成员几乎全部使用厨房，家庭的水、电、煤气等也都集中于厨房。

厨房的"四大件"是洗池、菜案、炉灶和电冰箱，在平面上应按顺序布置，并依厨房的形状和大小采用"一字形""L 形"或"U 形"等不同的布置方式(图 12-17)。城市住宅多以天然气和液化煤气为燃料，炉灶上面大都设置排烟罩，因此，炉灶不宜布置在窗下，否则，就要把排烟罩安装在窗子上面，这样做不仅施工困难，也必然会挡住光线，妨碍窗子的启闭，有碍厨房的观瞻。

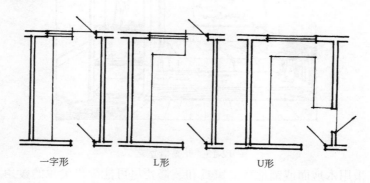

一字形　　　　L 形　　　　U 形

图 12-17　厨房设备布置的方式

厨房的地面多数是瓷砖的或马赛克的，要注意防滑，利于清洗，耐碱和耐酸。墙壁最好也用瓷砖或马赛克铺贴，并一直铺贴至顶棚，不能到顶时，也要成为墙裙，即有 1m 以上的高度。

由于面积较小，可在厨房楼板下面做吊顶，顶棚的材料多为塑料板、金属板或石棉水泥板。

厨房的主要设备是台面和橱柜，台面和橱柜的好坏不仅关系使用的方便与否，也关系厨房的格调与特色。要注意选择材料和颜色，设计好造型和尺寸，上柜、下柜和台面的尺寸参见图 12-8。要使厨房的各种炊具、用具存放得体，特别要考虑冰箱与微波炉、电饭煲等电炊具。近年来，出现了一种将餐具柜、冰箱、微波炉等集中组织安排在一起的整体柜，它表面平整、美观，既可设于厨房，也可设在餐厅内。

在面积稍大的厨房中，可以设一个 2~3 人就餐的餐桌椅，它并不代替正餐的餐厅，主要供上班、上学成员早餐时使用。

有一种开敞式厨房，即取消厨房与餐厅中间的隔墙，而代之以一个 1m 多高的柜台。这种厨房可以使空间显得开敞，但也容易使餐厅及客厅受到烟、气的干扰。相对而言，适于炊事活动稍少及人口较少而又使用电炊具的家庭，而不大适合人口较多的大家庭。

图 12-18 是一个普通厨房的透视图。

图 12-18 普通厨房举例

七、卫生间

在传统观念中，厨房、卫生间都是住宅中的附属房间，并非室内设计的重点。但在今天看来，恰恰是厨房与卫生间由于更加贴近人们的实际需要，集中着水、电、煤气等设施，更应受到人们的重视。

住宅内的卫生间有专用的和公用的之分。专用的只服务于主卧室或某个卧室；公用的与公共走道相连，由家庭成员和客人共用。

专用卫生间和公用卫生间，在一般情况下，各有三件卫生器具，即面盆、便器、浴缸或淋浴器。按一般习惯，专用卫生间使用浴缸，公共卫生间多用淋浴，其实，浴缸的上方也往往同时安装淋浴器。至于浴缸的种类，可按业主的需求选用，可以是普通的，也可以是冲浪的。有些住宅，档次较高，可能设计多种卫生器具，如在主卧室卫生间中加设妇女净身盆，甚至加设桑拿房，或在主要卫生间同时设置两个面盆等。

为方便使用，可将卫生间划为洗浴和厕所两部分，或者单独设置脸盆，而将便器和浴缸组织在一起，这种"浴厕分离"的做法，更加符合人们的生活习惯，因而也更加受到人们的欢迎。

关于洗衣机的位置,不同地区和不同住宅各有不同的做法,南方冬季气温不低,水管不会结冻,故常将洗衣机放在厨房外面的阳台上。北方冬季寒冷,故常将洗衣机放在厨房或卫生间。在别墅中,常设专门的洗衣间和熨衣间,此时,洗衣机便放在洗衣间内。

现代洁具款式新颖,材料多样,除陶瓷洁具外,还用人造大理石、塑料、玻璃、玻璃钢、不锈钢等制作的洁具。它们的功能日益完善,相当一部分洁具如坐便器,已由单一功能的设备,发展为自动加温、自动冲洗、热风烘干等多功能的设备,其五金零件也由一般的镀铬件发展为高精度加工的、美观、节能、节水、消声的高档零配件。

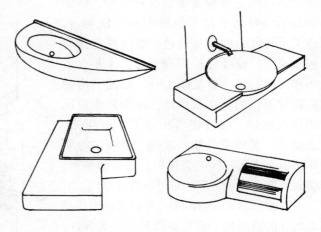

图 12-19 面盆举例

卫生间的面盆有壁挂式、立柱式和台式。壁挂式面盆占用空间较小,但使用时间过长时,容易倾斜。台式面盆下有贮藏空间,可以做柜或搁板存放一些零碎的洗涤用品。常用面盆有矩形的、椭圆的和碗状的(图

12-19)。面盆的规格多种多样,不同厂家生产的不同型号、不同形状的面盆规格不一,以矩形面盆为例,大者约为 600mm × 530mm × 200mm,小者约为 365mm × 420mm × 195mm。从面盆与台面的关系看,可以将面盆嵌入台面,称台下盆;也可将面盆置于台上,称台上盆。前者的台面,后者的盆沿,距地面 780mm 或 800mm。

坐便器有带水箱的和不带水箱的,从发展趋势看,高级宾馆和住宅将更多使用不带水箱的。现今的坐便器,形式日益美观,功能也日益先进。如现在已有温水洗净式坐便器,还有自动供应坐垫纸的坐便器,这种装置能自动在坐圈上垫上一层纸,让使用者不必直接坐在坐圈上,这种纸是一次性的,每次用一张,更加符合卫生方面的要求。为了方便老年人和病人,日本东陶还生产了一种能够电动升降坐圈的坐便器,使用者只要一按电钮,包括坐圈、扶手枕和靠背就会按需要升降到所需的高度。

浴缸有两类,即坐浴缸和躺浴缸。从安置方法看,有用脚腿支撑的和不用脚腿而直接落地的。现在已有不少家庭使用按摩浴缸,它的特点是水流成旋涡状,可起按摩的作用(图12-20),如将按摩浴缸与蒸汽浴结合起来,洗浴效果将更理想。浴缸尺寸大小不一,稍大的浴缸,长为 1650mm 和 1500mm,宽、高为 810mm 和 390mm;稍小的浴缸,长为 1400mm、1250mm 和 1100mm,宽、高为 620mm 和 340mm。

淋浴间可以在现场制作,也可以购买成品。现场制作的常常是一个宽约 800 ~ 900mm、长在 1200mm 之上的小空间,进人的一侧用玻璃制成推拉门。成品淋浴间有普通的和按摩的两种,其平面尺寸约为 900mm×900mm,图 12-21 显示了常用成品淋浴间的外形。

卫生间的地面和墙面,多用石材、瓷砖和马赛克铺贴,墙面大都贴至顶棚,楼板下常用塑料板或金属板做吊顶。

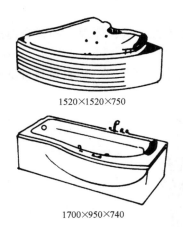

1520×1520×750

1700×950×740

图 12-20　按摩浴缸举例

图 12-21　成品淋浴间举例

在一个相当长的时间里，人们不大注意卫生间的风格和特色。随着生活水平的提高，现在的人们已日益重视这个问题了。卫生间的风格和特色可以从以下诸方面得到体现：

（1）使用有特色的材料（如仿古瓷砖、经过处理的木材等），或用多种材料相组合，在质感、色彩和图案等方面突出自己的个性。

（2）选用有特色的洁具，如选用悬挑式便器，以便扩大空间感；选用仿古脸盆，使环境具有传统特色。

（3）增设贮藏空间，包括搁板、柜架和各种壁龛，也可把脸盆的下部空间利用起来，成为一个贮物柜（图 12-22）。

图 12-22　面盆周围的处理

（4）使用白石子、卵石、贝壳、绿化和富有人情味的饰物软化环境，消除一般卫生间的生硬感。可以使用少量干花，也可以使用玻璃，将经过处理的芦苇、树枝、竹竿、干花等置于玻璃之后，或夹在双层玻璃的中间。

（5）在面积较大的卫生间中，可以设置躺椅、茶几等休闲类家具，体现一种置身海滨或置身草地的情趣(图 12-23)。

卫生间内应视需要和空间的大小设置柜、架、搁板、毛巾杆和浴巾环，以存放各种洗涤用品和搁置零碎的洗漱用具。

图 12-23　一个较大的卫生间

八、其他空间

在面积较大和标准较高的住宅中，依主人职业、喜好的不同，还可能设置一些基本空间之外的空间，如书房、棋牌房或日光室等。

图 12-24 是一个书房的内景，图 12-25 是一个学习工作角的内景，图 12-26 是一个日式茶室的内景，图 12-27 是一个位于别墅顶层的日光室的内景。

图 12-24　书房举例

图 12-25　学习工作角举例

图 12-26　日式茶室内景

271

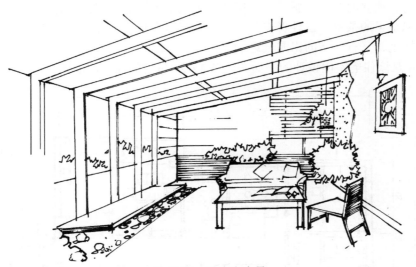

图 12-27　日光室内景

第三节　住宅室内设计的一般原则

在一一介绍了各部分的设计要点后，有必要进一步阐述一些关于住宅室内设计的总思路。

一、充分研究业主特点，了解业主的需求

业主是具体的，不同性别、年龄、职业、文化程度的业主各有不同的审美趣味和需求。要针对具体的对象，有的放矢，体现住宅设计的个性。举例来说，教师之家、画家之家和商人之家其空间状况和风格特征肯定是不同的。从总体看，住宅室内环境的风格将走向多元化。相对而言，流行较广的将是简约的现代式和经过改造提炼的中式，即所谓的"新中式"。

二、重视陈设的作用，适当淡化界面的装修

住宅中的各个厅室，空间较小，不必在墙面、顶棚等处做过分复杂的装修。住宅的个性，可以更多地通过家具和陈设来体现，这不但简便，而且极其有效。

三、重视厨房、卫生间的设计

厨房和卫生间不仅要有良好的空间，还要有完善的设施。要讲机能、讲卫生、讲科学、有情趣，让传统观念中的附属空间，同客厅、卧室一样，成为让人享受方便和享受愉悦的场所。

四、树立动态观念

树立动态设计观念，提倡多用家具，设计多功能空间，采用弹性设计方案，使住宅具有更大的灵活性和适应性。

第四节　住宅室内设计实例

这套住宅有独立的客厅、餐厅、书房和三个大小不等的卧室，还有一个厨房、两个卫生间和一个类似亭子的茶室。设计者充分发挥了隔断、家具、栏杆、景窗的作用，使环境既有一定的民族特色，又有一定的田园气息。

图 12-28 是该住宅室内设计的平面图，图 12-29 是它的几个剖面图。

272

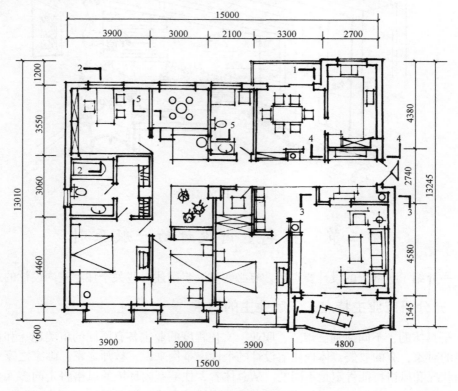

图 12-28　某住宅平面图

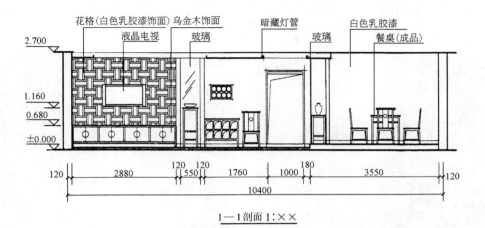

1—1剖面 1:××

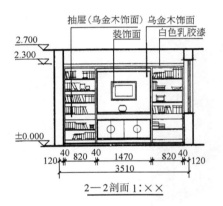

2—2剖面 1:××

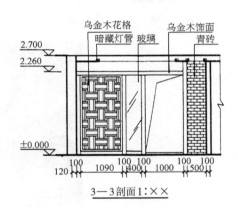

3—3剖面 1:××

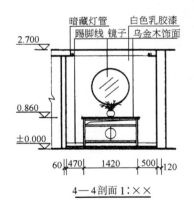

4—4剖面 1:××

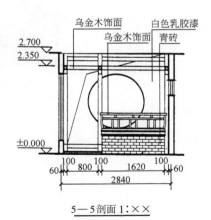

5—5剖面 1:××

图 12-29 某住宅的几个剖面图

273

图 12-30 是客厅的实景图。图 12-31 是主卧室的实景图,从该图可以大约看出主卧室、衣帽间和专用卫生间的关系。图 12-32 是餐厅的实景图,由图可以看到灯具以及相关的陈设。

图 12-30 某客厅实景图   图 12-31 某主卧室实景图

图 12-32 住宅餐厅实景图

第十三章　餐饮建筑室内设计

第一节　概述

餐饮建筑类型繁多。由于经营品种和经营方式不同，常见的餐饮建筑有宴会厅、中餐厅、西餐厅、茶餐厅、咖啡厅、茶艺馆和冷饮店等。

宴会厅大都附属于会堂、大型宾馆和酒店，是专为举行大型宴会而设的。特点是面积大，座席多；气氛豪华，又带有几分庄重；还常有贵宾休息室、舞台、化妆间、声光控制室等配套设施。

中餐厅是我国餐饮建筑的主要类型。除一般中餐厅外，尚有具有民族特色的清真餐厅、傣家餐厅、朝鲜餐厅及体现不同经营方式的快餐厅和火锅餐厅等。

西餐厅是专门供应西餐的。西餐厅的装修装饰多以西方古典建筑的装修装饰为蓝本，使用柱式、拱券等构件，并以西式绘画、雕塑、壁炉等等为陈设，家具大多也是西式的。由于西餐实行分餐制，故餐桌几乎全为长方桌或 2~4 人使用的小桌，而很少使用中式大圆桌。西餐厅注重灯光效果，除举行大型宴会的大厅使用枝形吊灯以形成华丽的气氛外，一般营业性西餐厅，大多使用相对暗淡的灯光，以营造一种幽静、朦胧的气氛。

改革开放后，我国的不少城市逐渐有了日本餐馆、越南餐馆和泰国餐馆等。它们分别供应本国菜肴，采用本国的服务方式，其空间、桌椅、装修和陈设也都力求反映本国的传统与特色。

咖啡厅及酒吧以供应咖啡和酒水为重点，以年轻人为主要顾客群，装修装饰更有个性，往往追求新颖、时尚、奇特的效果。

传统茶馆主要空间为大厅，气氛相对热烈，装修装饰大多具有地方性。有些茶馆还有小型舞台，让顾客在品茶过程中，有机会欣赏评书、大鼓、评弹等曲艺或其他演出。当今的茶艺馆除大厅之外，还有一个个的小包间，气氛相对幽静、素雅，大多采用中式家具，装饰装修多用竹、木、布料和国画、书法等。

快餐厅中的西式快餐厅以麦当劳、肯德基等为代表，中式快餐厅则是以快餐的形式供应中国传统小吃或比较简单的菜饭。市场上的快餐厅大多数都是连锁店，供应品种、服务方式、店面形象都有严格的规定。设计快餐厅时，必须了解该品牌店的相关要求，如招牌、灯箱、家具的式样、规格、颜色等。从总体上看，快餐厅的主要特点是以分餐为主，故没有特大的长桌和圆桌；环境干净、利落，有一种能够体现快节奏和高效率的气氛；并有特征鲜明、识别性强、与众不同的形象。

从室内设计角度看，不同类型的餐饮建筑，既有共性又有特殊性，共性是设计理念和设计原则相同或相似；特殊性主要表现在家具、陈设与装修的格调上。本章的重点是介绍普通中餐厅的室内设计。

第二节　中餐厅的组成及设计要点

营业性的中餐厅由两大部分组成，即营业部分和厨房部分。厨房设计涉及工艺和设备，往往由提供设备的厂家设计或给以必要的协助，故本节主要介绍营业部分的设计。

一、迎宾台（咨客台）

中等或大一点的中餐厅都应设置迎宾台（咨客台），任务是招呼客人并将其引到座位上。迎宾台的位置在主入口，有雨篷时或在较暖的南方，可以设在入口外；无雨篷时或在较冷的北方，可以设在入口内。迎宾台体量较小，往往只在其上摆放一些鲜花和纸巾等，主要作用是引起顾客的注意，也是咨客员所处岗位的标志。

二、门厅及休息处

靠近入口处，可能有一个门厅。它既是进入大餐厅之前的过渡空间，也可供客人暂时休息，以等待座位或等待尚未到达的同伴。门厅的大小和休息座席的多少视餐厅的大小而定，少者可有几个，多者可有几十个，常用的家具是沙发与茶几形成的沙发组。

作为一个过渡空间，也作为顾客首先接触的空间，门厅应有一定的装饰性。可以摆放一些具有特色的工艺品，也可以设计一些喷泉、水池等自然景物。当餐厅占有几个楼层时，门厅还应紧靠楼梯与电梯。

门厅与大餐厅之间可设装饰性较强的普通门，也可使用景门、落地罩或附带博古架的门洞等。

三、大厅

大厅是中餐厅的主要空间，既可以供散客使用，又可以供机关、团体、家庭举办庆典、婚宴、寿宴或进行联谊。在中国，人们常用"龙凤呈祥"比拟男女婚嫁，故有些地方还把大厅专称"龙凤厅"。大厅的主要部分如下：

（一）散座

这是大厅也是整个餐厅的主要座席，是用来举行宴会和接待散客的地方。由于中国人习惯于吃围餐，故散席几乎全都用圆桌，小的为8人桌，一般的为10人桌，大的为12人桌（图13-1）。散席的餐桌要相对集中，以便在举行婚宴、寿宴时，能将宾客集中成一片，形成必要的

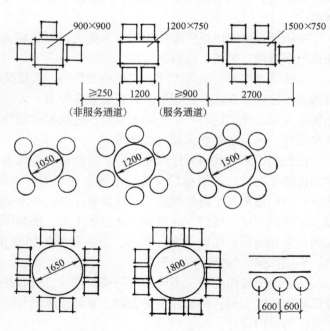

图 13-1　大厅座席的尺寸

气氛。餐椅常为高背椅，高背椅不仅形象突出，还能减少人们的疲劳。大厅的面积可按 1.85m²/座计算，指标过高，不够经济；指标过低，会使空间拥挤，不仅影响客人用餐，也影响工作人员的工作。

（二）雅座

在大庭的边边角角，常有一些 2 人、4 人或 6 人席，这种席别主要是为一些零散客人和小家庭而设置的。它们或靠侧窗，使客人有景可观；或靠一个角落，使客人稍感僻静，可以说是一种闹中取静的席别。

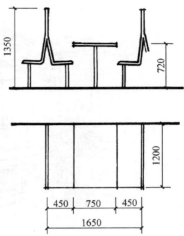

这些 2 人、4 人或 6 人席，可以用花槽、屏风和栏杆等围成，并形成一个单独的区域，也可以进一步分隔成一个一个相对独立的座席（图 13-2）。后者，很像火车里的座位，故可专称"卡座"或"火车座"。雅座区的地面可以高出大厅或低于大厅，这时，它就是一个明显的虚拟空间，气氛也会因此而显得更宁静。

图 13-2　卡座的尺寸

（三）餐具柜

餐具柜用来存放餐具、酒具、纸巾、牙签等物品，是服务员随时用以为客人提供服务的设施。它常被设计成高为 1m 左右、厚为 500mm 左右的柜子。分散布置在靠墙、靠柱且方便服务员取用的地方。

（四）收款台与酒吧台

一般餐厅均采用餐后结账的方式，并由服务员代替客人去结算，因此，应在适当地方设置收款台。收款台应靠近入口或位于大厅的中部。其长短视餐厅规模而定，一个收款员大约占用 1.3 至 1.5 个延长米。按习惯，收款台的后面应该有酒柜，用来陈设各种酒水和饮料。酒柜多用木材和玻璃制作，有的还以镜面玻璃作侧板或作背板，并加设若干小射灯，从而形成一种琳琅满目的气氛。酒柜中要有一定数量的搁板，以摆放普通酒水和饮料。葡萄酒以软木为塞，故宜横向存放，酒柜中的部分方形空格，就是用来存放这种瓶酒的（图 13-3）。

柜台与酒柜之间，应有一定的距离，为方便服务员在其间活动，最小距离不宜小于 1.5m。

上述收款台与酒吧台兼有收款、售酒等功能，但并不在柜台前面设吧凳。也有一些餐厅分设收款台与酒吧台，此时的酒吧台即有独立售酒和直接供顾客饮酒的功能，图 13-4 为酒吧台的类型和尺寸。

（五）舞台

大厅内应有一个小舞台，供举行庆典时使用，或供小型乐队、歌手等表演时使用。

小舞台的面积，为 12~30m²。可以高出大厅地面 150~450mm，或与大厅地面相平。后者，其地面最好使用不同于大厅的材料，以便在一定程度上显示出舞台的独立性。平时，舞台上也可以布置餐位，举行庆典时再把它们搬下去。小舞台按自身的形态可以分三种：一种是开放的，即演员和主持人可以从舞台的左右前后自由上下；第二种是半开敞式的，前有栏杆，演员和主持人须从左右的某处上下；第三种是封闭式的，即演员和主持人从幕后或台侧上下，这种舞台面积大，多用于大型餐厅和宴会厅。

小舞台的背景是大厅的一个重点。传统做法是红底金色双喜字，两侧分置"龙凤"图。

图 13-3　收款台举例

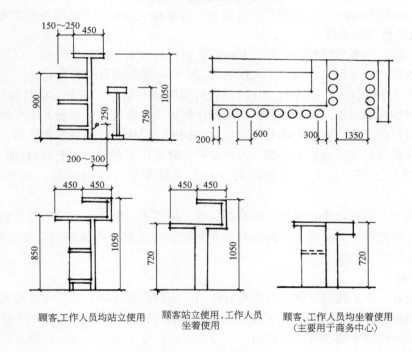

顾客、工作人员均站立使用　　顾客站立使用,工作人员　　顾客、工作人员均坐着使用
　　　　　　　　　　　　　　　坐着使用　　　　　　　　（主要用于商务中心）

图 13-4　酒吧台的类型和尺寸

这种做法有一定的局限性，只适用于婚宴，而难用于机关、团业、企业的联谊，故最好设计一种能够变换形象、适用多种活动的装置。图 13-5 为两个舞台的立面图。

小舞台最好位于大厅的轴线上，要使较多的座位能够看到舞台，厅内如有柱子，应该设法减少柱子的干扰。

舞台周围要有必要的灯光和音响设施。

（六）洗手间

男女公共洗手间应靠近大厅，但又不能将门直接开在大厅的侧墙上。必要时应用屏风、石景、水景、绿化等加以遮挡，达到既方便又隐蔽的目的。

除上述各组成部分之外，不同的餐厅可能还有一些特殊的组成部分，如海鲜餐厅中的海鲜池，用于茶市的明档，供顾客"看菜点菜"的点菜台等。

大厅的装修装饰应符合功能性的需要。

大厅的地面多用磨光花岗石、大理石和抛光砖，因为它们耐磨、耐酸、耐碱、易清洗。木地板和地毯有弹性，触感舒适，但容易在使

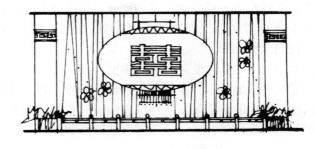

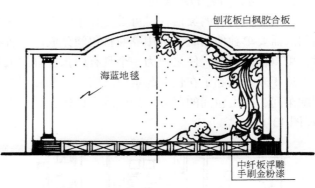

刨花板白枫胶合板

海蓝地毯

中纤板浮雕
手刷金粉漆

图 13-5　舞台立面举例

用过程中被污损，故仅见于高级宾馆酒店之餐厅，而很少用于一般对外营业的餐厅。

大厅的地坪可以有高低不等的变化，但不能影响服务的顺畅，更不要危及客人的安全。

大厅的墙面应当做墙裙，石的、木的、瓷砖的均可。墙裙上部的装修，应与壁灯、壁饰相结合。

大厅的天花是装修的重点，因为它毫无遮挡地暴露在客人的视野之内，最容易影响整个空间的气氛。要从整体出发，把握造型的繁简和格调。可做一些凹凸起伏的造型，或配之以浮雕和彩画。有些中餐厅，刻意追求传统装修的韵味，把天花做成井格形，使用传统的宫灯，并采用或繁或简的彩画，这些做法确能体现"中式"风格，必须注意的是不要落入俗套，更不要把它看成可以到处套用的程式。

大厅照明是室内设计的重要内容，要主次分明，繁简得当，可在中央悬挂大型吊灯，在周围配置较小的筒灯或吸顶灯，也可使用发光槽或发光龛，使天花具有丰富的造型。

四、包间

餐厅的包间是供家庭或特定的顾客群体使用的，按面积大小，有以下几种形式：

（一）小型包间

基本设施为一套10人桌椅和一个能放置电视机的餐具柜。有些餐厅，考虑到小家庭和部分群体的需求，设计一些6人或8人使用的小包间，实践证明，是很受顾客欢迎的（图13-6a、b）。

（二）中型包间

它与小包间的差别是有一个休息处，该处往往有一个可供4~5人休息的沙发组。休息

处是供先到宾客等候后到宾客的地方，是进餐前后洽谈业务、商量问题的地方。如果包间设有"卡拉OK"装置，它也是客人唱歌的地方(图13-6c)。

(三) 大型包间

大型包间的休息处面积大于中型包间，其座位可达十几个。包间的空余面积也大，休息处附近，还可能设一个小舞池。大包间的餐桌可容12~14人。入口附近还要有一个专供该包间顾客使用的洗手间，这种洗手间，只有两件卫生洁具，即便器与面盆(图13-6d)。有些大包间同时设两张餐桌，可同时容纳顾客20~30人。

(四) 可开可合的双桌间

为增加使用上的灵活性，可设一种中间有活动隔断的双桌间，并在包间前后各有一个单扇门。需要单独使用时，可用隔断将包间分成两个各有一张餐桌的小包间；需要合起来使用时，可以拉开隔断，使之成为一个具有两张餐桌的大包间(图13-6e)。

近年来，兴起了在包间与走廊之间设置配餐间的新做法，此时，饭菜将由传菜员首先送到配菜间，再由包间的服务员经门或窗口送至餐桌上。备餐间设备餐台，其上设微波炉等设备(图13-6f)。

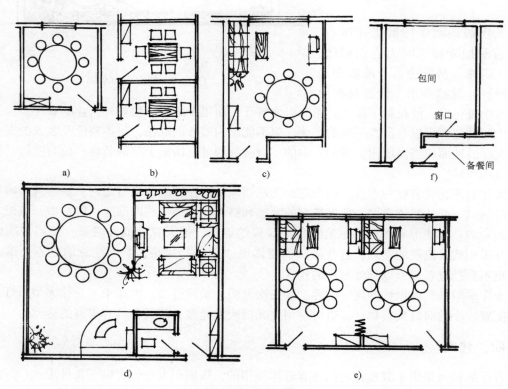

图13-6　包间的类型

包间是餐厅中较为尊贵的座席，故应有较强的舒适性和高雅的格调。

包间的地面多用石材、木材装修或铺地毯。

包间的墙面应有墙裙，墙裙的上部可酌情使用乳胶漆、壁纸、板材和织物，也可搭配使用少量拉毛灰、玻璃和软包。墙面的造型可中、可西，前者，包括使用古典柱式和拱券；后者，包括模仿传统隔断与罩，以及象征性地使用景窗与景门等。墙面材料不宜过硬，以免反射声过大，影响环境的声学质量。墙面上的装饰是包间美化的重点，可按风格特征的要求，分别选用具有中国特色的国画、书法、摄影、剪纸、刺绣、蜡染、雕刻与壁挂等，或选用具有西方风味的浮雕、油画等。近年来，人们常用新颖的饰物装饰墙壁，包括在镜框中镶嵌民族服饰、贝壳或干花等。

包间天花视面积大小和标准高低而设计。简者，可用乳胶漆；繁者，可设计凸凹变化的造型，并使用线脚、浮雕和织物等。

包间可有少量盆栽、雕塑、插花等陈设，其内容和形式，要与整体风格相协调（图 13-7）。

有些餐厅有十几个甚至几十个包间，按习惯都有一个好听的名字，如按用地命名为北京厅、纽约厅、巴黎厅；按花命名为牡丹厅、兰花厅、荷花厅、梅花厅；用山名命名为庐山厅、黄山厅、华山厅；用桥名命为洛阳桥、赵州桥等。可惜的是，这些好听的名

图 13-7　包间举例

字，往往如同一、二、三、四等符号，并没有与包间的装修与装饰相呼应，起到点题的作用。也就是说，包间中的牡丹厅、兰花厅、荷花厅的装修与装饰往往是一模一样的，并无与名称相称的特色。从正确的原则出发，这些不同的"厅"，应各有自己的特点，做到名实相统一。

第三节　中餐厅室内设计的一般原则

餐厅是一个消费场所，设计餐厅的内部环境必须抓住消费者的心理。顾客愿意到哪个餐厅消费，涉及经济能力、口味爱好和餐厅声誉等诸多方面，单从室内环境说，要注意以下几个问题：

一、提高环境的舒适性

有人对到"麦当劳"就餐的人做过一次调查，问他们是喜欢食品的味道、喜欢餐厅环境、认为安全卫生，还是另有其他原因。结果是大多喜欢环境，认为干净、卫生的占了较大的比例。这表明，当代人进餐厅，不仅是为了找到可吃的饭菜，还需要找到一个较好的环境。换句话说，他们来到这里，除了要获得物质方面的满足外，还要获得精神方面的满足。因此，现代餐厅的室内设计，应尽量创造出一种舒适、明快、安全、卫生、让人身心愉快的环境。使客人能在一种宁静的氛围中从容就餐，得到休息，或者进行交友、洽谈等活动。

要合理组织就餐线路和供应线路。供应菜肴的出口和回收待洗餐具的入口最好分开，以充分显示洁污分流的原则。

要有较多的席别和丰富的空间层次，使大的群体和三三两两的散客各有去处，使喜欢热闹者和独享清静者各得其所。

要有绿化、水景、石景等多种自然景观和人文景观，使客人在就餐时有景可看。室内装修应有良好的吸音效果，避免使这个人数本来就多的场所更显嘈杂。

281

二、强化环境的体验性

"体验经济"是一种新的消费理念和形式。其基本含意是人们在消费中不仅能够获得物质形态的商品，还能获得有趣的体验过程。与一般消费理念不同的是，它不仅重视消费的结果，还格外重视消费的过程。说得通俗一点，一般消费是"花钱买商品"，"体验消费"则是"花钱买体验""花钱买过程"。

体验经济是商品经济、产品经济、服务经济之外的第四种经济模式。它以环境为舞台，以商品为道具，以顾客为中心，创造的是让顾客难忘的活动，追求的是让顾客参与其中，并在参与中从身心、情绪和认识等方面得到深切的体验。

体现这种理念的设计是从国外的一些娱乐性酒店兴起的，美国的拉斯维加斯可以称为这类酒店的发祥地。在那里，有波利尼西亚岛屿、罗马庙宇、埃及金字塔、西部荒原小镇、纽约曼哈顿的复制品。顾客在这种酒店就餐，不必出国旅游，就能领略异国风光，不必长途跋涉，就能得到梦幻般的体验。

以"恺撒宫"赌场娱乐性酒店为例，这里的"论坛购物中心"有意大利大理石铺装的地面，有古罗马的士兵不停地从顾客的身边走过，在灯光、音乐的配合下，恺撒大帝雕像还不时发表讲演（电脑控制），……于是，顾客们犹如置身古罗马集市一般，可以非常深切地体验到古罗马的伟大与庄严。可以这样说，在这种餐厅就餐，寻求刺激、接受体验是主要的，至于菜肴早已退到相对次要的地位了。

图 13-8 所示餐厅，桌面形状独特，长桌用岩石分隔，灯柱别致且富装饰性，也是一个可以体验异国情调的场所。

图 13-8　具有异国情调的餐厅

三、突出环境的特色性

特色是设计的闪光点，也是吸引顾客的有效手段。

特色可以从许多方面体现出来：

（1）地方特色，如"东北餐厅"将座位设计成东北火炕的样式，用东北农村常见的花布作装饰；"湖南餐厅"用湘绣作陈设，用湖南盛产的竹藤作桌椅；"杭州餐厅"以西湖风光作壁挂，以船桨、鸟笼作装饰等。

（2）历史特色，如绍兴的咸亨酒店以鲁迅所写小说为参照系，设计了整体环境和桌椅，于是，便很能引起顾客们对于那个时代的遐想和回忆。

（3）民族特色，如傣家餐厅以傣家竹楼为蓝本设计空间形象，用傣家民居中常用的竹蓆装修界面，用竹桌、竹椅充当餐桌餐椅等。

餐厅的特色在很大程度上表现为文化性，这是因为，餐厅的诸多内容和形式如菜肴、餐饮器具、餐饮礼仪、餐饮家具和餐饮环境本身都是文化的一部分。

图 13-9 是一个日式包间的内景，它造型简洁，工艺精细，木制天花、草编座垫和竹筒插花等无一不与日本传统文化相关联。

四、体现环境的多样性

彰显环境多样性的有效手段是设计各式各样的主题餐厅，如表现农村风光的"农家庄"餐厅，以各式钱币装点墙面的"钱币餐厅"，以与足球有关的要素美化环境的"足球酒吧"等。

美国的"热带雨林"餐厅和好莱坞星球餐厅都是著名的主题餐厅。拿热带雨林餐厅来说，就餐区到处是茂密的树干和枝叶，树丛中用电脑程控的仿真大象和黑猩猩不断地变换姿态，还不时发出令人震惊的怪叫声。雨林之中，有逼真的雷鸣闪电和暴雨声，顾客们甚至还能嗅到花草的香味，于是，似乎毫不怀疑自己确已身处雨林中。这种主题餐厅获得成功是必然的，难怪它已成为连锁店，甚至把分店开到了中国香港和北京。

图13-10所示餐厅，以加工了的原木为桌面，以农作物、翎毛、面具为装饰，以片石铺装地面，以别致的造型构成天花，风格粗犷，富有野趣，可以视为具有山村风韵的主题餐厅。

图13-9　日式餐厅包间

图13-10　具有山村韵味的餐厅

五、提高环境的灵活性

现代社会是一个高效率、高节奏的社会。从经营角度出发，也从顾客需求的角度出发，餐厅最好能有较强的灵活性，以便能够满足多种活动的要求。为此，餐厅内可设一些启闭灵活的隔断，必要时将大餐厅划分成大小不等的部分。在餐饮营业中，可视需要开设茶市、饭市和自助餐。除餐饮外，还可视需要用于洽谈会、联谊会、新闻发布会、小型表演和小型展示会。

第四节　中餐厅室内设计实例

本例为一个中餐厅，由大厅和包间组成。大厅中有一活动舞台和收款处，在边角处还布置了一些座位较少的餐桌。入口处有一个四根柱子撑起的"门架"，是一个相当于"玄关"的过渡空间，其作用是可以免除"一眼望穿"的弊病。图13-11为该餐厅的平面图，图

13-12 和图 13-13 为该餐厅的主要立面图和天花平面图。

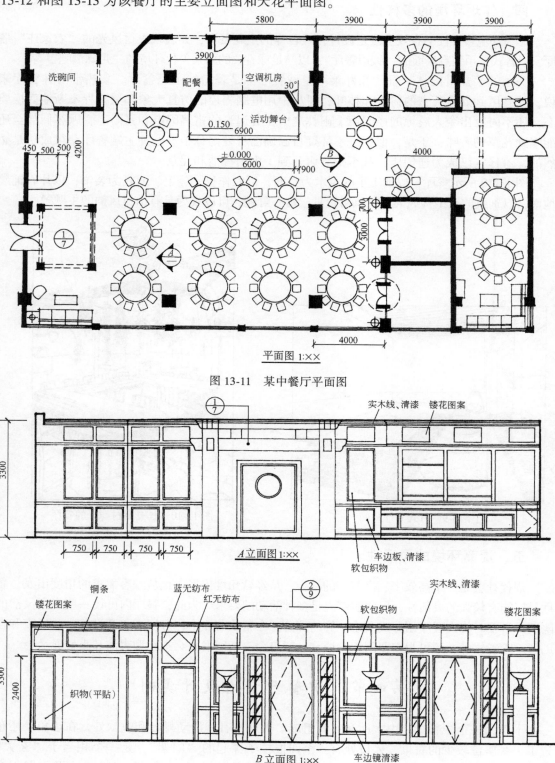

平面图 1:××

图 13-11　某中餐厅平面图

284

A立面图 1:××

图 13-12　某中餐厅立面图

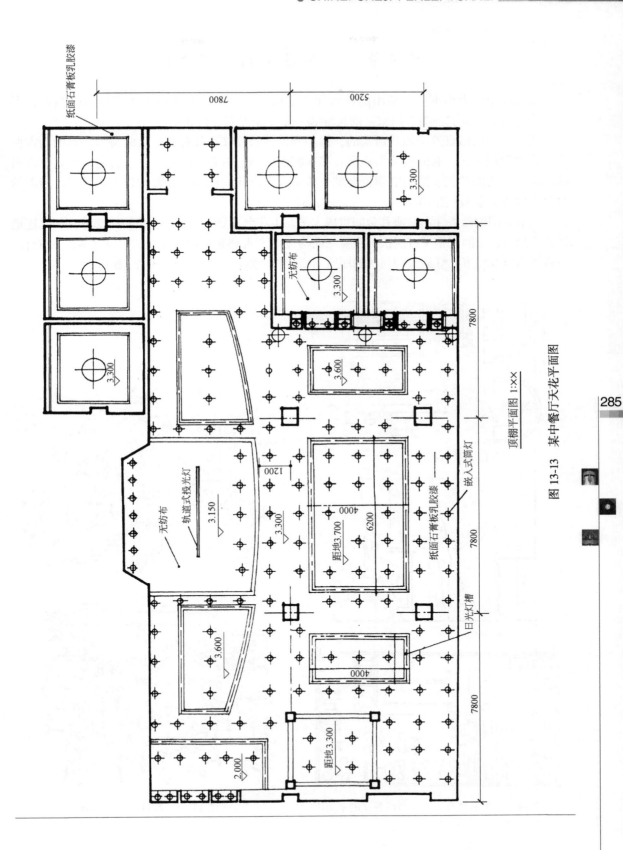

纸面石膏板乳胶漆

3.300

无纺布

3.300

3.600

无纺布

轨道式投光灯

3.150

3.300

距地3.700

4000

6200

嵌入式筒灯

纸面石膏板乳胶漆

日光灯槽

4000

3.600

距地3.300

2.000

顶棚平面图 1:××

图 13-13　某中餐厅天花平面图

第五节　西餐厅室内设计实例

西餐厅规模大小不一，稍小的西餐厅大都没有包房，而常将西餐座席与酒吧柜台相配合，图 13-14 显示了一些常用家具的尺寸和一个小型西餐厅的平面图。

西餐厅的风格自然应该是西式的，但不同的西餐厅又往往各有自己的特点，有的为古典式，有的为现代式，有的则突出体现自然朴实的性格。古典式西餐厅常有古老的柱式、古典的门窗、优美的铁艺、漂亮的彩色玻璃、传统或者现代的油画，并常常设置钢琴以及精美的烛台、台布和餐具(图 13-15)。

本节介绍的西餐厅由散座和包间组成，平面由花台等划分为若干个虚拟的部分，相互连通又各自独立，空间完整又有层次。主要立面均按西方古典建筑的手法处理，木墙裙、云石柱、石膏线角以及窗帘、灯具等均与西餐厅所需格调相一致(图 13-16、图 13-17、图 13-18)。

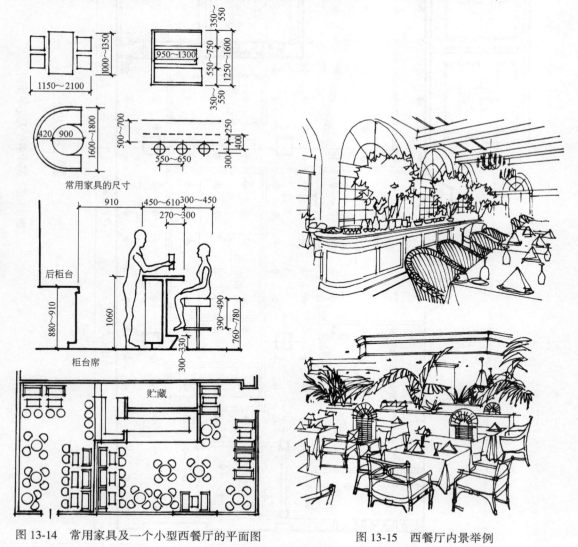

图 13-14　常用家具及一个小型西餐厅的平面图

图 13-15　西餐厅内景举例

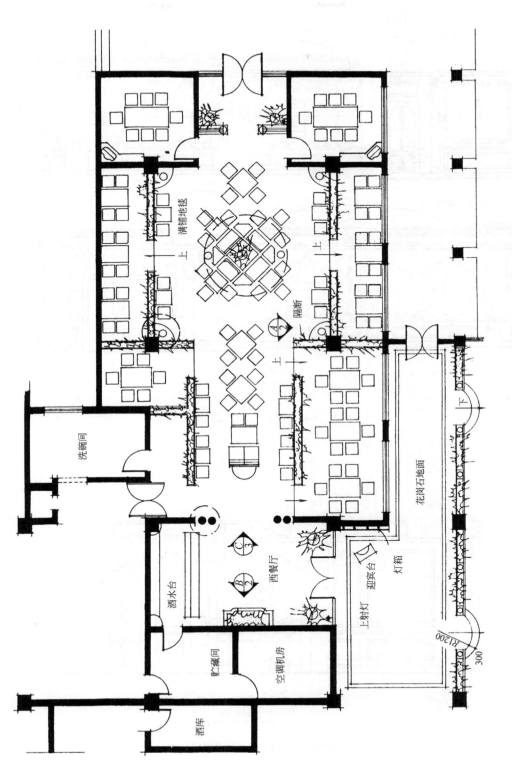

图 13-16 某西餐厅平面图

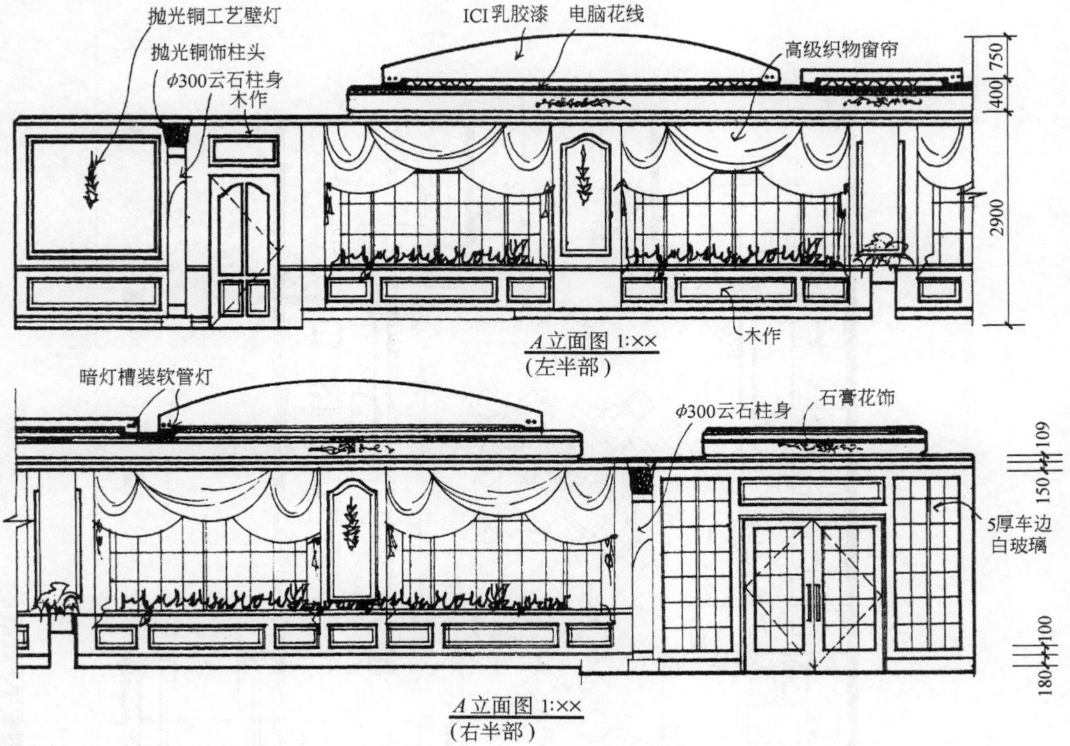

抛光铜工艺壁灯
抛光铜饰柱头
ϕ300云石柱身
木作
ICI乳胶漆
电脑花线
高级织物窗帘
750
400
2900
木作
A立面图 1:××
(左半部)
暗灯槽装软管灯
ϕ300云石柱身
石膏花饰
109
150
5厚车边
白玻璃
100
180
A立面图 1:××
(右半部)

图 13-17　某西餐厅立面图之一

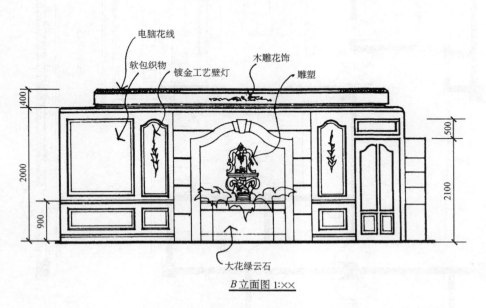

电脑花线
软包织物
镀金工艺壁灯
木雕花饰
雕塑
400
2000
900
500
2100
大花绿云石
B立面图 1:××

图 13-18　某西餐厅立面图之二

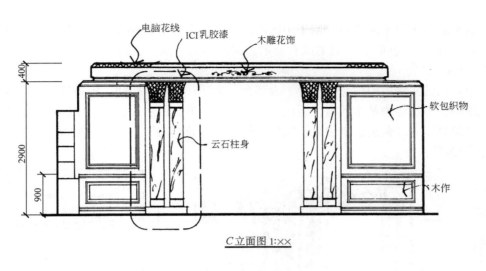

电脑花线　ICI乳胶漆　木雕花饰

软包织物

云石柱身

木作

400

2900

900

*C*立面图 1:××

图 13-18　某西餐厅立面图之二(续)

第六节　茶艺馆室内设计实例

饮茶，在中国已有上千年的历史：道家饮茶，寻求的是空灵虚无的意境；佛家饮茶，以茶助禅，寻求的是明心见性；儒家饮茶，品味的是修身、齐家、治国、平天下的为人之道；文人雅士饮茶，追求的是心灵的宁静、精神的超脱，……。总之，茶虽一种饮品，但又承载着诸多东方文化的内涵。

为满足现代人生活需要的茶艺馆是近十几年才逐渐兴盛起来的。它与传统茶馆一样，是一个品茶休闲的场所，但无论是内容和形式都已有了明显的改变。从内容上看，今天的茶艺馆具有功能多样的特征，它不但可以供人品评香茗，更是一个可以休闲、进行社交和洽谈生意的场所。有些茶艺馆可以随茶供应中西小点，甚至还附设舞台、书吧、网吧等设施。从形式上看，当今的茶艺馆更加重视轻松、淡泊、休闲、怀旧的氛围；更加重视发掘茶文化的深刻内涵；更加重视体现环境的个性。从装饰手法上看，多数茶艺馆的设计者都喜欢使用中国传统建筑装修的元素和符号，如空透的空间、仿明家具、博古架、隔扇、幔帐等空间分隔物，书画、篆刻、国画、古董和民间工艺等陈设，以体现一种与茶相合的空间效果和神韵。与此同时，他们还喜欢使用绿化、石景、水景等自然景观和木、竹、藤、麻、砖、石等材料，用以创造朴实无华、返璞归真的意境乃至体现东方园林的精神(图 13-19、图 13-20)。

图 13-19　具有中国传统韵味的茶座

　　从品茶而衍生出来的茶道，始于中国的唐代，传入日本后，又有了新发展，故许多茶艺馆往往设有日式"包间"，其目的既有显示异国情调的一面，也是借此显示中日茶文化的内在联系(图13-21)。

　　本节介绍的实例由门厅、服务台、表演台、大厅、雅座、包间、厨房等组成。设计者以竹子、国画、书法等为基本元素，运用色彩、质感、形态的对比，寻求中国传统韵味与现代简洁美的结合，力求营造清幽怡人、陶冶情操、具有诗情画意、给人以联想启迪的环境(图13-22、图13-23)。

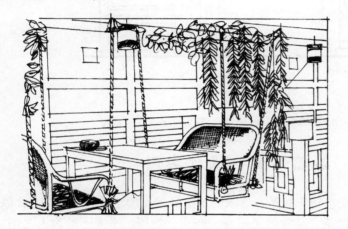

290

图 13-20　具有自然气息的茶座　　　　　　图 13-21　茶艺馆中的"和式"包间

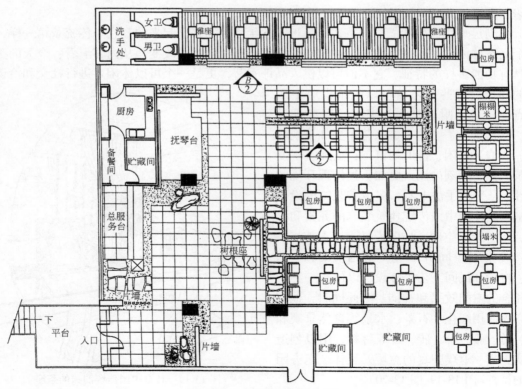

图 13-22　某茶艺馆的平面图

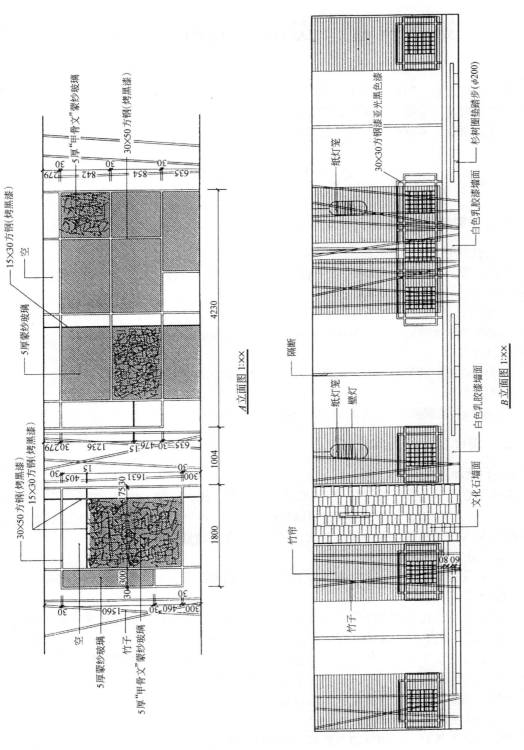

图 13-23 某茶艺馆的两个立面图

第十四章　宾馆、酒店室内设计

宾馆、酒店是一种供旅客休息的建筑。随着旅游业的不断发展，宾馆、酒店的类型越来越多，对室内设计也提出了更多的要求。常见宾馆除一般旅馆外，还有青年旅馆、汽车旅馆、别墅旅馆等，本章内容以一般宾馆为重点。

第一节　宾馆的组成

一、一般宾馆的组成

1. 公共部分

包括大堂、会议室、多功能厅、餐厅、商场、舞厅、美容、健身、娱乐等供所有旅客使用的场所。

2. 客房部分

包括各种等级的客房，是下榻宾馆的旅客的私用空间。

3. 管理部分

包括经理室，财务、人事、后勤管理人员的办公室和相关用房。

4. 附属部分

包括提供后勤保障的各种用房和设施，如车库、洗衣房、配电房、工作人员宿舍和食堂等。

二、现代宾馆的发展趋势

（一）功能趋向综合化

表现是它已不是单纯的"住处"，而是一个集吃、住、购物、休闲、娱乐、社交等多种功能于一身的综合体。有不少宾馆，可以接待会议、举办展览、进行商务活动，有些宾馆还可随时为非入住的消费者提供多种餐饮、文娱、体育、健身、观光等服务。

（二）分工日益明细化

一方面是功能的综合，一方面是分工的细化，初看起来，有些矛盾，实质都是为了满足顾客的需求。

所谓分工明细化是指不同的宾馆各有各的顾客群。如青年旅馆以青年学生为对象，在这里，有多人合住的客房，床为双层床，洗衣、熨衣多为自助式，目的是降低消费标准，适应青年学生的经济水平，培养他们的集体意识和独立自主的精神。再如汽车旅馆，专为驾车的司机们和自驾车旅游的人们提供服务，在这里，除了有一般旅馆应有的基本设施外，还有大型停车场、加油站、修车、洗车服务站乃至汽车影院等。

（三）特色更加个性化

宾馆的客人各有不同的目的和要求，但是既然都是来自他乡，就都希望自己下榻的旅馆能有优美的环境、周到的服务、完善的设施和鲜明的特色。

宾馆的设施是不同的，这为宾馆的星级标准所决定。但这并不意味着星级标准较低的宾馆就不能给人留下难忘的印象，关键是看它是否与众不同，具有鲜明的特色。

宾馆的特色要切合旅客的心理。作为旅客，除了要在这里享受到舒适的饮食起居外，还要通过旅馆领略异国或异地的风土人情、历史文化、自然风光、风俗习惯，以达到扩大视野、增加知识、调剂生活、修身养性的目的。

三、宾馆室内设计的一般原则

鉴于上述情况，宾馆的室内设计应着重体现民族性、地方性或通过表现某一种特定的主题，展示自己的个性。

（一）民族性

不同国家的宾馆应着重体现本国的文化传统，特别是建筑文化的传统，如日式宾馆和印度宾馆应分别反映日本和印度的建筑传统和经验，以及日本人和印度人生活方式的大概状况等。

不同民族的宾馆也应如此，如维吾尔族和蒙古族宾馆，要分别反映伊斯兰建筑和蒙古建筑的特征，甚至使用该民族特有的家具、陈设、装饰纹样和设备。这样做能使本族的客人感到方便，也能使其他民族的客人感到新鲜，即满足他们的求知欲和好奇心。从这种思路出发，在我国这种多民族的国家，未尝不可以修建一些四合院旅馆、竹楼旅馆、窑洞旅馆和蒙古包旅馆等。

（二）地方性

不同的地区和不同的城市有不同的地理气候条件，不同的风光与名胜，要想在一个小小的旅馆中充分体现这些特点，无疑是相当困难的。但是，从设计者的角度看，又必须尽量地体现这些特点，使不同地区和不同城市的宾馆各不相同，各有各的地域特征，以避免出现"似曾相识"的尴尬。例如，拉萨的旅馆、敦煌的旅馆和吐鲁番的旅馆，就应该分别体现雪域高原、河西走廊和葡萄沟在地理、气候方面的特点，并且与地域文化以及特殊的风土人情相联系。

（三）历史性

不同国家、地区和城市，有不同的历史沿革和文化背景，宾馆设计应在一定程度上反映这一现实，让旅客从中获得信息、知识和启示。山东曲阜阙里宾馆在室内设计中不但借鉴了中国传统室内设计的经验与成果，还充分体现了孔子及其学说在历史上的地位和作用，是一个相当成功的例子。

（四）多样性

旅客外出旅游都有一种猎奇的心态，都有一种在自然环境中放松情绪的愿望，都有一种"经风雨、见世面"、受到教益、增长才干的需求。

旅馆室内设计者应该抓住这种心理，别出心裁，从一个人们往往意想不到的角度，设计出让人大感惊奇的世界。除反映民族、地方特点外，还可以突出不同的主题，如滑雪旅馆、温泉旅馆等。广州番禺长隆大酒店，位于长隆动物世界大门处，设计者以"动物"为主题，在酒店的装修中使用动物雕塑和与动物相关的图案，充分表达了人与动物应该和谐相处的主题，能使客人得到少有的满足。

（五）时代性

宾馆、酒店属服务性行业、十分贴近人们的生活。科学技术的发展、商业文化的流行、生活方式的演变、审美观念的多元素都会去宾馆、酒店的设计中得到反映。除设施要现代化之外，重要的是服务理念要现代化，如引入网络、实行管家式服务等。

第二节 大堂的室内设计

大堂是与门厅相接的公用大厅,有些宾馆没有门厅,大堂和门厅就是一回事。

大堂的面积与宾馆的规模有关,其公共部分(不包括营业区)的面积可按每间客房0.4~0.8m² 考虑。大堂的高度可以贯通二层或更多的楼层,如果只有一层,其高度不可过低。

一、大堂的组成

(一) 总服务台

总服务台简称总台,是客人登记、结账、问询和保管贵重物品的地方,应处在大堂中比较显眼的位置。总台的服务台有两种基本类型,一种是内低外高的双层台,内台高约0.8m,外台高约1.15m,其特点是客人站着使用,服务员可以坐下办手续;另一种台高约0.8m,宽约0.7m,特点是客人和服务员都可以坐下,因此,台的内外应同时设座椅。后一种服务台能够体现亲切、平等的气氛,也可免除客人的疲劳,故已越来越多。服务台的台面多用大理石、花岗石及优质木材制作,服务台的正面,多用石材、木材、皮革、玻璃、铁花等多种材料制作,有的还配以灯具或灯槽。服务台的造型应大方、明朗而有装饰性,台的长度可按每个值班员1.5m计算(图14-1)。

图 14-1 服务台举例

服务台的后面或附近,应有一部分办公用房和附属用房,包括财务室、值班休息室、贵重物品保管室等(图14-2)。

服务台的背景墙是大堂的视觉焦点,其上可为壁画、浮雕,也可展示宾馆的名称和标志。设计背景墙要充分考虑题材、形式、色彩、材质以及灯光的效果。如果使用壁画或浮雕,其题材最好与宾馆所在的地域、相关的人文历史以及宾馆的功能性质相联系,如本地风光、历史事件等。在现代风格的宾馆中,背景墙也可使用抽象图案,或仅仅用不同材料形成一个显示材质和色彩的组合,它们虽无具体内容,却依然能为人们提供欣赏的余地。

大堂后面的背景墙最好少开门，必须开门时，应尽可能位于两端，以便把中间的墙面留出来。两端的门，要从色彩、材料等方面与背景墙的总体相协调，可以与背景墙使用相同的色彩和材料，这样，当门扇关闭时，就能有效地保持背景墙的完整性。

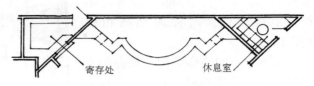

许多大堂都有显示世界主要城市时间的钟表，它们可以布置在背景墙上，也可以布置在服务台上方的横梁上。

（二）副理值班台

是酒店值班副经理在前台回答顾客询问、处理突发事件的地方，它应该位于易见易找但又不影响旅客进出及行李搬运的地方。值班台的基本家具是一台三椅，台前的两椅是供顾客使用的。

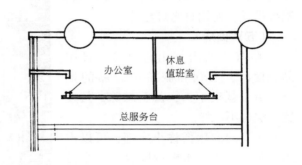

图14-2　服务台平面及相关用房

（三）休息处

供入住宾馆的客人临时休息和临时会客使用，应靠近入口，位于一个相对僻静的区域。可用隔断、栏杆、绿化等与大厅的交通部分分开，也可以提高或降低地坪标高，使其具有更大的独立性。休息处的主要家具是沙发组，数量多少依宾馆的规模而定。大部分休息处位于大堂的一角或者靠墙（图14-3a、b），也有一些休息处位于大堂的中央，由沙发、茶几、花槽等形成一个相对独立的区域（图14-3c），这种休息处适用于面积较大的大堂，否则，有可能影响人、物的集散。有些大堂，以柱子或花台为中心设置座椅，由于使用者一律面向外面，难于相互交流，故只能作为集中式休息处的一种补充（图14-3d）。休息处的周围应该设置报刊架，宣传资料架及雨伞架等，图14-4是一个休息处的透视图。休息处→总服务台→楼电梯之间，要有简洁通畅的线路，避免过长，更要避免往返与交叉。

（四）商务中心

商务中心是大堂中一个独立的业务区域，常用玻璃隔断与公共活动部分相隔离。商务中心的任务是预售车、船、机票，协助旅客传真、打印、复印，代办旅游，提供包车和出租电脑等，有些大一点的商务中心，还提供商务洽谈的洽谈席。因此，商务中心应有办公桌椅和与服务项目相应的设备。商务中心的内部，常

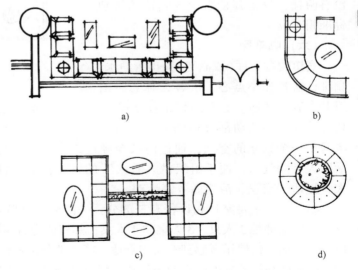

图14-3　休息处的几种类型

295

用柜台划分成两部分，柜台内部为服务人员的座椅，外部为顾客的座椅，柜台较低，同普通桌高相似（图14-5）。

商务中心的装修可按一般办公空间设计，如采用石材、瓷砖、木材地面或满铺地毯，采用夹板、石膏板、铝板吊顶，使用日光灯盘等。

（五）商店

宾馆的商店是出售鲜花、日用品、食品、书刊和旅游纪念品的地方。由于规模不一，甚至悬殊，其设置方法也不一样。

小型的商店俗称小卖部，可以占用大堂的一角，用柜台围合出一个区域，内部再设商品的柜架。

中型的商店可以专门辟出一个区域，可在大堂之内，也可通过走廊、过厅与大堂相连，其内分区出售相关的商品。

大型的商店实际上就是一个大商场，它不属于大堂，其内，往往有多家小店，如鲜花店、书店、箱包店、服装店、土特产店等。这种商店同一般商场的设计没有两样，只是其档次须与宾馆的级别标准相对应。

（六）咖啡厅

宾馆的咖啡厅（或酒吧）是出售酒水、咖啡、饮料和小点心，供客人休息、消

图 14-4　休息处举例

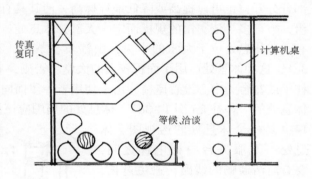

图 14-5　商务中心平面举例

遣和会客的场所。它有两种布置方式：一种是从属于大厅，是大厅的一部分，但有花台、栏杆等与公共活动部分相隔离，或与大厅不在同一个标高上；另一种是完全独立的，即本身是一个独立的空间，通过门甚至经过走廊、过厅与大堂相连。第一种咖啡厅，能够活跃大堂的气氛，便于组织"人看人"的景观；第二种咖啡厅，相对僻静，面积往往较大，更适于交友、洽谈商务等活动。

咖啡厅的主要家具和设备有三部分：一部分是分散布置的桌椅，其桌或为圆桌或为方桌，大体上都是2人桌、3人桌和4人桌；其椅或为竹藤圈椅，或为沙发椅，体量较一般餐椅大，目的是使使用者感到宽松和舒适。第二部分是吧台，在这里，客人是坐在吧凳上饮酒的，因而必须设置标准的吧台与吧凳。第三部分是准备间，实际上就是吧台与酒柜之间的空间。在这里，要有陈列酒水、饮料的柜架，有清洗、消毒、加热的设备，还要有冷藏保鲜的

冰柜等。有些咖啡厅，在准备间的附近设一个小型贮藏室，用来贮存酒水、饮料、食品和杂物（图 14-6）。

有些咖啡厅附设一个小舞台，可供钢琴手或小乐队演奏，其台不高，常用绿化、水体等与餐饮区隔离，或者将地面升高 150~300mm（图 14-7）。

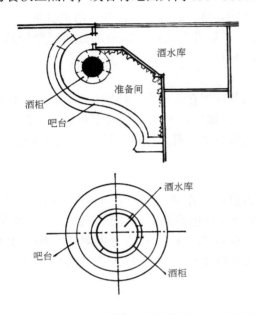

图 14-6 酒吧台及准备间

图 14-7 咖啡厅的琴台

除上述各组成部分外，大堂内还应设置男女洗手间。

二、大堂的设计原则

（一）要动静分区

一般做法是，把公共活动区集中于中央，把相对私密的空间引向周围。中央区要有利于人、物（主要是旅客的行李）的集散，因此，要有足够的面积，要少设影响人、物集散的构件、部件和景物。中央区周围的接待区和休闲区要少受过往人流、物流的干扰，以便客人能够有条不紊地办理各种手续，悠闲地静坐、休息、购物、观景、听琴或欣赏宾馆的装饰。

（二）要有明确的人流和物流

顾客进店的基本程序是短暂休息、安排行李、进行登记、进入楼电梯、走向客房。出店的程序与此相反，因此，相关组成部分的位置应该符合这样的顺序。

（三）要有符合宾馆标准的界面装修

宾馆大堂是宾馆的窗口，是宾客出入宾馆的必经之地，环境的质量和气氛直接影响整个宾馆的形象，故多数宾馆都将大堂作为装修的重点，集中展现装修的水平和技艺。

大堂的地面多用磨光花岗石和大理石铺装，由于多数大堂的中央没有什么家具，故常在这里做拼花。大堂的地面也可满铺地毯或使用优质木材，如核桃木、柚木、水曲柳等。满铺地毯者，华丽美观，但不易维护和清洗；使用木材者，弹性较好，但耐磨性较差。

墙面多用石材、瓷砖和木材，偶尔也用玻璃、不锈钢、钢条、铁艺等用作点缀。花岗石和大理石墙面，有豪华感，但过于冷漠，铺砌面积过大时，还可能影响大堂的音质。大堂的墙面上多有大型壁画、浮雕或挂毯，它们不但可以增加墙面的装饰性，还可以体现大堂的特色。

天花多有起伏，有的还根据或中或西的格调使用井格、彩画或石膏花。吊顶材料多为木夹板，其上视需要使用壁纸或涂料。大堂的中央特别是贯通几层楼高的部分多用豪华的吊灯，其周围由于高度较低多用体量不大的筒灯或吸顶灯。

（四）要有特色鲜明的陈设

宾馆的特色理论要体现在各个方面，但首先必须体现在大堂上，特别是体现在大堂的陈设上。所以要选用能够反映民族性、地方性、历史性和具有不同主题的家具、工艺品、雕塑、花台、小品、灯具、绿化、水景和石景，让大堂成为好看、好玩、最有人气的场所。

三、大堂设计实例

该大堂的前区有值班副理台、总服务台和休息区。左侧为银行、小物件寄存室和商务中心区。右侧为一园林茶座，是一个具有中式园林特色的品茶休闲区，该区内有瀑布、水池和错落有致的绿化，还有熔岩造型的假山。此区的入口，有仿青铜雕塑一座，更可提高大堂的人文精神和文化气息。图 14-8 是该大堂的平面图，图 14-9 为该大堂的主要立面图。

298

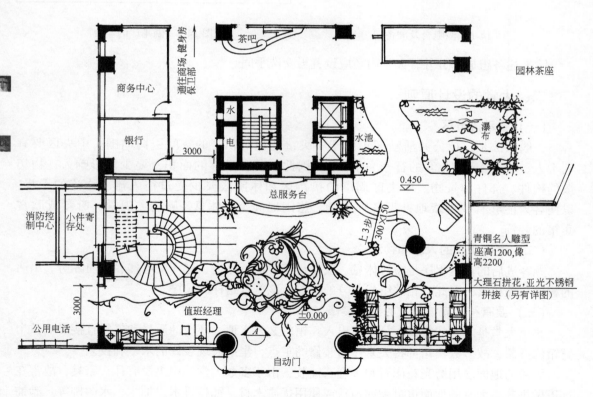

图 14-8　某大堂平面图

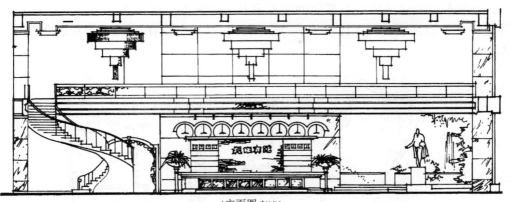

A立面图 1:××

图 14-9　某大堂的一个立面图

图 14-10、图 14-11 为两个酒店大堂的实景图

图 14-10　酒店大堂实景之一　　　　　　　图 14-11　酒店大堂实景之二

第三节　客房的室内设计

　　客房是宾馆中重要的组成部分，多层及高层宾馆中，若干个客房层的平面布局是相同的，故这样的客房层也称标准层。客房层靠近楼电梯处需有一个楼层服务台，在这里，楼层服务员可以观察到客人上下出入的情况，可以随时为客人提供服务，也可以方便地到达值班室、备品室，并按程序到客房完成清扫整理等工作。

一、客房的种类

　　宾馆客房有以下几类：

（一）单人间

　　也叫单人客房或单床间，其间的主要家具和设施是一张单人床、一个床头柜、一张多用桌、一个箱包架、两张休闲椅、一个茶几以及固定设在入口处的衣橱和洗手间（图14-12）。

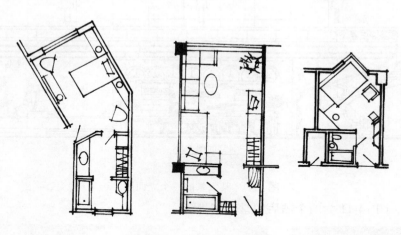

图 14-12　单人间平面举例

（二）双床间

　　也叫标准客房，在多种客房中，这种客房数量最多，设施的配备也最"标准"。其主要家具和设施是两张单人床，一个两人共用的床头柜，一对休闲椅和一个茶几，一个写字、梳妆、放电视机的多用桌和一张写字椅，一个箱包架以及分别位于小门厅两侧的衣橱和洗手间（图14-13）。

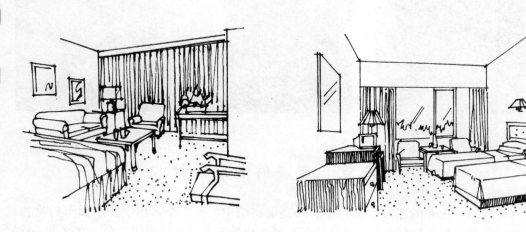

图 14-13　双床间内景

　　客房的单人床常常大于家庭的单人床，常用尺寸为2000mm×1200mm。多用桌较窄，宽度约为500mm左右。桌子可以是带柜的，其中可放冰柜及保险箱。桌的上部有梳妆镜，镜上有镜前灯。休闲椅和茶几大都靠窗布置。箱包架与多用桌相接，是客人存取衣服时放置衣箱的，为防止箱子滑落，其表面有铜制或木制防滑条。床头柜置于两个单人床的中间，上有全部灯具的开关以及电视机的开关等。

图 14-14a 为双床间的平面图。

（三）双人间

与标准间的配置相似，只是床为双人床，尺寸为 1800mm × 2000mm 或 2000mm×2000mm，图 14-14b 为双人间的平面图。

（四）套间客房

由两间或三间组成。两间者外间为客厅，主要家具为沙发组和电视柜，有时还可以增设早餐用的小餐桌。客厅是供客人休息、接待客人和洽谈生意的地方，可适当摆放盆花等陈设。里间是客人睡觉的地方，其配置与双床间或双人间相同。套间客房大都配备两个洗手间，分别供住宿者、来访客人使用。供客人使用的洗手间，位于入口处。有时不设浴缸。里间的洗手间供住宿者使用，故必须有面盆、便器和浴缸三件洁具。

有人把套间客房称为豪华客房，从概念上说，似不确切。图 14-15 为套间客房的平面图。

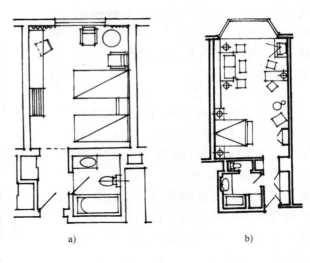

a)　　　　　　　b)

图 14-14　双床间与双人间的平面图

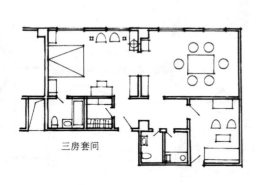

三房套间

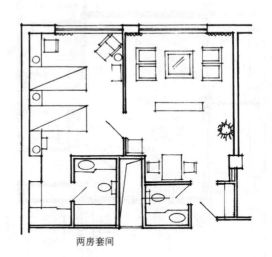

两房套间

图 14-15　套间客房的平面图

为了经营上的方便，可在两间普通客房的共用墙上设一樘门，当经营上需要较多普通客房时关闭此门，将两间房各按普通客房出租；当经营上需要套间客房时，打开此门，将其中的一间改为客厅，按套间客房出租(图 14-16)。

三间或四间相套的套间客房可能单独设置餐厅及办公室。

（五）公寓式客房

公寓式客房的最大特点是有厨房。这种客房主要供大公司的派出人员租用，租用时间一般较长，故需要有一个偶尔做饭的厨房。这种客房集办公、会客、住宿、就餐、烹调空间为一体，所以至少要有两个以上的房间。

（六）总统套房

五星级宾馆和某些四星级宾馆有总统套房。总统套房的组成不尽相同，基本空间为总统卧室、夫人卧室、会客室、办公室（书房）、会议室、餐厅、文娱室和健身室。有些宾馆在总统套房的前部设置随行人员的用房，它们与总统套房相邻，但又各有各的独立性。

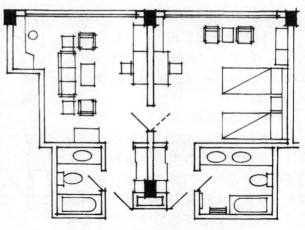

图 14-16　可分可合客房的平面图

图 14-17 为某总统套房的平面图，图 14-18 为该客房的两个立面图。

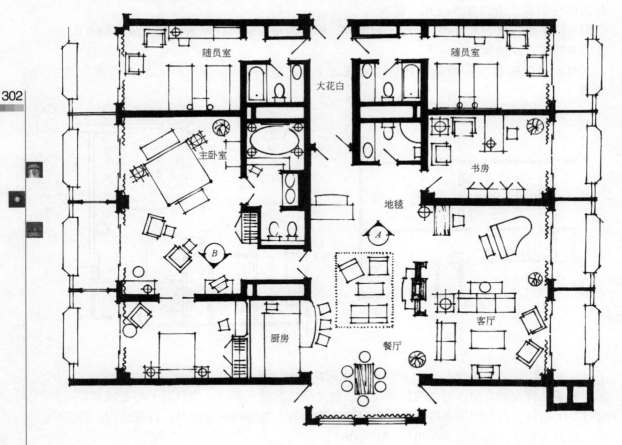

图 14-17　某总统套房平面图

不同星级标准的宾馆，对各类客房应配的家具和设备都有明确的规定，但不同国家、不同标准的宾馆，家具和设备的多少和档次也会有这样那样的差别，如有些客房可能增设餐

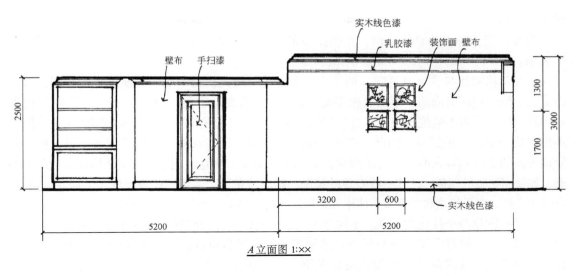

A 立面图 1:××

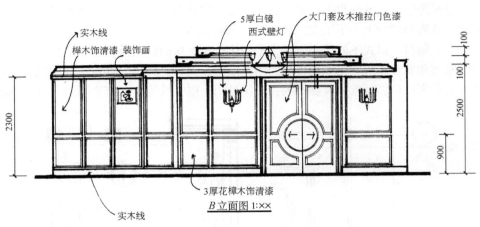

B 立面图 1:××

图 14-18　某总统套房立面图

桌、小酒吧或专门用于办公的桌椅，有些客房的卫生间还可能增加女士净身盆、旋涡浴缸和桑拿房等。

二、客房的设计

　　客房虽然不大，也要进行分区，如睡眠区、休闲区、工作区等。按一般习惯，休闲区常常靠近侧窗，睡眠区常常位于光线较差的区域。有些宾馆，可能设 3 床或 4 床的客房，为使用方便，其卫生间内最好设两个洗脸盆，并采用浴厕分开的布置。

　　客房的装修应简洁明快，避免过分杂乱繁琐。地面可用地毯、木地板或瓷砖，色彩要安定、素雅。墙面可用乳胶漆或壁纸饰面，除少数要求较高的客房外，不必做墙裙。也不必做吊顶，如做吊顶，造型应简单。有些客房，在墙面与天花的交角处设置木角线或石膏角线，或在天花的周围、中央做石膏花。

　　客房的灯具宜综合使用吸顶灯、壁灯、台灯和立灯，并要分别控制。客房高度偏小，不宜使用过大的吊灯，房间的整体照明可用窗帘盒内的日光灯，这样做，能达到空间整洁和光线柔和的目的。

为妥善把握环境的整体格调，在选择和布置家具陈设、确定室内色彩等方面要处理好以下关系：

一是简洁明快与"家庭氛围"的关系。为了适应现代社会的节奏和便于经营管理，客房的家具、陈设应相对简洁，不要有很多复杂的线脚和雕刻。有些"桌子"和"床头柜"可以成为悬挑件，根本不落地。但是，过于简洁的客房，有可能偏于冷漠，使客人感到生疏，体现不出"宾至如归"的感觉。因此，必须在简洁明快和"家庭氛围"之间找到结合点，使经营管理方面的要求和客人的心理需求同时得到满足。为了解决这一问题，应设法增加环境的亲切感，如使用稍暖的颜色，选挂一些有趣的挂画、摄影或壁饰，多用一些造型优美的插花、盆栽、台灯和立灯，在采用素雅的窗帘、床罩和地毯的同时，搭配一些色彩图案相对鲜艳的靠垫等。

二是标准化与个性化的关系。不同等级的客房有什么样的配置，各国都有明确的规定，因为只有如此，才能符合规范化与标准化的要求。但常识告诉我们，标准化的东西往往缺少个性，只顾及统一要求的客房环境很可能千篇一律，让客人产生"似曾相识"的感觉。因此，设计者一定要在遵照统一规定的前提下，努力创新，使客房具有较多的个性。基本策略是在家具、陈设的色彩、装饰和题材上多下工夫。如同为写字梳妆两用桌，但款式、色彩和五金零件不同；同为壁饰，但题材、形式不同等。上海龙柏饭店普通客房的休闲椅，为仿明款式，椅腿扶手为竹节形，座垫和靠垫使用的是中国传统的团花图案，古朴、典雅，具有很高的气质。新疆迎宾馆总统卧房的家具色彩凝重，尺度宽大，见棱见角，以直线为主，充满阳刚之气；总统

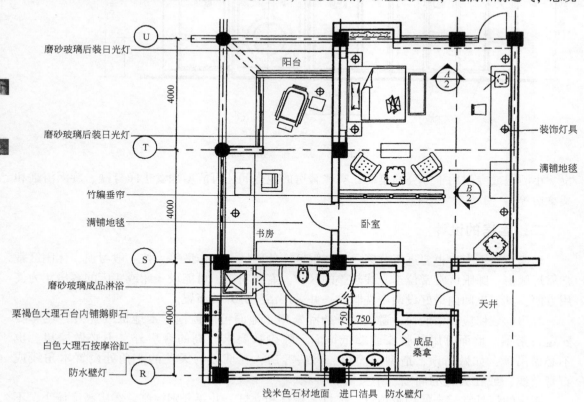

图 14-19　某客房平面图

夫人的卧房家具色彩淡雅，杆件纤细，以曲线为主，体现的则是柔和优美的气息。诸如此类的例子足以表明，在遵守标准化规则的同时显示客房的个性，不仅是应该的，也是可能的。

三、客房设计实例

本节所举实例是一个套间客房，即所谓的豪华客房，它由双人卧室、书房和卫生间组成，书房外有一个小阳台。卫生间内设备齐全，除脸盆之外，还有高级按摩浴缸、桑拿房、淋浴器和女士净身盆。图 14-19 为其平面图，图 14-20 为其立面图，图 14-21 是卧室及卫生间的天花平面图。

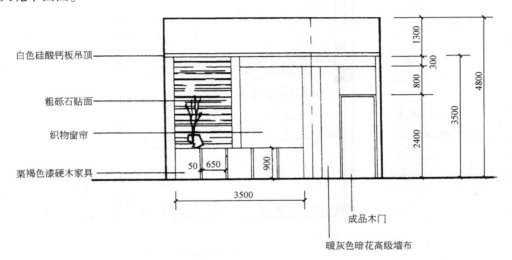

A 立面图 1:××

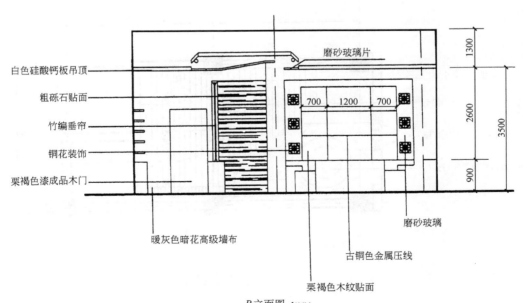

B 立面图 1:××

图 14-20 某客房立面图

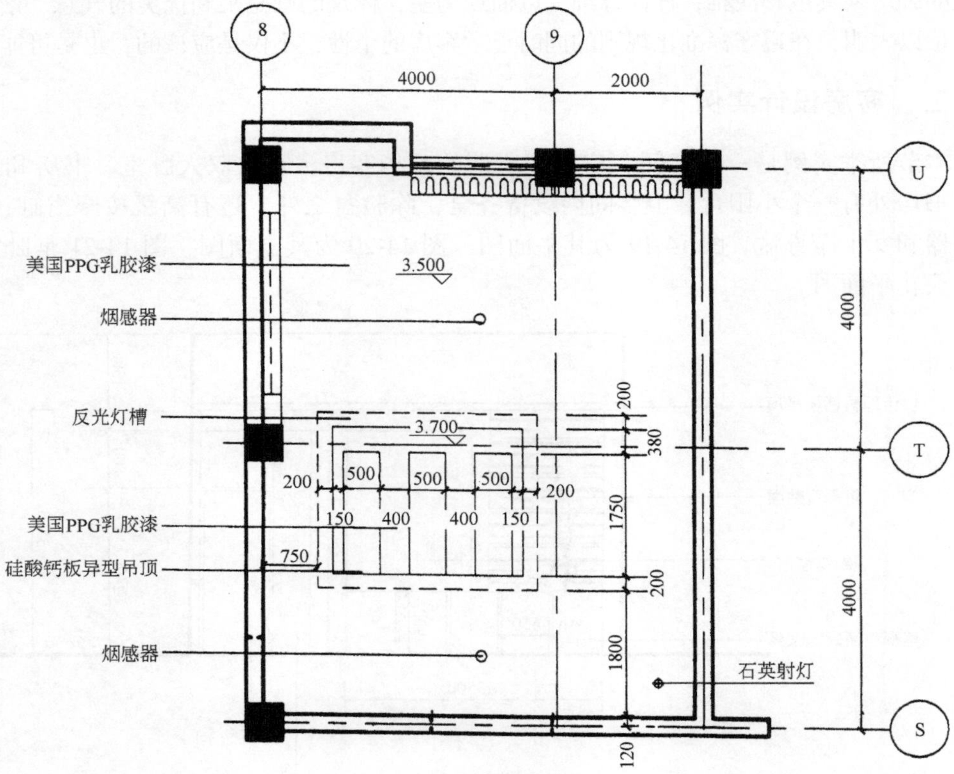
8
9
4000
2000
U
T
S
美国PPG乳胶漆
3.500
烟感器
反光灯槽
3.700
500
500
500
200
200
150
400
400
150
美国PPG乳胶漆
硅酸钙板异型吊顶
750
烟感器
石英射灯
4000
4000
200
380
1750
200
1800
120

卧室顶棚平面图 1:××

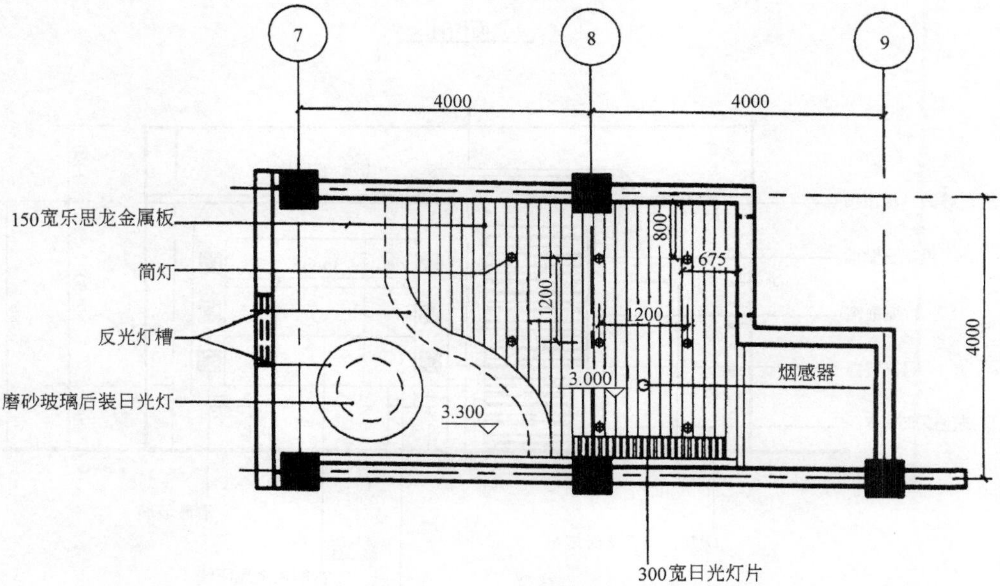
7
8
9
4000
4000
150宽乐思龙金属板
筒灯
反光灯槽
磨砂玻璃后装日光灯
800
675
1200
1200
3.000
3.300
烟感器
4000
300宽日光灯片

卫生间顶棚平面图 1:××

图 14-21 某客房卧室及卫生间天花平面图

图 14-22 及图 14-23 为两个客房的实景图。

图 14-22　客房实景图之一

图 14-23　客房实景图之二

第四节　多功能厅的室内设计

多功能厅是宾馆中面积较大的空间之一。设置多功能厅的目的是增强空间的灵活性与适应性，以满足不同功能需要，提高宾馆的效益。

一般的多功能厅可以作为会议厅、会客厅和餐厅，也可用来举办联欢会、新闻发布会及小型展示会。

为使用方便，多功能厅的平面不宜狭长，最好接近正方形，或为八角形和六角形。大一点的多功能厅应有一个主席台兼小型演出台，周围应有贵宾休息室、声光控制室和公共洗手间。

多功能厅的装修比一般会议厅复杂和华美，这是因为，它在许多时候要充当宴会厅和舞厅，因而必须具备宴会厅或舞厅应有的气氛。大厅的地面宜用石材、优质木材或地毯，标准较低者也可以用瓷砖。大厅的墙面应考虑吸声效果，最好做墙裙，并用吸声效果较好的木材、壁纸、织品、装饰抹灰等装修墙面的上部。大厅的天花可以设置造型华丽的吊灯，有些时候，也可在中央区域搭配使用一些舞厅的专业灯。墙壁上可以安装壁灯，主席台（兼舞台）前面应有少量可供小型演出使用的聚光灯。

多功能厅的桌椅都是可以移动的。地面不做台级也不起坡。

下面，列举一个多功能厅室内设计的实例。

该多功能厅平面为长方形，有清晰的轴线，平面布局呈对称式，图 14-24 为会议功能时的平面图，图 14-25 为宴会厅功能时的平面图，图 14-26 为其立面图，图 14-27 为其天花平面图。

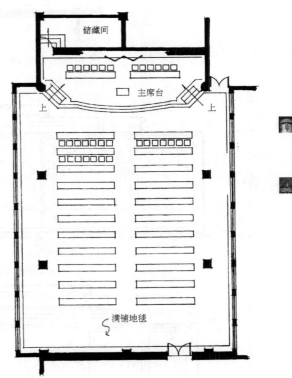

图 14-24　某多功能厅平面图（会议厅功能）

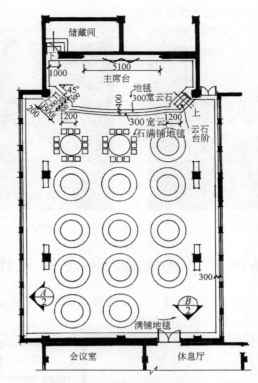

图 14-25 某多功能厅平面图（宴会厅功能）

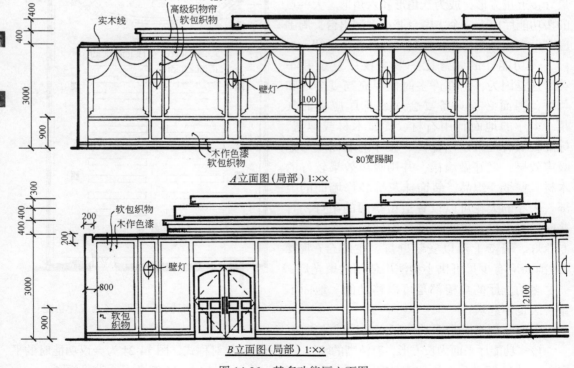

图 14-26 某多功能厅立面图

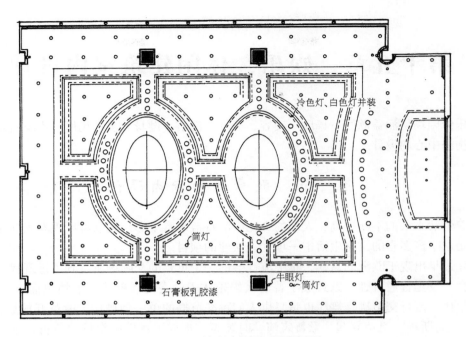

图 14-27 某多功能厅天花平面图

第十五章　娱乐、休闲建筑室内设计

娱乐休闲场所涵盖歌厅、舞厅、美容、美发、洗浴、健身等多种场所。本章着重介绍歌舞厅和洗浴中心的设计。

第一节　歌舞厅的室内设计

随着生活水平的不断提高，人们的文化生活日益丰富多彩。到歌舞厅观看表演和自娱自乐，就是这丰富多彩的文化生活中一项受人欢迎的项目。

舞厅最早出现于欧洲的宫廷，是上流社会的一个重要的交际场所。到了近现代，逐渐从上流社会普及至普通百姓，以致成了普通人娱乐休闲的去处。就我国的情况而言，20世纪五六十年代，流行交谊舞，舞厅也是只供人们跳交谊舞的单一型舞厅。改革开放后，"卡拉OK"和"迪斯科"迅速兴起，歌舞表演、时装表演也成了舞厅中常见的节目。于是，过去那种只能跳交谊舞的单一型舞厅，便逐渐被既可跳交谊舞，又能跳"迪斯科"、唱"卡拉OK"、观看各式表演，甚至还能品茶、饮酒、进餐的新型舞厅所代替。

由于经营方式不同，舞厅的组成和活动内容也各不相同。从目前情况看，大体有四种：

第一种是普通歌舞厅。其活动以跳交谊舞为主，以小型演出为辅，跳舞时可由小型乐队或歌手伴奏或伴唱。舞池较大，设小型舞台。顾客群既有年轻人，也有中年人和老年人。装修装饰相对传统，总体氛围相对平和。

第二种是"迪斯科"舞厅。这种舞厅以"蹦迪"为主，舞池相对较小，有时在同一个空间内同时设几个小舞池，供客人分别使用。"迪斯科"舞厅的顾客群几乎全是年轻人，故装修装饰相对活跃，动感十足，造型设计、色彩、图案、材料更加时尚和奇特，甚至怪诞和另类。这种舞厅也可设置表演用的舞台，此外，还可能有一个或几个领舞台，供领舞者使用。

第三种是夜总会。夜总会以表演歌舞等节目为主，故常有一个较大的舞台和男女化妆间。

第四种是歌厅。"卡拉OK"流行后，几乎各类舞厅都增设了KTV包房。数量少的为几间，分散设于舞厅的周围；数量多的达几十间甚至上百间，往往布置在几个不同的楼层内。有些歌厅，没有舞池和舞台，全设歌房，同时供应自助餐，被称为量版式歌厅。

本节以普通歌舞厅为重点介绍歌舞厅的室内设计。

一、歌舞厅的组成及各组成部分的设计要点

普通歌舞厅大致由以下几个部分组成，即舞台、舞池、化妆室（兼演员候场室和休息室）、声光控制室、散座、卡座、包房、酒吧台、管理室及卫生间等。

（一）舞台

舞厅的舞台大小不等，小一些的只有十几平方米。高度少则150mm，多则300~600mm。这种舞台的主要用途是供小型乐队和独唱演员伴舞和演唱，只有少数大一些的舞台，才可以

表演歌舞等节目。图 15-1 列举了几个不同的舞厅，由图可知，几个舞台的功能是不同的。图 15-1a 中央有一个钢琴吧，是为演奏钢琴和其他音乐节目而设的。图 15-1b 有一个可容小型乐队和少量歌手的小舞台，可供表演或伴舞。图 15-1c 有一个较大的表演台，可以表演歌舞等节目。

较大的舞台其台面可用木材铺贴，小一些的舞台几乎全部铺地毯。满铺地毯的舞台适于小型乐队和歌手演奏和唱歌，因为它富有弹性，并有明显的吸声效果。

舞台的背景墙是装修装饰的重点，除充分考虑声学要求外，更要有特色。可按现代构图手法处理，以形状、色彩、质地构成醒目的图案；可采用建筑元素进行处理，如选用西方的古典柱式和拱券，或选用中国传统的梁、柱等；也可用雕塑、自然景观及其他舞美元素，构成或者具体或者抽象的景物(图 15-2)。

(二) 舞池

以跳交谊舞为主的舞厅，可按 80% 的客人同时跳舞、每人需有 $1.5 m^2$ 计算舞池的面积。

舞池的地面大多数与舞厅的地面相平，下沉者或凸起者较少，如果下沉，应设两、三个台阶或在其周围设计低矮的栏杆，以免发生客人跌倒等事故。舞厅的地面常用磨光花岗石或大理石铺装，周边最好镶嵌走珠灯，用以界定舞池的边界。近年来，有相当多的舞池局部或全部用玻璃作地面，具体做法是先用龙骨架成大约 600mm×600mm 的网格，再在其上铺设 12mm 和 10mm 的单面磨砂钢化玻璃，并在两层玻璃间夹一层较厚的胶片。玻璃地面的下面，可设彩色光源，可以闪烁或变换颜色，但不能达到刺眼的程度。

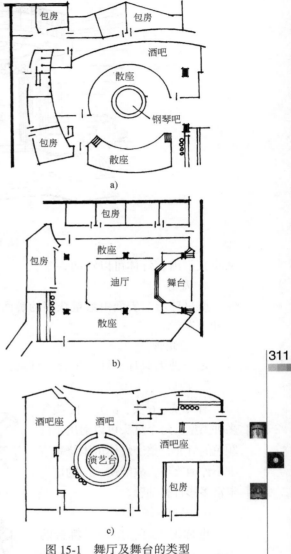

图 15-1 舞厅及舞台的类型

舞池的形状有圆形、方形、矩形、八角形、椭圆形等多种，以接近圆形者最合用，以过于狭长者最难用。

舞池设计的一个重要内容是灯光设计，因为舞厅多在夜晚营业，舞池的灯光是否具有欢快、热烈、动感、多变的效果，直接影响舞厅的氛围和舞者的情绪。舞池顶部常用的灯具有以下几种：

1. 频闪灯

该灯多用音控，故能随乐曲节奏的变化而闪动。主要用于"迪斯科"舞厅。

2. 蜂巢灯

该灯整体如球，上有小洞，洞数为 12、16、18 或 32，如蜂巢一般，故称蜂巢灯。灯光

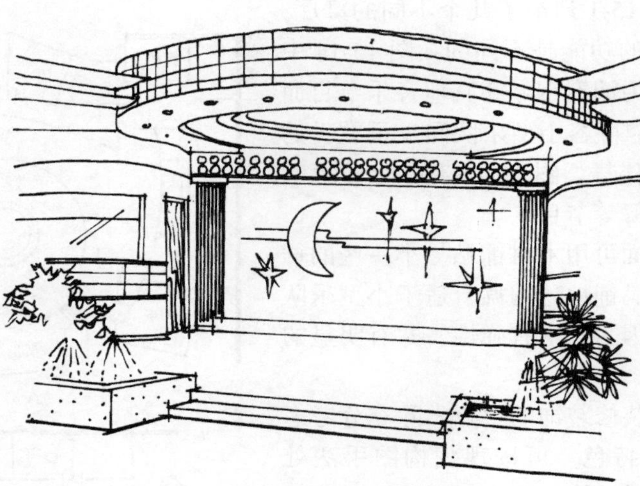

图 15-2　舞台形象举例

从小孔射出，灯体可以转动。

3. 魔灯

亦呈球形，表面由数量众多的镜面玻璃包裹，用以反射周围的灯光。球体可以转动，本身并不发光。

4. 紫光管

是一种类似日光灯的长管状灯具，可以发出特殊的紫光，使舞厅平添神秘的气氛。

5. 转灯

有 4 头、6 头、8 头、12 头等多种类型，每个灯头可以射出不同颜色的灯光，整个灯体可围绕垂直轴不停地旋转，故能使舞厅的灯光丰富多彩且有动感。

6. 射灯

也称聚光灯，多用于舞台的周围，目的是用集束的灯光强调某些景物或演员。

7. 电脑灯

大一些舞厅，均配电脑程控的电脑灯。它能够按设定的要求不断出现诸如星星、圆环、雪花、雨点等图案，因而能使舞厅更加有情趣。

舞池上空的灯具多种多样，图 15-3 所示灯具为其中的一部分。

除顶部灯具外，舞池的边缘

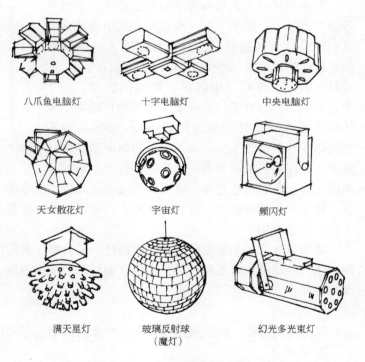

八爪鱼电脑灯　　十字电脑灯　　中央电脑灯

天女散花灯　　　宇宙灯　　　　频闪灯

满天星灯　　玻璃反射球　　幻光多光束灯
　　　　　　（魔灯）

图 15-3　舞池上空的灯具

还常常使用走珠灯，上下左右也可能搭配使用霓虹灯，主要目的都是增强舞厅的装饰性。

舞厅顶部的灯具，特别是其中的专业灯具，往往被安装在一个金属构架上，该构架固定在楼板上，外轮廓多为矩形、圆形或椭圆形（图 15-4）。构架覆盖的楼板不做吊顶，楼板的下表面，大都涂成黑色。不做吊顶的目的是有利于灯具发出的热量由顶部散发出去；涂黑的目的是反衬灯光，形成繁星满天、交相辉映的效果。

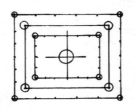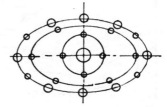

（三）散座

散座是客人在观看表演或在跳舞间歇中饮茶、休息的地方。多用圆形茶几和圈椅，成组布置在舞池的周围。在某

图 15-4　固定灯具的金属框架

些舞厅，特别是"迪斯科"舞厅，常常设置一些酒吧席，它们由吧凳和长桌组成，桌子的长度不等，短者可为两人用的矩形桌，长者可为弧形或马蹄形，其后的吧凳可能为 7、8 个或更多个。散座区的地面最好铺地毯，因为它吸声性能好，而且有弹性。散座区的灯光不宜过强，这将有利于客人的休息，如果搭配使用烛光，将使舞厅更加有情趣。

（四）卡座

卡座是一种相对独立的座席。每个卡座约有 6～10 个座位，也可以说是一个由 6～10 个沙发构成的沙发组。卡座与卡座之间用栏杆、屏风或花槽等分隔，这样，它实际上就成了一个左、右、后均有依靠而前面敞向舞池的虚拟空间。卡座大都位于散座的周围，为使卡座里的客人的视线不为前面的散座所遮挡，可适当抬高卡座区的地坪，使卡座区高出散座 300～450mm。卡座区的地面多铺地毯，墙面常用壁灯、挂画等装饰。

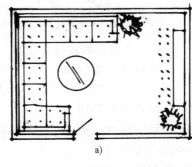

（五）包房

舞厅中的包房，可以是一个单独的区域，即与设舞池的大厅没有什么直接的联系；也可以用走廊、过厅与大厅相连或直接连接大厅。前者的好处是包房与大厅间声音干扰小；后者的好处是包房中的客人可以随时到大厅跳舞或休闲。

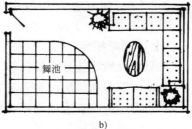

包房的主要家具是沙发和茶几，主要设备是"卡拉OK"装置，包括电视机、音箱和点歌器等。有些大一点的包房设小酒吧、小舞池和专用洗手间，少数供餐的舞厅还可能在包房中设餐桌（图 15-5）。

包房的装修与装饰相对灵活，往往追求新颖时尚的风格和鲜明的个性，采用一些与众不同的手法与元素，如造型美观的台灯、壁灯以及绘画、雕塑等。

设计包房要特别注意声学方面的要求，一方面要有较好的吸声效果，不能有过多的反射声和过长的混响；

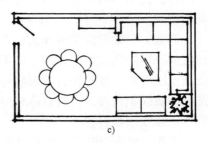

图 15-5　包房的类型

313

一方面要有较强的隔声性能，不能干扰大厅和相邻的包房。包房的地面大都铺地毯，包房的墙面大都使用壁纸、织物、木材等质地较软的材料，图 15-6 和图 15-7 分别表示了两个包房的内景。

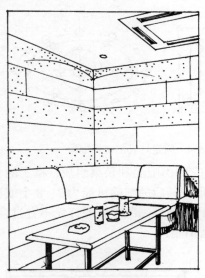

图 15-6 包房内景之一

图 15-7 包房内景之二

（六）声光控制室与化妆室

声光控制室是控制和调节灯光和音响的地方，其中有专用控制台，并有一两个工作人员的座位。控制室的位置极重要，关键是要让工作人员透过侧窗看到舞厅的灯光变化，以便适时地进行合理地调控。

化妆室是演员更衣、化妆和候场的地方，大一些的舞厅应分设男女化妆室。

控制室与化妆室大都布置在舞台的两侧和后边，图 15-8 是两个平面示意图。

（七）酒吧柜台

酒吧柜台的功能是直接供客人饮酒，同时也是一个为坐在散座和包房的客人准备茶点的地方。因此，酒吧柜台外应有适量的酒吧凳，酒吧柜台内应有酒柜、洗池、雪柜等设备，并要留够服务员们活动的空间。

酒吧柜台常常位于舞池的后方或某一侧，确定位置的原则是既要方便使用，又不要占用利于观看表演或跳舞的位置。柜台的形状可以自由一些，除常见的直线柜台外，可视总体环境的实际情况设计折线或曲线形柜台。

歌舞厅内也要设计必要的管理用房，如办公室、保安室等，此外，还要分设男女洗手间。

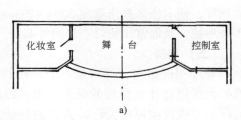

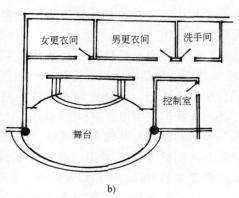

图 15-8 控制室与化妆室的位置

314

二、歌舞厅室内设计的主要原则

（一）合理划分功能分区

要以业主的经营方向和建筑主体的结构状况为依据，全面考虑舞厅的功能，满足消费者的多种需求，增强对顾客的吸引力。要优先安排好大厅特别是舞池和舞台的位置，再让散座、卡座、包房、餐厅、酒吧等各得其所，让整个歌舞厅形成一个有机的整体。

（二）合理组织空间层次

舞厅是娱乐场所，其空间本身就应该具有一定的装饰性和趣味性。为此，应结合功能要求，适当运用屏风、栏杆、花槽、石景、水景等组织内部空间，或采用改变地坪标高、天花标高等方法增加空间的层次，使本系宽大的空间具有起伏多变、错落有致的魅力。

（三）充分重视声学效果

舞厅的声学要求是吸声和隔声。为使舞厅具有良好的声学效果，应充分注意以下问题：

（1）除舞池外，散座区、卡座区和包房的地面尽量用地毯。

（2）墙面应多用木材、壁纸、乳胶漆、拉毛灰、软包等装修，还可搭配使用织物、皮革、石膏花饰、玻璃钢花饰等。不要大面积使用石材、玻璃、不锈钢等硬质材料，如若使用，只能成点、成线，作为点缀和装饰。

（3）座具最好选用布艺沙发、皮沙发及带有软垫的木椅或藤椅。

（4）不要盲目开窗，特别是开大窗。已有窗口，应配质地厚重的窗帘。

（5）外门和包房的门应用皮革覆面或采用较厚的木门，门上的玻璃窗口不宜过大。

（6）减少门窗、墙壁上的孔洞和缝隙，包房与包房间的隔墙要砌至楼板的下表面，不可止于吊顶的下部。

（四）切实重视防灾要求

为使人民的生命和财产得到可靠的保障，在舞厅设计中，要特别注意防火、防灾等要求。出入口的数量和宽度、楼梯的数量和宽度以及安全出口之间的距离要符合防火规范的规定，木龙骨、木夹板等要选用难燃的或涂防火漆。所有电器的线路和开关都要按规范的要求设计与安装。

（五）适时引入先进技术

舞厅是一个设施相对复杂的娱乐场所，涉及多种材料、技术和设备，设计者应密切关注相关动态，适时引入新的材料、技术和设备。包括新型灯具和控光方法，新型音响和调音方法，以及镭射玻璃、荧光地毯等材料。

（六）不断增强创新意识

舞厅是一个娱乐场所，人们到这里来，就是要寻求快乐，寻求新奇，甚至是寻求一种刺激。为此，舞厅的装修与装饰要少落俗套，力争让人耳目一新。实践证明，许多主题舞厅都能取得较好的效果，如引入大量自然景观的"田园歌舞厅"，内有沙漠景观、巨石柱和图腾柱的"非洲歌舞厅"以及用驼队、商旅、石窟等形象显示西域风情的"丝绸之路歌舞厅"等。

三、歌舞厅室内设计实例

本实例是一个含有散座、卡座、包房的普通歌舞厅。大厅的前端设有舞池和舞台，大厅的末端设有酒吧和洗手间。

图 15-9 是该歌舞厅的平面图，图 15-10 是该歌舞厅的几个立面图。

315

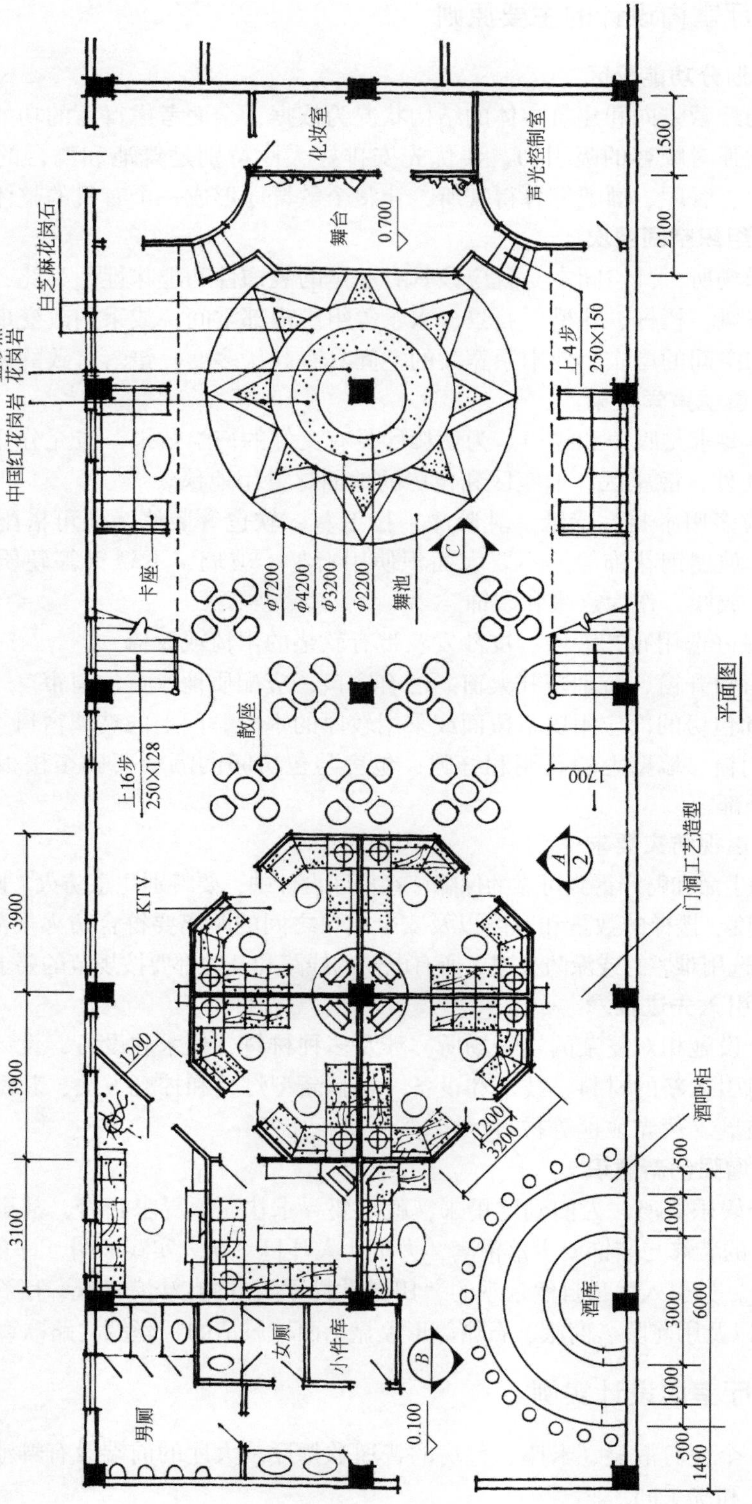

化妆室

舞台
▽0.700

声光控制室

1500

2100

白芝麻花岗石

金砂黑花岗岩

中国红花岗岩

上4步
250×150

卡座

φ7200
φ4200
φ3200
φ2200
舞池

C

散座

上16步
250×128

1700

KTV

3900

A
2

门洞工艺造型

3900

1200

1200
3200

3100

酒吧柜

500

1000

6000

3000

1000

500

1400

女厕

小件库

B

0.100

男厕

酒库

平面图

图15-9 某歌舞厅平面图

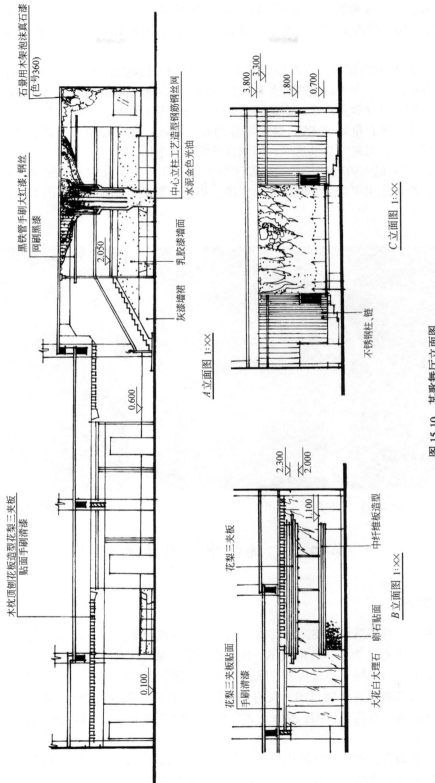

A立面图 1:××

B立面图 1:××

C立面图 1:××

图15-10 某歌舞厅立面图

近年来，一种被称为"量贩式 KTV"的歌厅日益流行。"量贩"一词，来自日本，有"大量批发"和"平价供应"之意。量贩式 KTV 就是一种面向大众，消费相对廉价的娱乐场所。

量贩式 KTV 面向顾客的室内环境为大堂、歌房和餐饮供应厅。大堂是接待顾客和供顾客暂时休息的地方，主要设施为服务台和沙发组。歌房是唱歌的地方，与普通歌舞厅的歌房没有什么区别，只是数量众多，有的可达几十间，甚至上百间。小包房可容几个人，大包房可容二三十人。多数量贩式 KTV 都提供自助餐，因此，往往在适中的部位设置摆放食品、饮品的大厅，顾客可随时自助选取，回到自己的歌房享用。

量贩式 KTV 的室内设计与普通歌舞厅的室内设计并无二致。为了创造生动、活泼、热烈的气氛，往往使用丰富多变的灯光及鲜艳、华丽的装饰。图 15-11 和图 15-12 是两个歌房的实景图。

图 15-11　歌房内部实景图之一　　　　　　　　图 15-12　歌房内部实景图之二

第二节　洗浴中心的室内设计

一、概述

近年来，一种以洗浴为主要活动内容的休闲场所迅速地发展了起来。它们或以"广场"为名，或以"中心"为名，称谓很不一致，在这里，姑且统称"洗浴中心"。

这种洗浴中心的经营项目很多，除洗浴之外，往往还包括美容、美发、健身、休闲、餐饮等内容。它有明确的功能目的，又有明显的文化特质，不仅能为顾客提供洁身健体的条件，还能让顾客们在这里休闲、交友，消除紧张的情绪和烦恼，在轻松的氛围中，缓解身心的疲劳。

单就洗浴而言，如今的洗浴也早已摆脱了传统洗浴的模式，在大一些的洗浴中心，往往会同时提供港式桑拿指压、日式三温暖足道、韩风石火健身、藏式药浴及东南亚水疗等多种多样的服务。

设计洗浴中心，一要认真研究顾客的行为规律，使顾客的活动线路自然而流畅。二要突出环境特色，使顾客在享受周到服务的同时，享受到赏心悦目的环境。与办公室、住宅等相比，洗浴中心在体现特色方面有很大的自由度，因为它不必受古典、现代等所谓的风格与流派的束缚。某洗浴中心模仿西班牙设计大师高迪的设计手法，以破碎的瓷砖和马赛克为主要材料，以自由曲线和自由曲面为造型基础，利用山石、花草作点缀，使环境有了浪漫梦幻的特色(图15-13、图15-14)。

图 15-13　某洗浴中心的浴池

从目前情况看，多数洗浴中心仍以桑拿浴为主要营业项目，故本节将重点介绍这种洗浴中心的设计。

桑拿浴起源于芬兰，所以也称"芬兰浴"。最早的桑拿房设在洞穴，在这里，人们堆起一堆堆石头，把石头烧热，再往石头上浇水，洞中便会弥漫大量蒸汽。人们在高温中排汗，进而用一种树枝拍打身体，以增加排汗量，这样，便可达到清爽愉悦的目的。到了近现代，芬兰人仍然保留着这一传统的

图 15-14　某洗浴中心的美体室

习俗，在有客来访时，主人会热情地招待客人洗桑拿，并把它视为隆重的仪式。桑拿浴现已流行至全球，在保留传统的同时，还增加了新的内容和形式。

洗浴中心的面积视经营项目的多少和总体规模的大小而定，单单用于洗浴的部分，可按每位客人$10m^2$进行估算。如果同时设置男宾部和女宾部，男女的比例可按8：2或7：3划分。如果附设娱乐、健身、美容、美发、棋牌、餐饮等项目，其所用面积须另行计算。

桑拿浴的一般程序是：

寄存物品，到更衣室更衣；

经淋浴间，作暂短淋浴；

带毛巾，在桑拿房坐下，到感到舒服为止；

到水池冲洗；

根据身体状况，重复桑拿——冲洗的程序；

淋浴后身披浴巾，到休息厅裸坐一段时间，并享受茶点，直到皮肤凉爽、毛孔闭合，再穿上衣服。

如果按上述流程设计洗浴中心，各组成部分的关系应如图15-15所示，该图可以表示男宾的流程，也可表示女宾的流程。

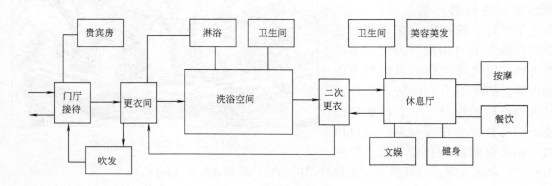

图15-15 洗浴中心各组成部分的关系图

二、各组成部分的设计要点

（一）接待厅

接待厅是最先接待客人的地方，主要任务是迎接客人、保管财物和结算，因此，应设接待柜台、形象墙和临时使用的休闲椅。当接待厅处于底层时，客人主要来自室外，故接待厅应靠近主要出入口；当接待厅设在楼层时，客人必然来自上下层，故接待厅应与楼梯间和电梯厅具有方便的联系。

在一般情况下，接待厅可以同时接待男宾和女宾，待办完手续后，再分别从两个入口进入下一个空间。男宾部与女宾部的入口应有一定的距离，并要采取有效措施排除视线的干扰。

（二）更衣间

更衣间的主要设备是存衣柜和换衣凳，设备的数量应与洗浴中心的规模相匹配。在更衣间的适当部位，应设一两个带镜的梳妆台，并配吹风机，供宾客离开中心前吹干头发和化妆用（图15-16）。

（三）洗浴空间

洗浴空间是洗浴中心的主要空间，其主要设备是淋浴间、湿蒸房、干蒸房、不同水温的按摩池和日式木桶等。

1. 淋浴间

可为900mm×900mm的小隔间，也可为半圆形的小凹槽（图15-17）。花洒中距为900mm，花洒距地2200mm。淋浴间的数量可按每间每日接待20位宾客计算。

2. 桑拿房

桑拿房即干蒸房，用经过高温处理的白松或杉木制作，并用矿棉做保温层。桑拿房可以订做，也可以直接购买成品。成品桑拿房规格不一，小的可容2~3人，长宽为800mm×

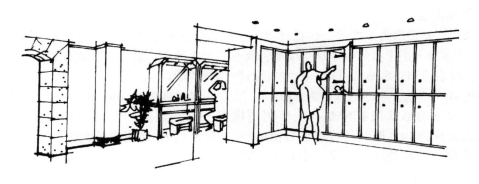

图 15-16　更衣间与化妆台

1000mm；大的可容 6~8 人，长宽为 2000mm×2500mm；高度一律为 2000mm。图 15-18 为几种典型桑拿房的平面图。

　　根据一般经验，一间长宽为 2000mm×2000mm 的桑拿房，一天可以接待大约 100 位宾客。经营者不妨以此作为参照，确定桑拿房的数量与规格。有些时候，用两间小的代替一间大的可能是合适的，这样做，有利于根据宾客的数量做出决定：是同时使用两个，还是开一个关一个，以节省电能的消耗。

　　桑拿房内的主要设备是桑拿炉。该炉用电加热其上的石子，宾客可以根据对于湿度的需要，从木桶中舀水，泼到已经加热的石子上。桑拿房的周边为座凳，同外壳一样，也是由白松或杉木制成的。

　　3. 蒸汽房

　　蒸汽房即湿蒸房，其壁面是由加入耐高温防爆的添加剂的玻璃纤维制造的。座椅的材料与壁面的材料相同，并与壁

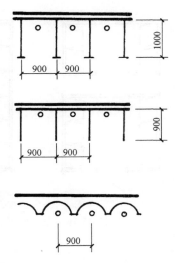

图 15-17　淋浴间的形式与尺寸

面连成一体。壁面与座椅光洁牢固，尤易清洗。蒸汽房的规格多种多样，房内可容 4 人、6 人、8 人、10 人、12 人不等。4 人用的长宽尺寸为 2400mm×1350mm，12 人用的长宽尺寸为 2400mm×3750mm，高度均为 2150mm（图 15-19）。蒸汽房均为定型产品，整个蒸汽房由若干基本单元组成。蒸汽浴的温度比桑拿浴的温度低，但湿度很大，故也称湿蒸房。

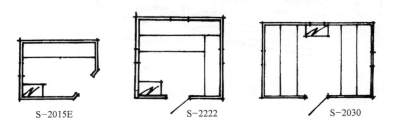

S-2015E　　　　　　S-2222　　　　　　S-2030

图 15-18　桑拿房平面举例

321

4. 按摩浴池

洗浴空间要设水力按摩池，包括冷水池、暖水池和热水池，也就是人们常说的"三温暖"。由于多数人适于在暖水中享受按摩，故在三个水池中，暖水池的面积最大。在一般洗浴中心，冷水池和热水池均可按 6m² 左右设计，分别容纳 6~8 人，暖水池可按 10m² 左右设计，容纳 10~15 人。水池的深度为 900mm，周边座席的高度为 400~450mm，宽度不小于400mm。水池的形状没有定制，从使用角度看，以接近方形者最好用。从观感上说，也不妨设计成圆的、椭圆的或更加自由的（图 15-20）。有些规模较大的洗浴中心，常常围绕水池设计一些叠瀑、壁泉、山石等景观，于是，这些水池便有了更大的观赏性（图15-21）。

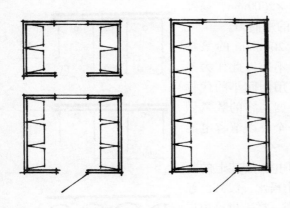

图 15-19 蒸汽房平面举例

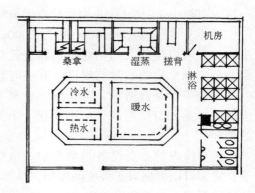

图 15-20 洗浴空间平面举例

图 15-21 洗浴空间内景

上述"三温暖"浴池都是现场施工建造的，除此之外，还可在它们的周围，设置一部分成品浴缸，作为调剂和补充。

洗浴空间往往设置搓背床，可以适当分散，也可以相对集中。

5. 木桶浴

有些洗浴中心提供在日本十分流行的木桶浴，木桶可以集中布置在一个专门的大厅，可以成排布置在洗浴空间的四周，也可以布置在某些包房内。图 15-22 为沿墙布置木桶的情形。

（四）休息厅

休息厅是供宾客在洗浴之后休息的场所，也是一个连接按摩室、健身房、美容美发厅和餐饮空间的过渡空间。休息厅的主要家具是沙发和茶几，厅的一端应设酒吧台。该吧台的主要功能是提供点心和酒水，也是当值服务员向宾客提供指引、回答宾客问题和提供相关服务的地方。休息厅的面积可按休息者每人 $4.5 \sim 6.5 \mathrm{m}^2$ 计算，图 15-23 表示的是休息厅的酒吧台。

图 15-22 沿墙布置的木桶

图 15-23 休息厅的酒吧台

（五）贵宾休息室

是一种供少数宾客休息的包房，其功能与休息厅基本一样，只是私密性更强，设备更完善，除床和座椅外，往往还配备电视机、棋牌桌和专用洗手间（图 15-24）。

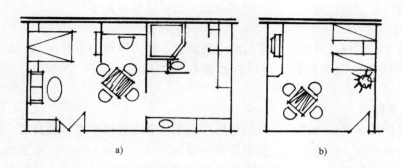

a)   b)

图 15-24 贵宾休息室举例

（六）贵宾洗浴室

这是一个独立的既能洗浴又能休息的空间，在这里，可以完成全部洗浴过程，也可以享受浴后的休闲（图 15-25）。

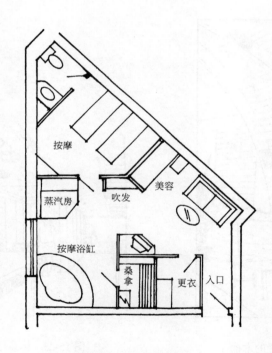

图 15-25 贵宾洗浴室

三、洗浴中心室内设计实例

本例是一个专供男士洗浴的部分，图 15-26 为其平面图。

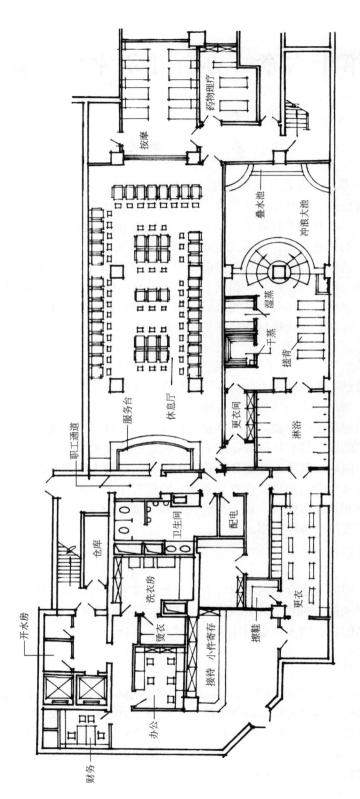

图 15-26 某洗浴中心平面图

第十六章　办公建筑室内设计

第一节　概述

办公建筑有两类，一类是专用办公楼，包括政府机关、群众团体、学校、厂矿的办公楼，其特点是针对性强，都是根据使用单位的机构、编制和特殊要求设计的。另一类是通用办公楼，其特点是不针对某个具体单位的需要，而是按办公楼的一般要求设计的，建成的办公楼可由使用单位购买或租用，购买或租用的范围，可能是一层或几层，也可能是某层的某部分。这种办公楼适应性强，往往只有楼电梯组成的交通枢纽、卫生间和管道井是固定的，其他部分则几乎全是敞开的，购买或租用的单位可从自己的需要出发，临时分隔和装修。这类办公楼，俗称写字楼，大部分供各类公司使用，如经贸公司、房地产公司和设计公司等。

现代办公楼，特别是现代通用办公楼有以下特点：

一、综合化

即现代办公楼已不单单是一个职员办公的场所，而往往是集购物、餐饮、娱乐、休闲旅游、住宿、会议、展示等为一体的综合性建筑。

有很多高层或超高层办公楼，其实就是一栋综合楼，最多也只能说是一个以办公部分为主的综合楼。它们的底层都有功能齐备的大堂，构成接待处和交通枢纽。有些大堂甚至还有商务中心、银行、商店、咖啡座等服务区和休闲区，供本楼人员和其他市民使用。有些综合性办公楼，可能在几个合适的楼层设置快餐厅、旋转餐厅、观光层和客房，同样既供本楼人员使用，也供市民和观光客使用。以上海金茂大厦为例，55层以下为办公楼，56~88层为高级宾馆，中间还安排着各种类型的餐厅。

二、通用性

或称灵活性，即能够适合不同单位需求。为此，其平面的大部分是可以临时分隔的。图16-1列举了一个典型的平面图，由图可知，它们的主要空间只有柱子而没有墙，这样，使用者便可根据自己的需求购买或租用几层、一层或一部分。

三、智能化

从20世纪末开始，人类已经进入以数字化技术为基础、以网络化运行为表现、以知识化形态为内容、以信息革命为标志的新时代。人们的生活方式正在发生深刻的变化，作为文化、经济活动主要场所的办公楼，也进入了一个崭新的发展时期：办公的手段、工作人员的联系方法和工作场所的形态都在变化，集中表现就是所谓的"智能化"。

智能型办公建筑(Intelligent office)一词最早出现于1984年，并以当年建成的美国康乃狄州的都市办公大楼为标志。

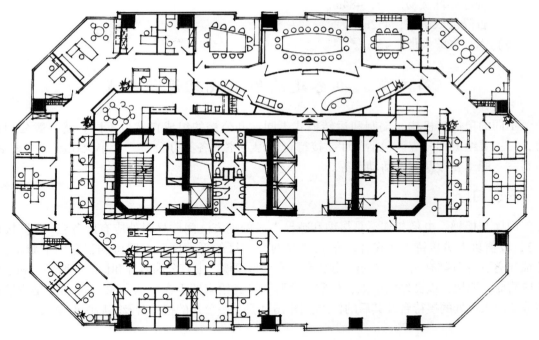

图 16-1　办公楼平面图举例

按目前的理解，智能型办公建筑应该具备以下几个特征：

一是通信自动化（AT, Advanced Telecommunication），即具有数字专用交换机先进的网络，完善的内外通信系统，能提供方便的通信服务。

二是办公自动化（OA, Office Automation），包括每个工作人员都有一台终端电脑，能通过网络系统完成各种业务，通过数字交换技术和网络传递文件，秘书与相关人员用计算机终端、多功能电话和电子对讲系统进行联系。

三是建筑自动化（BA, Building Automation），包括有电力、照明、卫生、输送、管理等方面的自动化管理系统，防灾、防盗等方面的自动监控系统，能源计量、租金计算、维护保养等方面的物业自动化管理系统。

智能化办公建筑也称"3A"建筑，由上述内涵不难看出，它不仅是一种办公效率极高的，也是一种舒适、健康、安全的现代办公环境。

四、高层化

如何看待高层建筑的发展，在社会上是有争议的。但从实际情况看，办公建筑逐步攀高，已是一个不争的事实。这其中自然有城市中心地价昂贵的原因，但也充分反映了商业上的竞争性。

到 2015 年为止，世界上的高层建筑排位如下：

（1）阿联酋迪拜塔（哈利法塔），828m。

（2）上海中心大厦，632 米。

（3）沙特阿拉伯，麦加，皇家钟塔饭店，601 米。

（4）台北 101 大楼，508m。

（5）上海环球金融中心，492m。

327

（6）香港环球贸易广场，484m。

（7）吉隆坡双子塔，452m。

（8）南京紫峰大厦，450m。

第二节　办公建筑的组成及设计要点

不同的单位，机构、编制和运转模式不同，办公楼的组成自然也不同。就一般公司而言，其主要组成部分应该包括门厅、接待台、保卫室、各类办公室、大小会议室、档案室、资料室、职工餐厅及职工活动室等。

一、门厅

门厅与楼梯、电梯相连，是接纳和疏导人流的地方。门厅显眼处应有服务台（或称接待台），设值班人员接待来访宾客。图16-2是两个门厅的平面图，由图可知，它们形状不同，特征显著，并且都有完善的设施。服务台后常设形象墙，上有公司名称和标志。服务台和形象墙应简捷、明快，以良好的形象、材质、色彩和灯光给人留下深刻的印象。图16-3是华纳台湾分公司入口处的接待台及其后的标志，图16-4是另一公司的接待台及其后的形象墙。

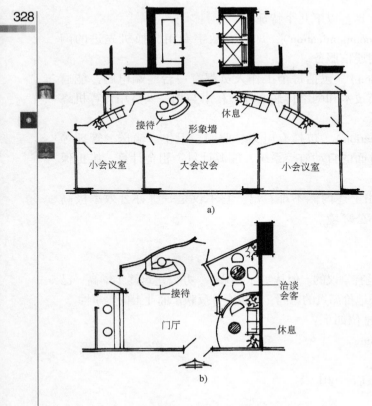

图16-2　两个门厅平面图

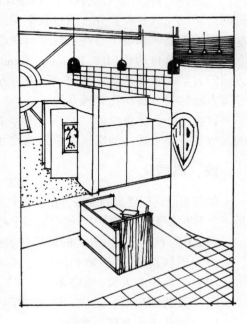

图16-3　门厅接待台之一

服务台附近应有休息处，设 3~5 个座位，供来访客人临时休息，或供公司人员临时接待来访者。

门厅的墙面上，也可视情况设一些宣传品，包括公司简介、产品图录等，要简洁、大方，切忌繁琐。必要时还可设一些内涵丰富的装饰小品和绿化，用以美化门厅的环境。

有些公司可能在门厅附近设值班室、保安部或产品展示部。展示部的大小和展示方式视公司大小和展品多少而定，可以占一个角落，也可以成为专门的展示厅。

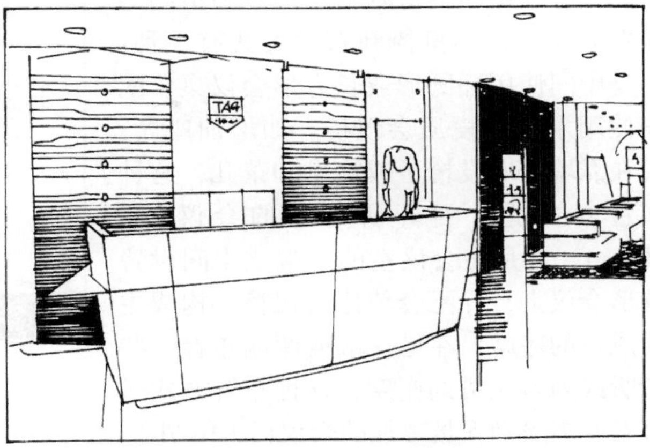

图 16-4　门厅接待台之二

二、接待室

接待室应靠近楼电梯，是公司用来接待客户、参观者、检查者或新闻记者的场所。可以采用会议桌椅，设计成小会议室的样子，也可以使用沙发组，沿周边布置。接待室应设茶具柜或饮水机，还要有小银幕、投影机、电视机等音像设备。

三、会议室

小会议室常常是领导开会的场所，在设计公司里，也可能是少数人研究图样、审查方案的地方。小型会议室可用小型会议桌椅或沙发组，常有 10 个左右的席位(图 16-5、图 16-6)。

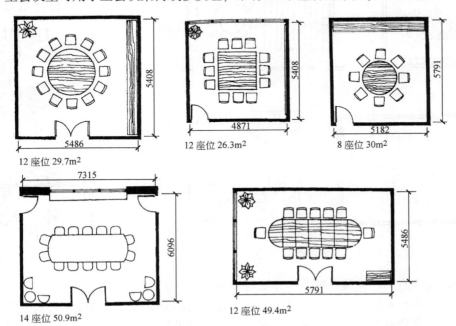

5408
5486
12 座位 29.7m2
5408
4871
12 座位 26.3m2
5791
5182
8 座位 30m2
7315
6096
14 座位 50.9m2
5486
5791
12 座位 49.4m2

图 16-5　小型会议室的平面形式

大会议室是召开大会或进行学术交流的地方，座席数较多，可达几十个或上百个。大会议室的桌椅有不同形式和不同的布置方式。常用桌椅和布置方式有三种：一是中间使用椭圆形或长方形会议桌，配套使用木质或皮质会议椅，如增加座席，再在靠墙处增设椅子或沙发和茶几，这种布置方式适合召开研讨性的会议（图16-7a）。二是在会议室的一端或中间设置圆形会议桌，并配套使用会议椅，构成主要成员的座席，在另一端或两端布置一些旁听或列席人员的座席，这种布置方式适合召开多级别人员参加的会议（图16-7b）。

图 16-6　小型会议室举例

三是所有人员一律面向讲台，此布置方式最适于听报告、进行学术交流和讲座。采用这种布置时，可以使用配套的联排桌椅，也可以使用带书写板的单个椅。桌椅可按直线排列，也可按弧线排列（图16-7c）。

不同桌椅的尺寸以及桌椅之间的距离如图16-8所示。

330

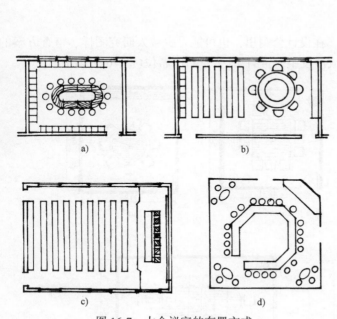

图 16-7　大会议室的布置方式

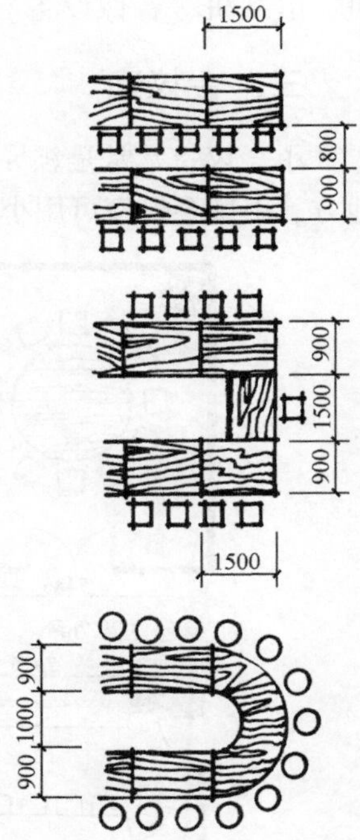

图 16-8　会议室桌椅的尺寸

大会议室应有一些挂画、壁画、浮雕等墙饰。

会议室应有茶具柜或饮水机，还应有存放音像用品的杂物柜。规模较大的会议室，应在附近设计贵宾休息室和声光控制室。贵宾休息室主要供与会领导、讲演人会前会间休息，也可兼作接待室或小型会议室。

寒冷地区的会议室，应设存衣处或挂衣处，供与会人员临时存放大衣和帽子。存衣处大都设在前厅，设在会议室内的衣柜或衣架，既要方便使用，又要美观隐蔽，不能有碍室内的观瞻。

图 16-9 为两个大会议室的内景图。

图 16-9 大会议室举例

四、办公室

办公室有多种类型：

（一）按办公模式分类

1. "金字塔"式

主要特点是上下等级分明，工作独立性强，办公室多为独立的、不受干扰的空间，下层办公室多，上层办公室少，呈现出"金字塔"的格局，行政机构的办公室多为这种模式。

2. "流水线"式

主要特点是各工作部门呈相互平行的关系，前后程序联系密切，为提高工作效率，其办公室多为较大的空间，银行等金融机构多用这种模式。

3. 综合式

主要特点是既有对外联系频繁的部门，又有仅需内部联系的部门，其办公空间往往构成相对明确的分区，社会保险等机构多用这种模式。

（二）按形式分类

有小间办公室、大间办公室、开敞式办公室、景观办公室和公寓式办公室。

1. 小间办公室

是一种最为传统的形式，过去常见的科室办公室就是小间办公室（图 16-10a）。它的主要特点是独立性强，科室之间干扰少；主要问题是过于封闭，科室间联系不便，也缺少现代办公室应该具备的那种高节奏、高效率和开朗、大方的气氛。

2. 大间办公室

与小间办公室相似，只是办公桌椅稍多，虽然能在一定意义上密切人员之间的联系，但并没有解决过于封闭等问题（图 16-10b）。

图 16-11 是一般办公桌的尺寸图和间距图。

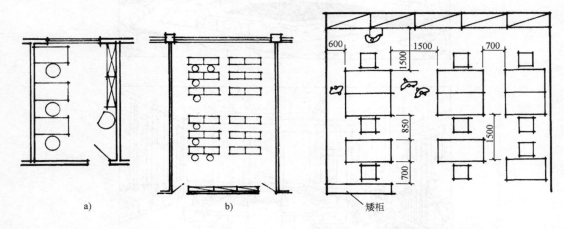

332

图 16-10　传统办公室示意图　　　　　图 16-11　一般办公桌的尺寸

3. 开敞式办公室

开敞式办公室空间阔大，内部设有传统意义上的"房子"，每个办公人员的席位都是用可以拆装的屏风围隔的。若干个席位可以组成一个"组"，若干组可以组成一个"科"或"室"，于是，整个办公室便有可能形成三个不同的层次：个人办公席位—组团—办公室（图16-12）。

开敞式办公室的主要特点是：个人办公席位具有相对的独立性，可以保证必要的安静度；若干个办公席位同处一个大空间内，便于办公人员在业务上进行联系；空间开敞，时代感强，具有高效和相互激励的气氛；灵活性强，能够随着机构、人员的变动而改变空间的布局。

开敞式办公室的办公坐席是用工业化生产、商品化供应的屏风围隔出来的。这种屏风有三种不同的高度：当办公人员属于同一个小集体时，其间的联系必然十分密切，此时的屏风高约890mm；当办公人员属于不同小集体但业务上又有一定联系时，屏风高约1080mm，使用特点是端坐可以环顾，伏案不受干扰；第三种屏风是用来划分不同区域的，高度约1490mm，使用特点是端坐时互不干扰，与他人联系业务时必须站起来。

利用上述屏风，不仅能围隔成办公席位，还能分隔出会议区或会客区。单就屏风的组装而言，它们不仅可以按直线组装，也可按直角、锐角、钝角或曲线组装，成为十字形、Y字形、锯齿形或曲线形（图16-13、图16-14）。

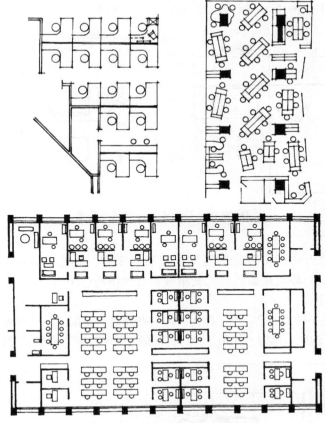

图 16-12　开敞式办公室平面图

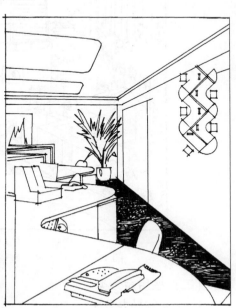

图 16-13　开敞式办公室例一　　　　　图 16-14　开敞式办公室例二

开敞式办公室中，多用带有电脑桌的办公桌，它们的尺寸如图16-15所示。

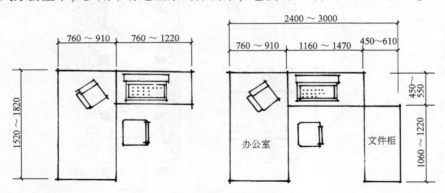

图 16-15　开敞式办公室的办公桌

4. 景观办公室

景观办公室是在开敞式办公室的基础上发展起来的。其主要特征是办公室内有较多绿化、小品和相关陈设，环境更加具有人文精神和自然情趣(图16-16)。

5. 公寓式办公室

公寓式办公室是一种集办公、吃、住为一体的办公室。面积不大，容纳工作人员不多，主要用于某些机关和公司的派出机构，如某某公司驻某国、某省、某市办事处等(图16-17)。

334

图 16-16　景观办公室举例

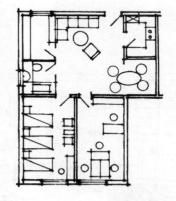

图 16-17　公寓式办公室平面图

(三) 按用途分类

1. 主要领导办公室

如厂长、经理及业务主管的办公室。这类办公室往往由三部分组成，一是由办公桌、办公椅、接待椅和文件柜组成的办公部分；二是由3~5位沙发组成的休息部分；三是一个具有4~6个座位的会议桌。休息部分要尽可能靠近入口，使来访客人或被召见人员能就近休息和等候。会议部分最好依靠一个角落，或靠近窗户，供主要领导召开临时性会议，或审查文件、图样。领导人的办公桌最好面对、斜对或侧对入口，而不要背对入口，以便使领导人能够及时地看清来访者，也表示对来访者应有的尊重。办公桌后的文件柜，既要具备陈列书籍、文件的实用价值，又要具有一定的装饰性。可以通过书法、绘画、雕刻等彰显公司的经营理念或领导者个人的志向与信念，也可以用其他装饰手段使之成为整个办公室中主要的观赏点。上述三个部分可以进行适当的虚划分，如采用不同的标高或使用一些栏杆与屏风等，应该注意的是，不可因此而影响办公室的开阔性和整体感。

有些面积较大的领导人办公室，除有上述基本组成部分外，还可以附设一间休息室、洗手间和挂衣间。

办公室内除必需的家具外，还应有衣架、茶具柜及盆花等。

图16-18为主要领导人办公室的平面示意图，图16-19为一个经理室的内景图。

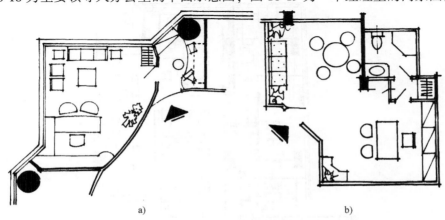

a)　　　　　　　　　　　　b)

图16-18　领导人办公室平面示意图

图16-19　经理办公室举例

335

2. 部门主管办公室

指部门领导人如人事部、财务部、设计部、市场部的领导人的办公室，这类办公室的主要家具是办公桌椅、接待椅和文件柜，有时也专设一组供客人使用的沙发。

3. 一般职员办公室

就个人而言，职员的办公席位就是一个由屏风围隔出来的小隔间，其中包括桌、椅、柜、架等设备以及电脑、电话等设施。

就整个办公区而言，这种办公区还应设置一些文件柜、资料柜、书柜以及必要的接待席、饮水机和盆花等。如果是设计公司，还应配备一些小型桌，供设计人员讨论设计方案或审查图样用。

不同机构的办公楼，组成情况是不同的，图 16-20、图 16-21 和图 16-22，为几个不同办公楼的平面图，由图可知，除大体相同的基本空间外，它们也各有许多特殊的空间。在更大的办公楼内，还可能有多种供全体职工使用的公共空间，如咖啡厅、快餐厅、文娱室和健身房等。

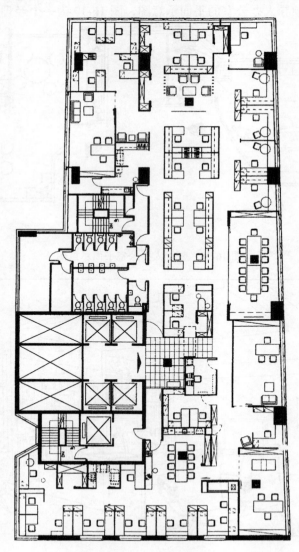

图 16-20　办公楼平面之一

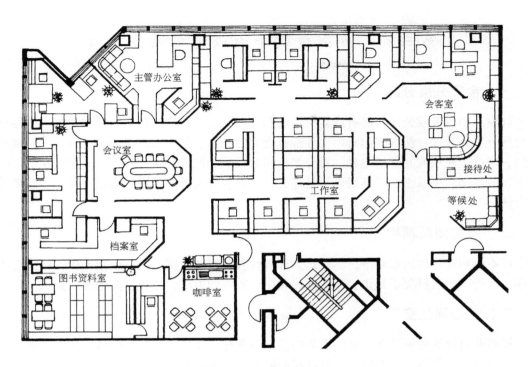

图 16-21　办公楼平面之二

337

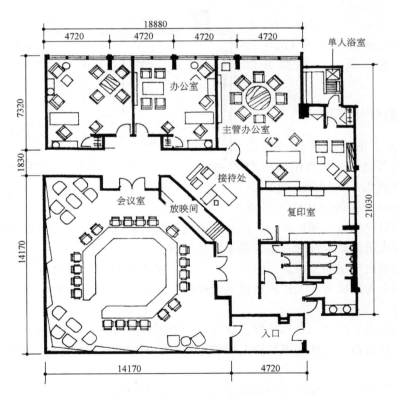

图 16-22　办公楼平面之三

第三节 办公建筑室内设计的基本思路

一、合理分层分区

规模大的机关或公司，必有许多科、室和部门，为满足使用要求，要按照各自的办公模式合理分层和分区，使各部门对内对外都有合理的关系。就一般公司而言，对外关系密切的部门，应位于底层或靠近楼电梯，对外联系相对较少和保密性强的部门，应布置在上层或靠近建筑的尾部，关系密切的部门要尽量靠近，主要领导人的办公室应与秘书处、会议室等联系方便。

二、激发团队精神

在不影响保密性的原则下，尽量扩大开放性办公室的范围，借以鼓励工作人员的交流与合作，促进工作人员关于知识、创造能力和生产效率的追求，体现企业的开放意识。

三、创造弹性空间

提高办公建筑的灵活性，适应形势的发展与变化。要尽量利用一些可以移动的家具和设备，如可以全方位组装的屏风、可以推拉的隔断、甚至带有滚轮的桌柜等。图 16-23 表示了一个可分可合的会议室，中间的隔断拉开后，两个小会议室便能合成一个大会议室，会议室内两个带有滚轮的桌子也能迅速合成一个大型的会议桌。

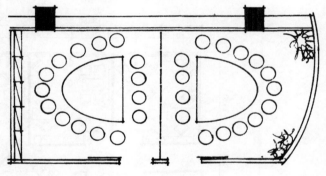

图 16-23 可分可合的会议室

四、适当软化环境

现代办公室惯用硬质材料如玻璃、不锈钢和石材等，又喜用偏冷的色彩和采用暴露管线等设施。这些做法有利于体现办公楼的现代性和科技含量，但也容易冷漠、生硬而缺少人性味。因此，适当软化环境，将有效的实用性、有人情味的艺术性和先进的科学性统一起来是十分必要的。

要注意沟通内外空间，渗透自然景色，美国一家木材制品公司的办公楼位于小山之上，建筑物的周围全为玻璃窗，工作人员伏案可以办公，抬头可见远山绿树，心旷神怡之状，自难用语言描述。

可适当运用天然材料和自然景物。新西兰驻中国香港的办事处在装修中大量使用新西兰随处可见的天然材料，其环境极易使人联想起新西兰的独特风光如瀑布、草原、火山、冰河和海滩等。

可适当使用暖色，必要时还可增加色彩的层次。PWC 有限公司的办公楼，在装修中有意选择了能够让人联想起海洋、小麦、茄子等自然景物的颜色，还鼓励不同工作区域的人员自选一种颜色和家具,既有利于调动职工的积极性,也有利于表现环境的个性即总体上的丰富性。

可适当增设有文化内涵且能体现公司特色的陈设。华纳兄弟公司台湾分公司在许多角落张贴电影海报,一方面是为了体现公司的特性,另一方面也是为了突出表现海报与背景材料的对比。新西兰驻中国香港的领事馆在大厅的白色云石墙上嵌入了伟大航海家 Kupe 的木雕像,既能引人联想,也有效地丰富了环境的内容。

不同办公环境对于氛围的追求可能不同,在多大程度上和用什么手段软化环境,做法也可能不同,但从总体上看,办公环境应有较多的亲切感,这对职工和客人都是有益的。

五、突出企业形象

办公楼应充分显示公司的形象,通过环境,增强职工的凝聚力,给客人留下深刻的印象。

北京外研社是一个从事外语科研的机构,其大楼的装修以文字为主题,十分强烈地显示了机构的任务与个性。设计者把社训译成各国文字,满幅面地塑在了红色的墙面上,十分具有震撼力和说服力。在改造货梯为客梯时,设计者又将文字符号不规则地贴在了井壁上,并配以灯光,由于货梯井比一般客梯井宽得多,沿客梯上下的人便能在运动中浏览文字,产生诸多关于文字的遐想。

中英航务有限公司的办公楼,为突出企业形象,立意为行驶在海洋上的一只船,大量运用了与船只和海洋相关的色彩、元素和符号:接待台形似一段夹板,门上和墙壁上有若干圆形或椭圆形的舷窗,接待处不用传统的沙发和咖啡桌,而代之锚链牵拉的悬吊椅,室内照明几乎全为间接照明,蓝色的灯光照射在蓝色的地砖上,颇有一些波光粼粼的意象(图 16-24)。

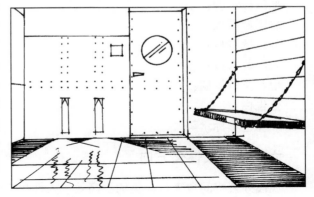

图 16-24 航务公司内景之一

20 世纪 60 年代,出现了一个叫做 CI 的词汇,它是英文 Corporate Identity 的缩写,翻译成中文意为"企业识别体系"。CI 概念首先被美国的一些企业所采用,到 20 世纪 70 年代才传入我国,并开始引起有关方面的重视。所谓"企业识别系统"就是企业通过标志和专体色彩等视觉要素,强化自己的形象。它除了可以加深外界对企业的印象外,还能激励员工的积极性,有助于增进企业的团结。CI 的内容十分广泛,与室内设计有关的应有广告、招牌、门面、标准色以及主要装饰材料与手法等。

在室内设计中引入 CI 概念的目的,是突出企业品牌形象,提高企业的竞争力。就室内设计自身而言,引入 CI 概念,就是要用标准化的、系统化的手法强化设计的完整性和统一性,反映企业的经营理念,让企业以崭新的、整合了的形象融入经济大潮,以全新的面孔迎接世界的挑战。

在办公建筑的室内设计中，要以完整地体现企业形象、经营理念和文化追求为中心，全面考虑平面布局、空间分隔、办公家具、照明、音响、空调以及标牌的形式和风格，尤其要设计好门厅、接待台、形象墙、会议室、展示室以及主要领导人办公室等与外界联系较多的部分和空间。

门厅与接待处是企业的重要窗口，要按 CI 要求，精心设计企业的标志、名称、经营理念和口号，还要设计好配套的座椅、绿化与小品等。

高层领导办公室的设计，要表现出企业的综合实力，更要有特色、有品位，并与企业形象设计的总体思路相一致。

会议室是企业中重要的公共场所，往往也是展示企业成就的地方，可以像设计入口那样展现企业的标志、名称、经营理念和口号，同时还要通过照片、书法、获奖资料等丰富和强化企业的形象。有的会议室将企业的标志做在天花上，不仅个性鲜明，还能起到画龙点睛的作用。

CI 概念应该体现在办公建筑室内设计的各个方面，从目前情况看，至少以下方面是不可忽视的：

造型招牌；

楼层指示牌；

室内指示系统；

符号指示系统；

部门标示牌；

总区域看板；

分区域看板；

大门及入口；

柜台及背景墙；

公告栏；

环境色彩标示等。

六、坚持人性化方向

现代办公空间愈来愈向集约、高效、人性化方向发展，故办公环境要有利于员工与员工之间、上下级之间、企业与客户之间的交流与沟通。办公空间的设计必须在"人性"与"效能"之间取得平衡，在严肃认真和心平气和之间取得平衡，在现代企业精神和"家庭"氛围之间取得平衡。在办公组织和办公过程实现最高效率的同时，高度重视人的心理需求，让办公空间成为高效、舒适、方便、安全、卫生、亲切的环境。

第四节 办公建筑的装修与装饰

一、界面装修

办公室的地面除使用石材、瓷砖外，应更多地使用实木地板、复合地板、优质地毯等软性材料。实木地板弹性适中，传热系数较小，与优质地毯一样应是办公室和会议室地面的首选。

340

办公室的天花常常使用石膏板、夹板和金属板，有些天花悬吊网格或局部悬挂平板，部分或全部暴露楼板下的各种管线，简洁而不简单，实用而不失时代气息，甚至还可以给人以新鲜感。

办公室的墙面可用多种材料装修，常用的材料有石膏板、夹板、玻璃、不锈钢、砖、石以及各种涂料和壁纸。当多种材料搭配使用时，要注意色彩与质地的和谐统一，充分显示材料的质地美和装修的技术美。

二、空间色彩

办公环境的色彩以淡雅为宜。在使用白色的同时可以适当使用其他色彩。一般原则是：面积较大的界面最好选用同类色，作为点缀的局部可以使用对比色。为突出企业形象，推进CI策略，还可将企业的标准色彩作为母题色。

三、办公家具

办公家具应该顺应时代的发展，切合空间的特异性和职业的特殊性。家具风格应该多样化，从材料上说，木的、皮革的、人造板材的、钢结构的、钢木结构的，均可成为选择的对象。重要的是，它们必要满足功能要求，突出企业的个性，符合环保要求，并成为环境中耐看的要素。有些艺术设计公司，故意将某些家具做得很特别，甚至很另类，目的是显示公司的创新精神和创新能力，给顾客留下深刻的印象。图 16-25 表示的是某公司的一张咖啡桌，它以硕大的原木制成，表面虽然光洁如镜，但木纹和结疤仍然清晰如故，它那巨大厚重的体量，粗犷的外形，以及代替桌腿的不锈钢支架，尤其能够给人留下难忘的印象。

图 16-25　具有特色的办公家具

四、装饰与陈设

现代办公空间更加主张轻装修而重陈设。因为富有特色的装饰和陈设在构建个性化的空间中能够扮演重要的角色。办公空间的装饰与陈设种类繁多，绘画、雕塑、织物、绿化、工艺美术品和某些生活中的器物都能成为人们的选择。选用什么样的装饰与陈设，因业主和设计者修养、爱好的不同而不同，或者说是反映着业主和设计者的修养与爱好。关键是让它们具有深刻的文化内涵，鲜明的审美价值，并且能在环境中起到锦上添花和画龙点睛的作用。图 16-26 是某公司过厅的绘画与雕塑。图 16-27 是某公司入口的景观，从这张图上可以看出，通道的一侧为水池，内有陶钵、卵石和睡莲，通道的另一侧为两个高大的陶瓶，内插干枝，与对面的水池相照应。这组景观充满了自然、清新、质朴的气息，作为进入办公室的必经之地，充分体现了办公环境的文化氛围和人情味。

341

图 16-26　某公司过厅的陈设　　　　图 16-27　某公司入口处的景观

342

五、空间照明

办公室的空间照明方式多为分区照明，即公共区域照明与个人工作区域照明分别控制。办公室的灯具要形式简洁，功能性强，具有信息时代的特征。大面积的办公区可用发光顶棚、发光龛或排列整齐的灯盘，重点部位可用点光源。光的颜色宜近自然光，照度值可在500lx 左右。

第十七章 商业建筑室内设计

第一节 概述

本章所说的商业建筑，专指以零售商品为主要业务内容的商店，如百货商店和专卖店等。

一、商业建筑的类型

不同的商业建筑有不同的经营模式，对室内设计也各有不同的要求。从我国目前情况看，常见的商业建筑大致有以下几种类型：

(一) 购物中心

购物中心是一种以零售商品为主，还兼营餐饮、娱乐等业务的商业建筑。在购物中心中，不仅有大小不等的店铺，还有中餐厅、西餐厅、快餐厅及游戏厅等，有些购物中心还附设电影院、溜冰场或游泳池。

购物中心多为集中式，即集中为一个体量较大的建筑，并大多位于城市的商业区或大型居住区。也有一些购物中心，由若干幢建筑组成，它们多居郊外，并靠主要公路，往往是一个既能购物又能娱乐休闲的游览区。这种购物中心要有更大的停车场和更大的户外场地。

购物中心的发展，主要表现在20世纪后，城市膨胀、人口猛增是它迅速发展的主要原因。但是，由于地域不同，生活方式不同，不仅中西方的购物中心存在差异，就是西方的购物中心也各有不同的地方。

美国的购物中心，多为封闭式建筑，大都位于高速公路附近，购物环境相对宽松。

欧洲的购物中心，与美国的购物中心相似，但还有一些是由旧的商业建筑或古代建筑改成的。英国的一些购物中心，占地面积大，停车位多，往往包括多间超市、众多品牌店、快餐店和电影院。经营的商品中虽有高端商品，但总体上趋于平民化。

加拿大的购物中心，一贯沿袭美国郊区购物中心的模式。服务半径可达百公里。从外形看，大都是一些简单、巨大的方盒子，其内部则往往是一个五光十色、多姿多彩的世界。在这里，有不同规模、不同功能、不同经营方式的店铺，包括大型百货店、大型品牌店和小型专卖店。从空间组织上看，既有宽敞的公共活动空间，又有类似室外常见的步行街，甚至还有类似迪斯尼乐园般的小型主题公园和电影院。

(二) 百货商店

以零售为主要业务，商品种类繁多，花色齐备，常说的百货大厦、百货大楼就属这一类。百货商店，体量大、层数多，有的可达十几层，其中，也可能有一些餐饮等设施，但只是作为配套，而不是主营的项目。目前，这种传统百货商店已经很少，新建的都在向综合型的方向发展。

(三) 专卖店

专卖店有两种，一种是专营某类商品的专卖店，如电器店、男装店、女装店、童装店、乐器店、旅游用品店等；二是专卖品牌商品的专卖店如"金利来""皮尔卡丹"店等。

专卖店规模大小不等，有些店如家具店体量可能很大；有些店如花店、珠宝店体量可能很小，甚至小到十几平方米或几平方米。

（四）超级市场

超级市场实际上就是自选市场。世界上第一家超级市场于1930年诞生于美国，在我国正规超级市场大多是20世纪90年代初期建成的。

从业态上看，超级市场又有几种不同的形式：

1. 便利店

便利店以最大限度地方便顾客为宗旨，其主要特点是：

（1）选址于居民区、车站、码头或医院、娱乐场所的附近。

（2）以销售食品、日用百货、文具纸张、报纸杂志等体量不大、即时消费、以解急需的商品为主，有些便利店还提供传真、打字、复印等服务。

（3）营业时间较长，短的每天可为十几小时，长的可达24小时。

（4）面积不大，常在100m²以下。

（5）常采取连锁店的形式，内部装修简洁、明快，有自己特有的形象和标志。

2. 仓储式超市

其最大特点是储销合一，库架和销售货架合一，兼营批发、零售业务。

仓储式超市大多不在市中心，而是位于城乡结合部。其店外要有较大的停车场和能够进货、出货的场地。

仓储式超市营业面积大，经营品种多，其经营商品中往往包含一些大件商品，如家用电器、家具和健身器械等。

3. 一般超市

一般超市以经营日常用品和食品为主，大多位于居住区的附近，体量较大，但层数不多，内部装修相对简单，更加重视商品的分区展示和对于顾客的引导。

上述各类商业建筑，并没有十分严格的界限，例如许多购物中心和百货商店就设有专卖店，形成所谓的"店中店"。

二、商业建筑的发展趋势

商业建筑的发展趋势是内涵丰富，类型多样，日益多元化。

1. 内涵丰富，表现为：

综合性：具有购物、餐饮、娱乐、健身、休闲、参观、旅游等多种功能。

文化性：文化内涵丰富，有时代性、民族性、地方性。

展示性：是展示新产品、新技术、新包装的窗口，重视展架、广告、牌匾、橱窗的设计。

服务性：推销产品与提供服务相结合，如加工、修理、咨询、送货和售后服务等。

参与性：人与物接，亲身体验，自娱自乐。

科学性：采用现代设备和技术。

2. 类型多样，表现为：

豪华型：用高级装修材料装饰，并配以舒适的公共设施。

田园型：运用田园景观、水景、绿化等营造气氛。

古典型：运用传统商业建筑的装潢形式，表现古朴、传统的文脉。

系列型：连锁店、专卖店，采用相同或相近的经营方式和环境，表现为规格化和系列化。

超前型：运用新颖装饰材料，造型设计奇特前卫，具有独特性和开创性。

民族与地域型：具有明显的民族特色和地域特色。

三、顾客的心理活动

顾客在购物时的心理过程是室内设计者必须深入研究的问题，因为，正是这种过程影响和决定顾客的行为，并最终影响甚至决定商店的经营状况。

顾客在购物时的心理过程与他们从事其他活动时的心理过程是一样的，也可以分为三个阶段，即认知过程、情绪过程和意志过程。应该特别注意的是，这里的每一个过程都有它具体的、独特的内容。

顾客的认知过程表现为顾客对于商品和商业环境信息的感觉、知觉、记忆和思考，包括通过各种信息了解商品和商业环境的存在，感受商品和商业环境的魅力，对商品和商业环境给予足够的关注等。为了激发这一过程，商店要进行必要的促销活动。就设计而言，就是要用美观醒目的橱窗，顺畅清晰的线路，合理有序的布局，明朗悦目的陈列，完美的视觉引导以及良好的声、光、热、色等物理因素吸引顾客，引起他们的兴趣。

顾客的情绪过程表现为对商品和商业环境的比较、评价以及是否认可，包括运用联想及进行比较来全面分析商品的质量和价格等。就商店设计而言，要积极地为顾客提供情报，陈列样板，引导购物，以提高顾客的信任度。

顾客的意志过程表现为他们决定购物并付诸行动。就商店设计而言，主要任务是在收银、包装、送客等环节上提高服务水准，以便吸引更多的"回头客"。

在进入商店的顾客中，有的是有目的的购物者，有的是无目的的观光者。环境设计的着眼点不仅要放在有目的的购物者身上，还要关注那些无目的的观光者，力求使他们也产生购物的冲动。

第二节　橱窗设计

橱窗设计有两个内容：一属装修，包括确定橱窗的类型、位置、大小和材料；二属展示，即具体布置橱窗内的模特、道具、商品并进行美化等。室内设计师的主要美化是完成前一个任务，但也要争取了解和掌握一些橱窗展示方面的知识。

一、橱窗的功能

橱窗，是一个名副其实的"窗口"，反映着商店的经营理念、商品的类别与风格特色等。橱窗的具体功能可以概括为以下几方面：

（一）传递商品信息

让人们知道商店的经营门类、特色商品及新款商品等。

（二）激发人们的购买欲望

通过形象鲜明、艺术性强、特色鲜明的设计，突出体现商店特质和服务优势，激发人们的购物欲望。

（三）宣传企业形象

橱窗设计往往使用企业标志或与企业相关的色彩和图案，在专卖店中，还经常使用与品牌相关的符号，如果还有一些标语、口号等，就能有力地突出企业和品牌的形象。

（四）沟通内外空间

有些橱窗是开敞的或半开敞的，橱窗外面的人不仅可以欣赏橱窗的展品，还可以透过橱窗看到商店内的景象，取得一种内外空间相互交融的效果。

（五）创造文化氛围

橱窗是一个小舞台，在这里，可以创造出多种画面、多种场景和多种主题，对顾客和广大市民起到宣传教育的作用，对城市起到装点美化的作用。

二、橱窗的种类

按位置可分为店外橱窗和店内橱窗，前者设在商店的外墙处，在人行道或走廊上即可看到；后者设在店内，只有进入商店才可看到。

按橱窗外表面与外墙的关系，可分为外凸式、平齐式和内凹式（图 17-1a、b、c）。

按橱窗背板的空实程度，可分为封闭式、开敞式和半开敞式（图 17-1d、e、f）。有密实背板的橱窗称封闭式橱窗，没有背板或以透明玻璃为背板的橱窗称开敞式橱窗，背板半空半实者称半开敞式橱窗。

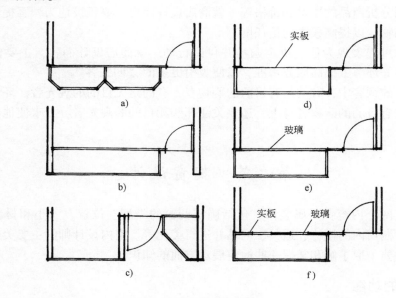

图 17-1　橱窗的种类

橱窗的底板应高于室内地坪 200mm 以上，高于室外地坪 500mm 以上。橱窗的高度应以人们能够便于观察、欣赏为原则。

三、橱窗设计的要点

橱窗具有直观性的特点，是最能吸引顾客的展示形式。要充分体现设计师的新颖创意和艺术灵感，让顾客和市民能从中品味到商店的风格特色、城市的文化底蕴、季节的更迭变换乃至节日、假日的气氛。

要综合运用色彩、材质、灯光等多种手段，让平面形象和立体形象相结合，平面形象如文字、图案和海报，立体形象如模特和各种相关的道具，还应适时采用一些光电输出等技术。

要注意风格特点，根据商店的规模、性质和经销商品的类别，展示出或是高贵奢华、或是前卫大胆、或是充满童趣的个性。

除上述各点之外，还要解决好防晒、防撞、防盗及防眩光等问题。

第三节　照明设计

照明设计对任何一个生活环境或工作环境来说都十分重要，对商店尤其如此，这是因为顾客能否购买到称心如意的商品首先决定于他是否看清了商品，而整个购物环境的光照还直接影响着顾客的情绪与决断。

一、店面照明的功能

商店内部照明首先要有足够的照度，还要具有一定的装饰性，但仅仅做到这些是远远不够的。对于商店内部照明的基本要求是：吸引顾客的注意力，并让他们能够看清商品；强化展示的趣味性和戏剧性，提高顾客的情绪，刺激他们追寻浏览的兴致；对环境和商品采用不同的照明方法，突出商品的地位，也使顾客感到舒适和惬意；用照明划分不同的区域，显示空间的丰富性和层次性，显示一般区域和重点区域的差异，使重点区域的地位更突出；用照明引导顾客，包括购物引导和紧急疏散引导；避免眩光，让人舒适，此外还要有较好的显色性。

二、店面照明设计要点

首先，要有足够的照度，按国家颁布的照度标准设计。可以适当调整，一般说来，商品价格昂贵的商业环境，照度应该略低些，按此推论，超市的照度可以高于一般店铺，一般店铺可以高于专卖店，即出售高档商品的店铺及品牌店，环境照度可以略低些。

第二，要根据商品特性选用光源，如对在自然光下使用的商品，应用显色性高的光源；对服装、布匹、毛线等，应用显色性高的光源；对玻璃、金属、珠宝等类别的商品，应用高亮度的光源等。

第三，要处理好一般照明与重点照明的关系。一般照明的主要功能是提供足够的照度、合适的显色性和形成一定的气氛；重点照明的主要功能是强调商品，表现光泽、质感和立体感，提高被照商品的地位。为此，重点照明的照度值往往要高于一般照明照度2~3倍。

第四，要注意投光方向，对于模特等立体感很强的物品，投光方向最好来自侧面，而不是来自前方或后方。

第五，营业厅面积超过1500m² 时，应设应急灯，通道、楼梯等处应设疏散指示灯。

第六，柜架、柜台等处的照明要防止眩光，图17-2介绍了展示架、展示台、柜台的照明。

347

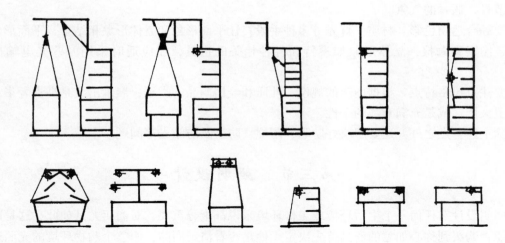

图 17-2　展架展台的照明

第四节　界面装修

商店的顶棚、墙面、柱面和地面，既起装饰作用，又能烘托气氛，衬托商品，引导人流，形成良好的购物环境。

一、地面

商店的地面特别是大中型商店的地面，要充分考虑防滑、耐磨、防水等要求。在没有特殊要求的情况下，要少做高差变化，尤其是要减少不大被人注意的小高差。

地面划分要与分区相结合，不同的营业区和通道可以采用不同的材料和颜色，以便于引导人流和提高营业区的可识别性。在实践中，通道常常用石材或瓷砖铺砌，营业区除采用石材和瓷砖外，可根据情况采用木地面（如售鞋区）、块石地面或卵石地面（如鲜花区），少数专卖店也可用地毯。

有些商店和某些专卖店面积较小，有些商店虽然面积较大，但经常变换商品陈设的布局，为提高地面的适应性，不必对其进行严格的分区，甚至可以没有营业区与通道的界限。

地面的颜色和图案，既要考虑自身的需要，又要考虑与商品之间的关系。一般情况下，入口门厅、电梯厅、大扶梯的地面可以做得丰富和华丽些，一般通道特别是较窄的通道，则应做得简练和朴素些。

二、墙面与柱面

商店的墙面大部分为柜架所覆盖，但柜架的高度只有 2m 左右，于是，柜架上部便成了墙面装修的难点。实践中，常将上部做成灯箱、海报和标语，或者摆放模特，展示一些典型的样品。

如何确定上部处理方案，应以商店的性质和经营商品的种类为依据，如书店的上部可用名人语录、分类指引等作装饰；服装店的上部可以摆设模特或吊挂一些抢眼的服饰；儿童用品店的上部可以画一些卡通图案等（图 17-3）。

柱子是商店中的承重构件，从使用和装饰的角度看未免不是一种"累赘"，但如果能够

348

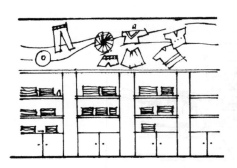
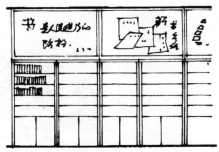

图 17-3 墙面上段处理举例

恰当地加以处理、加以利用，就能"化害为利"，收到意想不到的效果。实践中，常见的做法有：加层板用于展示，做灯箱用于宣传，做展台摆设大件商品等（图 17-4）。

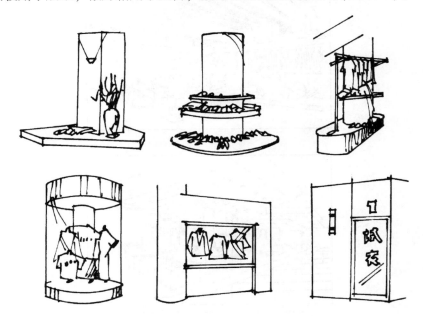

图 17-4 柱子的装修和利用

当柱子不与其他设施结合时，其表面特别是柱子的下半部的表面应用坚固、光滑的材料装修，如周围经常有人通过，其断面最好做成圆形、八角形或抹角的方形。

三、顶棚

商店的顶棚除入口处外，不必做得很复杂，以免分散顾客的注意力。

自选商场或小型店可用网格吊顶，用以遮蔽其上的管网和凸凹的结构。顶棚的造型不一定与地面上的陈列布局相对应，这样做将有利于陈列布局的改变。

大中型商场中，可以采用上下相应的做法，即让顶棚的造型与陈列布局相对应。这样做有利于突出展位和通道，有利于引导顾客，也容易使环境更加有层次（图 17-5）。

有些时候，可以局部抬高或降低某个部分的标高，或通过特殊的照明、灯具强调该部分的存在，图 17-6 就是一个典型的例子。

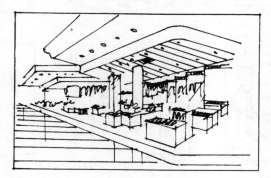

图 17-5 顶棚造型举例

图 17-6 利用照明突出展区的例子

顶棚造型也要契合商店的经营品种、性质和格调，有的体育用品店将吊板做成黑白五边形，令人产生关于足球的联想；有些儿童用品店将吊板做成星星、月亮的形状，让空间充满想象力；……。其做法都是很有启示的。

<h2 style="text-align:center">第五节　百货商店的室内设计</h2>

这里所说的百货商店系指体量较大、以零售为主、经营商品种类较多的综合性商店，也包括一些含有自选厅在内的商店，因此，本节所述的设计理念和方法对购物中心、超市也有一定的参考价值。

一、正确分层分区

大型百货商店层数多、商品种类多，设计时应首先做好分层分区的工作。分层的基本原则是：人们常用的商品、销售频率高的商品靠底层，销售频率较低的商品靠顶层。以某百货商店为例，分层情况是：

地下室：五金、自行车、缝纫机；
首层：食品、茶叶、烟酒、糖果、水果、化妆品、金银珠宝；
二层：妇女用品、日用品、卫生用品、旅行用品、服饰；
三层：女装、男装、童装、皮装、休闲装；
四层：鞋类，包括皮鞋、运动鞋、休闲鞋、童鞋；
五层：家用电器、音像制品、照相器材、乐器、玩具；
六层：工艺美术品、陶瓷玻璃器皿、文化用品；
七层：成套家具、家居用品、照明器具；
八层：中西餐厅、风味小吃、儿童游戏厅。

二、合理组织流线

营业厅的流线应该方便顾客购物，利于紧急疏散，容易进出货物，与出入口和垂直交通枢纽具有合理的联系。

一是要有顺畅的线路，避免死角，最好形成环线，便于顾客迅速到达购物地点、出入口和楼电梯。

二是要有合适的宽度，便于人们选购和通过，图 17-7 表示了柜台内外及通道的尺寸，

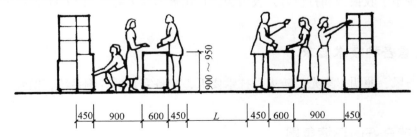

图 17-7　百货商店通道的尺寸

其中的 L，应视店的大小和通道的主次程度而定，最小可取 700~900mm，稍宽者和更宽者可取 1200mm、1500mm、1800mm。这个尺寸常为 600mm 的倍数，600mm 为一股人流所需的宽度。如果营业厅为自选厅，顾客大多推车选购，每个推车者所需的宽度约为 750mm。

三、合理布置柜架

大型百货商店的柜架有多种布置方式，常见的有靠墙式、岛式、半岛式、开敞式、半开敞式和综合式（图 17-8）。前两种方式实际上是闭架售货。半开敞式属于开架售货，但往往在该区出口处专设收款台。综合式就是综合采用上述布置方式。

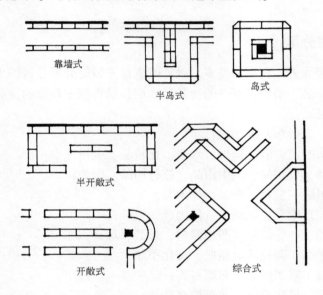

图 17-8 百货商场内的柜架布置

用于陈列商品的道具有柜、架、台等，柜是封闭的，往往装配木门或玻璃门，有高柜、低柜之分，用于陈列较贵重的商品。架则无门，多用于陈列开架销售的商品。台的高度较低，形式多样，多用于陈列平放的商品，如鞋、包、T 恤等。

图 17-9 是部分柜、架的形式和尺寸，这些柜、架分别用于陈列服装、食品、家用电器和箱包。

图 17-10 是常用展台的形式和尺寸。

营业中少不了收银台和打包台，收银台、打包台形式多样，图 17-11 表示了两种常见的形式。

四、注意各种技术要求

要满足通风、照明、采光、防火等技术要求，配备完善的音响系统，做到能够应对各种突发情况。

五、创造良好的环境氛围

要根据经营的范围、商品的档次、顾客群的特点，确定总体氛围和格调，使顾客心情愉

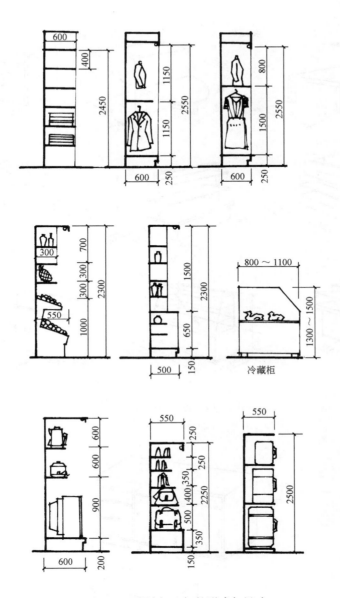

图 17-9 靠墙柜、架的形式与尺寸

悦,乐于购物,并在购物中得到物质方面与精神方面的满足。

要体现人性化的原则,适当设置休息区、休息位、餐饮点、洗手间、寄存处,乃至儿童游戏场,如有条件应有一些水景、石景、绿化、雕塑等小品和背景音乐,以增强环境的自然气息和文化氛围。

图 17-12 为一个百货商店的平面图。

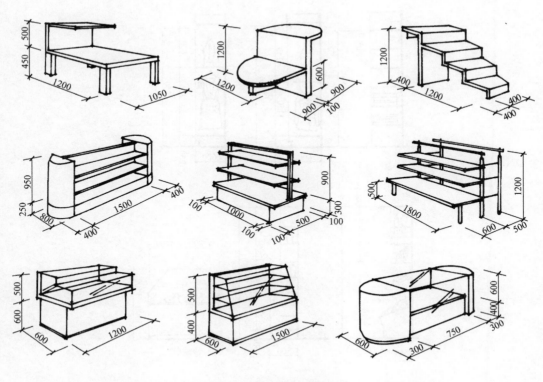

图 17-10　展台的形式与尺寸

354

图 17-11　两种收银台和打包台

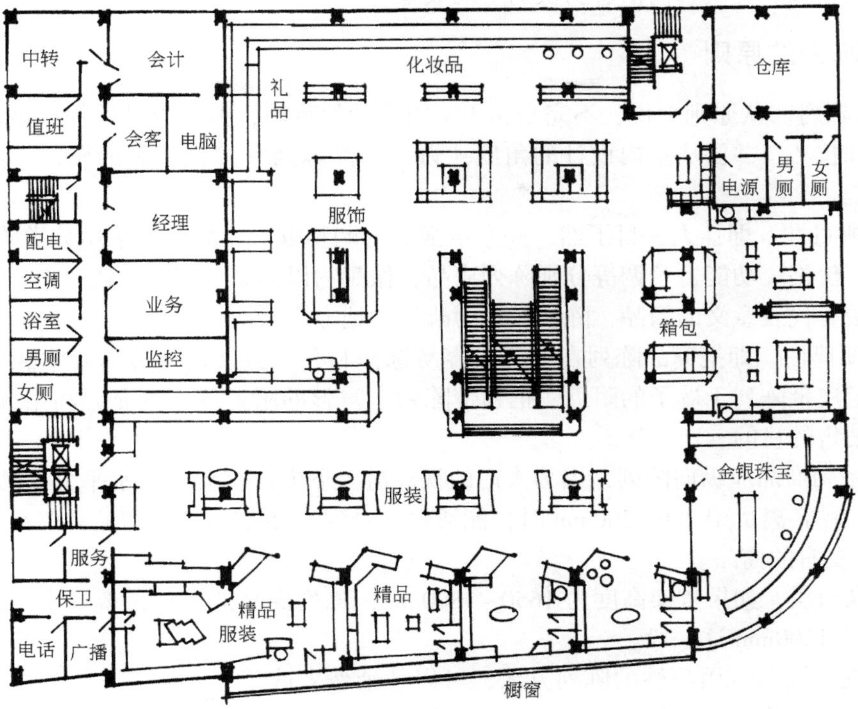

图 17-12 某百货商店的平面图

第六节 专卖店的室内设计

专卖店是销售同类商品或同一品牌商品的商店。

常见的专卖店，从位置上看大致有两种，一种是位于城市主要商业区、住宅区的道路两侧的独立店，另一种是位于大型商场内所谓的"店中店"。

一、设计要点

专卖店的室内设计应特别注意舒适性和安全性，具体地说，应着重解决好以下问题：

（1）根据销售商品的类别，服务对象和业主要求，突出反映专卖店的风格与特点，显示商店的个性。如书店要有强烈的文化气息，手机店要有现代感、前卫意识，茶叶店要有传统古朴的韵味等。

（2）对于品牌店和连锁店，要着重表现它们的可识别性，通过标志、主色调和基本材料表现店面的统一性，同时又要因地制宜地表现个性，即此店与彼店的差异性。

（3）要体现"人性化"的原则，完善配套设施和服务系统，如适当设置咨询部、维修部和体验区，视店面的类别和大小设置休息座等。

（4）要正确分配面积，划分区域，使店面井然有序。柜架过少，不利于营销，聚拢不起人气；柜架过密，拥塞不堪，会使人烦躁，甚至降低店铺的档次。

（5）要全面考虑照明、色彩、家具、标识等多种因素，综合利用多种艺术手段和技术手段，创造新颖、美观、简洁、明快的空间效果。

二、陈列的原则

"商品陈列"从原则上说，不完全属于室内设计的范畴，但室内设计师应该懂得商品陈列的原则和技巧，并要从室内设计的角度，为"商品陈列"提供良好的条件。商品陈列的基本原则是：

（1）醒目性。即让人一目了然，并产生强烈的购物欲。为此，可采用分类陈列的办法，即按种类、价格、功能、色调等分别陈列商品，做到物以类聚。同时，还要把店内最想售出的商品和最有代表意义的商品，陈列在最为醒目的地方。

（2）便捷性。即把商品陈列在顾客最容易选择和存取方便的地方。要注意商品间的关联性，如把皮带陈列于裤子的附近，把领带陈列于衬衫的附近等，以充分利用顾客的联想，达到成套销售的目的。

（3）系列商品应纵向陈列，因为人们的视线沿上下方向移动比沿水平方向移动更方便。经验表明，顾客离货架300~500mm时，能清楚地看到1~5层货架的商品。但在横向，却只能看到1m左右的商品。

单从纵向说，如果货架高度为1650~1800mm，陈列商品的最佳位置是上边的2~3层，即距地850~1200mm这一段。

（4）提高性。运用巧妙的陈列方法，可以使消费者改变对于商品的评价，达到提高身价的目的。因此，应选择最佳陈列方式，通过背景的衬托、色彩的搭配、灯光的照射及使用小型道具等对商品施加有利的影响。许多人都有这样的经验：金银珠宝、首饰类的商品，如有合适的底板相衬，再用射灯加以提示，必会更具珠光宝气，给人以强烈的诱惑。图17-13展示的鞋店，就是因为采用了特殊的壁龛和有效的灯光而提高了商品的品位。

（5）艺术性。要给人以新鲜感，让人们从内心感到喜欢。为此，应该精心设计展示设备，借用辅助性的道具，更要利用灯光照明及繁简适当的装饰。

（6）空间利用的合理性。专卖店面积和高度一般较小，确定商品的陈列方式要充分利用墙面、地面、柱面和顶棚，正确决定通道、售货区、服务区、收银区的位置和相互之间的关系。店铺中央的展具不宜过高，以免过分拥塞，阻隔顾客的视线，影响空间的空透性。通道的宽度不宜过小，主通道不宜小于1200mm，一般通道不要小于900mm，只供售货员通行的通道不要小于600mm。

图17-13 提高商品品位的陈列

三、陈列的方式

从陈列形态看，可分吊挂陈列、置放陈列、贴壁陈列和互动陈列。互动陈列常见于电脑店、音像制品店，人们在选购过程中可以实际操作、试看、试听，从互动中更加深切地了解商品的性能和特点。

专卖店的陈设方式与柜架的布置有关，柜架的布置又在一定程度上决定店面的布局和购物者行动的路线。柜架的布置有以下几种：

1. 顺墙式

即柜架沿墙布置，整个空间呈外实中空的状态。这种方式的优点是陈列面积较大，整体感较强，缺点是容易给人以呆板的印象。顺墙柜架可以是直线的，也可以是折线的(图 17-14a、b)。

2. 排列式

以单个柜架为元素，排列成平行线、折线、曲线或放射线(图 17-14c、d、e、f)，陈列面积大，常用于书店和文具店，缺点是过多、过密时，容易使空间闭塞而缺少空透性。

3. 岛式

指的是柜台围合成封闭的区域，柜台内作为展示区、储物区和服务区，被封闭的区域的周围为通道和购物区，"岛"的形状多种多样，可为方的、多边形的、圆形的或椭圆形的(图 17-14g、h)。这种布局适于商品贵重、体积较小的专卖店，如金银珠宝、摄影器材和化妆品专卖店。

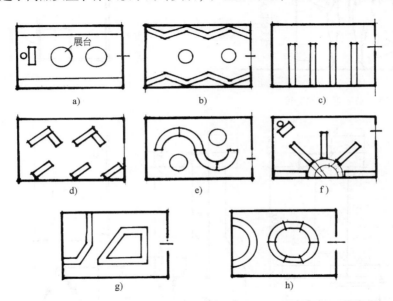

图 17-14　专卖店的柜架布置

四、书店的室内设计

小型书店应设营业厅、办公室、大型客户接待处及专用洗手间。营业厅视经营范围又可分为书籍、文具或音像制品区。书店的收款台应与打包台相互结合，以便服务员能够方便地为顾客整理和打包。

书店销售的商品——书，型号、模式相对统一，布局的关键是分类合理，标志清楚，便于顾客查阅和选购。

书架形成的通道要有足够的宽度(图 17-15)，避免通行者影响选购者。从线路上看，最好能形成连续的通道。

书店具有很强的文化特性，在装修中，应使用海报、标语、名人语录等提升文化氛围，展现一种简洁大方的艺术形式。

图 17-16、图 17-17 分别展示了一个小书店的平面图和主要柜架图。

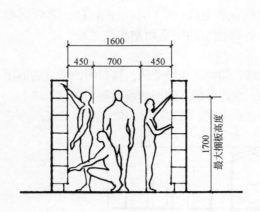

图 17-15 书店通道的宽度

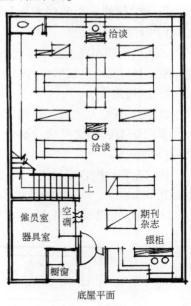

图 17-16 一个小书店的平面图(底层)

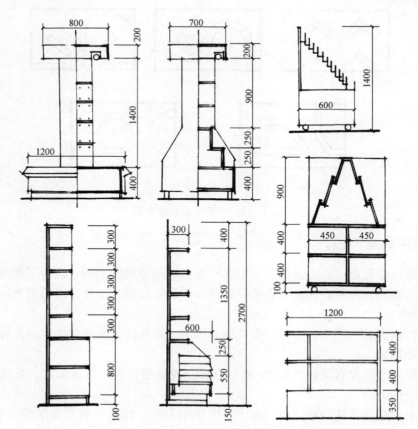

图 17-17 书架、展台的形式与尺寸

五、妇女服饰店的室内设计

妇女服饰店又可细分为成衣店、时装店和内衣店。有些妇女服饰店还配套销售鞋、帽、手袋、首饰、装饰品与附属品。

妇女服饰店除营业区和办公室外，应有足够的试衣间，试衣间的尺寸如图 17-18 所示。有些专卖店还附设加工部。

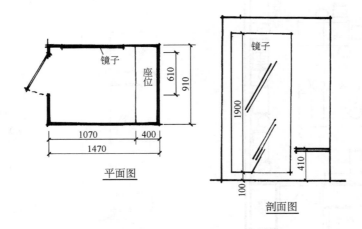

图 17-18 试衣间的尺寸

妇女服饰店在服装店甚至在专卖店中是一种时代性、流行性表现得最为强烈的商店。它反映女装在发展中的多样化和个性化，能从很大的程度上折射出社会的经济水平、观念和风尚。因此，妇女服饰店的室内设计要特别注意服务对象、流行趋势和季节变换，让室内环境具有或者前卫、或者高雅、或者随和、或者华贵的特点。

要充分重视橱窗和模特的作用。采用或站或坐的模特，能够大大增加吸引力，达到刺激消费的目的。

陈列用具要新颖别致，室内色彩特别是地面、墙面的色彩要烘托作为"主角"的服饰。

要特别注意灯光的作用，整个环境要柔和、明媚，橱窗、模特和高档服饰要用射灯等加以提示。

图 17-19 是一个妇女服饰店的平面图，图 17-20 是该店的部分内景和陈列柜，图 17-21 是妇女服饰店常用柜架的形式，图 17-22 是一个服装专卖店的实景图。

六、鞋店的室内设计

鞋店可分为男鞋店、女鞋店和童鞋店，对多数的综合性鞋店来说，则往往按鞋的类别把店面分成几个不同的区域。

鞋店应有一个隐蔽性较好的库房。在营业区，应设试鞋沙发和置地镜。有些鞋店还设有维修处。

鞋店也是一种反映流行趋势较快的商店，因此，其外观、入口、橱窗和内部展示均应具有鲜明的特色和招徕性。

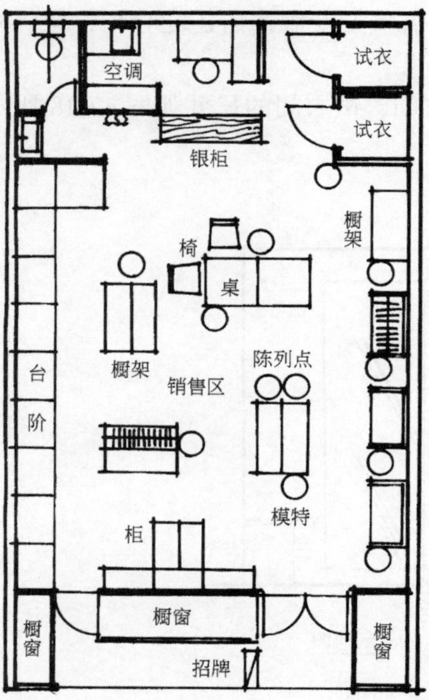

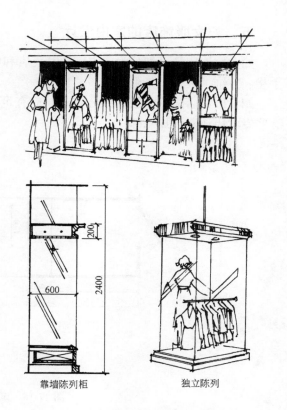

图 17-19 某妇女服饰店的平面图

图 17-20 服饰店的内景和陈列柜

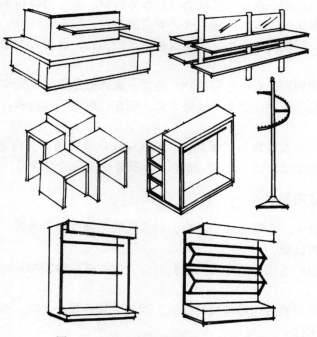

图 17-21 妇女服饰店常用柜架的形式

图 17-22 服装店的实景图

　　鞋店的主要展示设备是鞋架和展台，其形式应简洁新颖，为体现现代感，不妨使用一些金属、玻璃等材料。

　　图 17-23 为一个鞋店的平面图和局部剖面图，图17-24是鞋店两种常见展台的形式，图17-25 为一个皮鞋、皮包店的实景图。

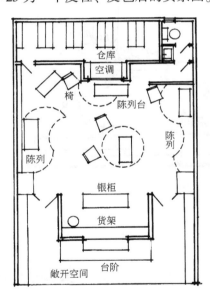

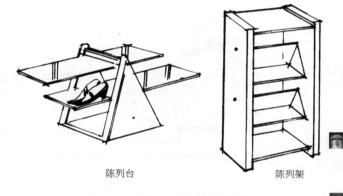

陈列台　　　　　　　　　陈列架

图 17-24　鞋店两种常见的展台

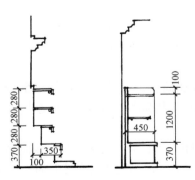

图 17-23　某鞋店的平面图和局部剖面图

图 17-25　鞋、包店实景图

七、花店的室内设计

花店应有营业厅、作业室、办公室、洗手间、仓库和温室，营业厅又包括陈列、洽谈、服务等部分。

鲜花店的室内温度宜在 10℃ 左右，作业室、公共场地的地面、墙面应有较高的耐水性。

店内的接待、洽谈处应有小桌，供送花的人书写名片用。

花店的装修要强调情趣，店面、入口要有招徕性。可以使用一些片石、卵石、竹材等天然材料，使整个环境更具古朴、自然的风韵。

从空间布局看，花店的"前台"和"后台"要有适当的分隔，因为用于加工、整理鲜花的"后台"相对杂乱，如不遮挡，将有碍"前台"的观瞻，引起顾客的反感。

花店的陈设道具和展示方式应该有特色，鲜花、盆景、干花、假花、工具、器皿、肥料、药物等要分类陈列，以鲜花为主体的区域应该高低错落，给人以美感。空间比较大的花店还可以辅以水池、喷泉、壁泉等景物。

图 17-26 为一些具有个性的陈列。

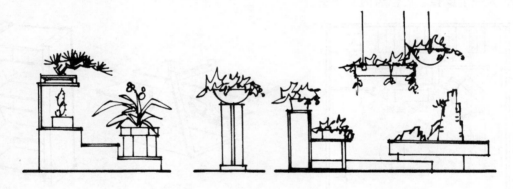

图 17-26　花店陈列方式举例

图 17-27 为一个花店的平面图和部分剖面图。

八、眼镜店的室内设计

眼镜店的内部空间应有营业厅、接待室、检验室、加工修理室、仓库、办公室和洗手间。营业厅内应有陈列区、收银区及休息区。

光顾眼镜店的顾客大致有两类：一类是购买成品，如太阳镜等；另一类是配镜，其活动过程是验眼、确定镜片、选择镜框、镜片加工调整到试戴。后者在店内活动时间较长，故应配备舒适的休息位，甚至配备杂志报纸和饮水等。

太阳镜、光学仪器等有招徕客人的作用，应该布置在商店的前部。镜片加工部分因有切割、研磨等工序，可能因噪声和碎屑而污染环境，故应用隔墙、玻璃隔断等与大厅相隔离。

眼镜店的装修要给人以安全感和信任感，要简洁、明亮、干净、利落，具有视觉效果良好的照明。眼镜店多用金属、玻璃等制作展示道具，事实上，适当使用配备木质底板和边框的展柜也能收到别具一格的效果。

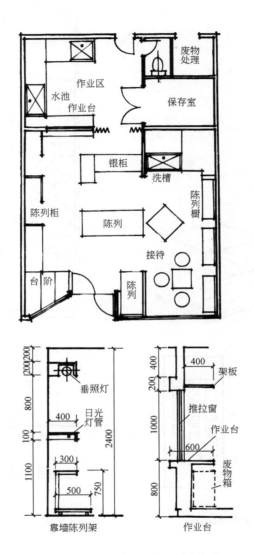

图 17-27　某花店的平面图和剖面图

　　眼镜店内"台上镜"是不可缺少的，精美考究的"台上镜"不仅是顾客观察佩戴效果的工具，也是店内的装饰。

　　图 17-28 展示了眼镜店内常见的设备。

　　图 17-29 是一个眼镜店的平面图与部分剖面图和立面图。

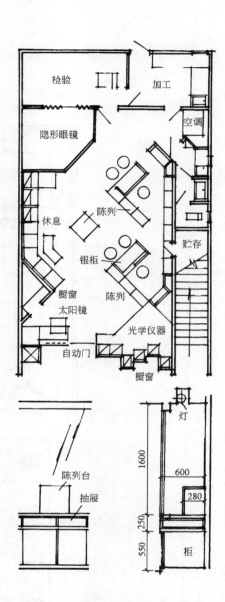

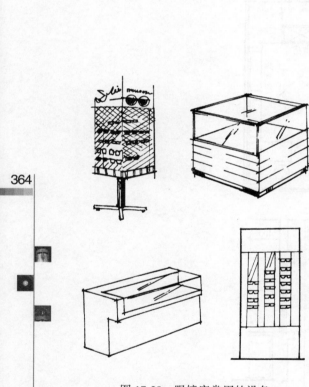

364

图 17-28　眼镜店常用的设备　　　　　图 17-29　某眼镜店的平面图及相关图

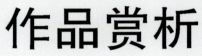

作品赏析

室内设计名作颇多，它们纵贯古今，横跨中外，择之评介，自非易事。笔者的希望是：所选作品既有一定的广泛性，又有一定的代表性，未必都是"优中之优"，但都能带给读者有益的启示。

浏览这些作品，关键是要了解和理解设计者的设计理念和基本思路，而不要把过多的精力放在具体的"式样"和做法上。

所选作品基本上按先中后外、先古后今的原则排序，同类建筑相对集中。

一、北京故宫太和殿(北京)

始建于明永乐十八年(公元1420年)，是紫禁城外朝第一大殿，也是全国现存第一大殿。面阔十一间，殿内面积2370多平方米，前有宽阔月台，下临广大殿庭。内部装修金碧辉煌，豪华壮观，轴线明显，陈设众多，突出体现了帝王的权势与地位。殿内有四根龙柱，龙柱中央为复杂的藻井，下层设四方井，中层为八角井，上层为圆井。

图001　太和殿内景

二、北京故宫养心殿东暖阁(北京)

养心殿是皇帝与大臣议事的地方，也是慈禧垂帘听政的地方。东暖阁的后间，是皇帝、慈禧休息之处。

图002　养心殿东暖阁内景

三、北京故宫漱芳斋(北京)

漱芳斋在内廷的西路。装修考究，采用了灯笼框隔扇和槛窗，木雕缠枝莲花的花罩，家具都是由紫檀木和红木制成的。

图003　漱芳斋内景

四、北京天坛祈年殿(北京)

是皇帝每年正月上辛日举行祈谷礼的地方，殿的平面为圆形，直径为24.5m。圆内有十二根柱，柱中间安装隔扇、槛窗和蓝色琉璃砖槛墙。殿的中心有四根高为19.2m的柱子，柱间架着弧形阑额，

图004　祈年殿内景

阑额通过其上的瓜柱，承托着天花藻井和上檐顶。据说，此坛的圆形平面象征天，四根龙井柱象征四季，十二根金柱和檐柱分别象征十二个月和十二个时辰。祈年殿体形雄伟，结构精巧，有明显的升腾向上的动势，充分表现了人与天相接的意境。

五、苏州拙政园鸳鸯厅（苏州）

拙政园是苏州四大名园之一，明德正八年（公元 1513 年）前后建造，现园大体为清末的规模。鸳鸯厅位于西区的南侧，平面呈方形，并有四个耳房。厅以隔扇和挂落划分为南北两部分，南部称"十八曼陀罗花馆"，北部称"三十六鸳鸯馆"。身处鸳鸯厅，夏日可看北区的荷藻、水禽，冬季可赏南院的假山与茶花。本例中的景观为"十八曼陀罗花馆"的内景，中心有一套精美的清式家具。

图 005　拙政园鸳鸯厅内景

六、苏州留园五峰仙馆（苏州）

留园也是苏州四大名园之一，原为嘉靖时太仆寺乡徐时泰的东园，清光绪初年改名为留园。五峰仙馆为楠木结构，内部装修陈设华丽，是苏州现存的最大厅堂。厅之南北，各有一院，南院有山峰五座，厅因此而得名。

七、苏州狮子林燕誉堂（苏州）

狮子林也是苏州四大名园之一，元末至正年间（公元 1341～1367 年）由天如禅师修建，初名狮林寺，后因北园有大量怪石，形似狮子，而改称狮子林。清末为贝氏祠堂的花园。燕誉堂是园内主厅，采用了留园鸳鸯厅的形式，是园主的宴客之地。前

图 006　留园五峰仙馆内景

图 007　狮子林燕誉堂内景

院施"花街铺地",南端设湖石花台,环境幽雅宁静。本例附图显示了南部的屏板,上刻"贝氏重修狮子林记"。

八、苏州狮子林花篮厅(苏州)

花篮厅木雕花篮,木雕工艺精美。

船篷轩显示了顶部结构的魅力,体现了结构技术和装修艺术的统一。

图 008　狮子林花篮厅之木雕"花篮"

图 009　狮子林花篮厅之船蓬轩

九、北京牛街清真寺(北京)

相传为辽统和十四年(公元 996 年)创建,明正统七年(公元 1442 年)重建,清康熙三十五年(公元

图 010　牛街清真寺内景

1696 年)进行了大规模的修建。寺内现存主要建筑均为明清建筑,是一个典型的采用汉族传统建筑形式的清真寺。殿内梁枋均施彩画,木柱上满绘红地沥粉贴金的转莲枝。梁柱间装有尖拱门,具有浓厚的伊斯兰教建筑风格。西墙做牌楼式神龛,神龛上满布精致华丽的阿拉伯文字雕饰。

十、青海塔尔寺大经堂(青海皇中县)

相传这里是喇嘛教格鲁派(黄教)创始人宗喀巴的出生地,该寺是黄教六大寺之一,也是六大寺中运用汉、回建筑手法最多的寺院。大经堂为经学院主殿,前有圈廊和庭院,内部梁架和装修均为藏族传统形式。大殿内共有 110 根大木柱。各色整幅藏毯、柱间的垂幡和地面的佛垫等在烘托宗教气氛中起了巨大的作用。

图 011　塔尔寺大经堂内景

十一、Sancaklar 清真寺(土耳其伊斯坦希尔)

设计单位：Emre Aro lat 建筑事务所

该清真寺是世界上第一个设于地下的清真寺,上部庭园已成公园。内环境简洁、古朴,是一个如同洞穴般的空间。整体氛围带有一定的戏剧性,但又特别适于祈祷和静思。

资料来源:《室内设计师》,48 期

图 012　内景之一

368

十二、毛主席纪念堂(北京)1977年建成

设计单位：中央工艺美术学院、北京市建筑设计院等

主要设计人：吴观张等

建筑设计与装修设计吸取和借鉴了中国传统建筑与装修的经验与做法。总体氛围庄严肃穆，布局强调对称，中轴十分明显，空间安排严整，形成完整序列。装饰要素引入雕刻、书法、绘画等多种艺术门类，装饰手法多具象征性和隐喻性。

图013　内景之二

图014　毛主席纪念堂北大厅

十三、人民大会堂(北京)1958~1959年

设计者：赵冬日等

人民大会堂是中华人民共和国建国十周年时建成的十大建筑之一，由万人大礼堂、5000人宴会厅和人大常委会办公楼三大部分组成。大礼堂高33m，宽76m，深60m，有三层坐席，主席台宽32m，高18m。大礼堂空间阔大，气势恢宏。顶棚以五星形大灯为中心，周围配以向日葵图案和满天星式镶嵌灯，寓意全国各族人民紧密团结在中国共产党的领导之下。大厅的墙面与顶棚色彩一致，交接自然，具有水天一色的意境。

宴会厅由过厅、交谊厅、宴会厅组成，交谊厅南端有一宽大楼梯，宽8m，共62级踏步，踏步、栏杆均以汉白玉贴面。宴会厅长102m，宽76m，廊柱贴金，顶饰彩画，富有强烈的民族色彩和中国传统文化的神韵。

图015　人民大会堂大礼堂的主席台与座席

图 016 人民大会堂宴会厅的大楼梯

十四、人民大会堂山东厅（北京）**2004 年**
室内设计：山东省室内设计集团总公司设计中心

设计以"创新、科学、时代感"为主线，用多种建筑语言将齐鲁文化融于整个环境中。迎门屏风背面是一幅代表山东海洋特色的绒绣《春潮图》，汹涌的波涛和远处的蓬莱仙阁象征着山东美好的前景。与《春潮图》相对的正面背景墙上有一幅大型铜浮雕贴金箔的壁画《泰山览胜》，休息厅内有多幅工笔牡丹图和咏泰山诗句的书法。

图 017 山东厅大厅内景

十五、中国银行总行大厦（北京）**2002 年**
设计者：贝聿铭建筑师事务所

大堂名为四季厅，面积 3200m²，是整个大厦的核心与灵魂。厅中有水池、假山和花池，用意大利米黄色凝灰石、黑麻花岗石及咖纹大理石铺装地面，墙面几乎全用与外墙一致的米黄凝灰石。厅中有诸多固定家具如保安台、咨询台和填单台等，其材料多为凝灰石、木材和玻璃。设计师强调空间感觉，组织了一个富有节奏的序列。人们置身大堂，能够充分感受空间的丰富与独特。在如何体现民族性与地域性方面，设计师没有简单地采用什么所谓的符号，而是采用了中式庭院的方式。大厦的大堂采用了玻璃顶，宏伟、阔大，却又开敞和通透，既是一个人流集散地，又是一个可以供人休闲的场所。

图 018 大厦中庭园林

图 019 大厦中庭石景

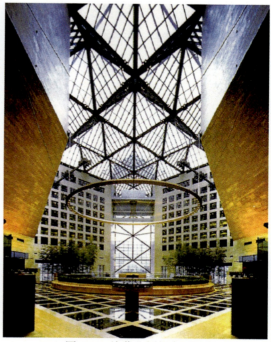

图 020 从营业厅望主入口

十六、东亚银行总行大厦（中国香港）

设计者：Arch Corp Design Partners

是中国香港主要银行之一，设计者希望其设计能在档次品位、美学价值等方面达到一个高标准。基本理念是"客户化"。基本手法是：用石材、不锈钢等材料体现自信，展示银行的形象；用深浅不同的白、灰、黑色营造一种温馨的气氛，并用良好的照明加以强调；利用45°角的构图，突出空间的形象；用不同的造型和图案区分不同的区域；引入福、禄、寿、财等题材；保留珍贵的油画和柱式。

图 021　大厦门厅

十七、陶磊建筑工作室（北京）2013 年

使用玻璃隔断、水泥地面、实木书架和实木工作台，很少使用油漆饰面的家具。空间开敞、疏朗，通透的木书架是唯一的分隔物。工作时有咖啡和音乐相伴，环境氛围既有利于认真思考，又有利于放松心情。如此环境将有利于激发员工的创造性。

资料来源：《室内设计师》，46 期

图 023　作为隔断的书架

十八、春兰展览馆（苏州）2000 年

室内设计：苏州金螳螂建筑装饰有限公司　王琼

春兰企业是我国大型多元化企业集团之一，设计者将展示、教育、陈设、资料等多种功能融为一体，综合运用实物、图表、文字、色彩、灯光、音响、影像等手段，并引入了大量绿化，使现代化的人工环境与自然景物相结合，充分体现了展馆的多元性、综合性与开放性。

图 022　办公室内景

图 024　电子展馆

图 025　国际展馆

十九、中国江南水乡文化博物馆(杭州)**2004 年**

室内设计：浙江省装饰有限公司

根据建筑的功能要求，设计者认真考虑了室内空间的分割与整合，用场景、展箱、展柜、分层展板等组成了一个具有节奏感且自然、流畅、高效、灵活的空间体系，把展示空间、人流空间、休闲空间有机地结合为一体。

图 026　"十里红妆"展区

二十、中国丝绸博物馆(杭州)**2003 年**

室内设计：苏州金螳螂装饰有限公司　王琼等

属改造工程。突出中国丝蚕文化的"丝—织—造"，采用简洁、明快的手法，强调建筑寓意与蚕桑文化的结合。大厅四壁以桑叶图片为背景，以玻璃材料做展牌，既有传统特征，又不失现代感。

图 027　大厅内景

二十一、日本秋叶区文化中心 2013 年

设计者：日本新居千秋事务所

该中心的主要空间是一个有 496 座的小剧场。建筑的主体结构使用穿孔清水混凝土，通过结构形式和材料取得良好的声学效果。内部环境简洁、大方、适用，符合社区级文化机构应该具备的风格和特色。

资料来源：《室内设计师》，49 期。

图 028　剧场内景

图 029　排练厅内景

二十二、上海东方艺术中心(上海)**2005 年**

设计者：法国 ADPI、华东建筑设计研究院有限公司、上海现代建筑装饰环境设计研究院有限公司

位于上海浦东，是一项规模宏大的城市文化设施，含一个交响音乐大厅、一个中剧场、一个小型演奏厅、四个排练厅和一些可用于交流培训的功能区。

这是一个充满生机、富于生长和变化、具有雕塑感的建筑。每个观众厅都被褶痕深深的实墙围护着，就像树皮保护树干一般。每道墙各有不同的颜色，这样，便大大增强了空间的可识别性。中剧场的墙面是用红色陶砖装修的，小型演奏厅的陶砖则为灰褐色。大厅的陶砖由下往上地由深变浅，表情浪漫，出人意料。

图 030 大厅

图 031 中剧场

二十三、嘉兴大剧院(浙江嘉兴)**2003 年**
室内设计：杭州典尚建筑装饰设计有限公司陈耀光等

　　着重表现空间而不是装饰本身，充分体现了环境的大众性、流动性、地方性和文化性。不刻意使用所谓的"符号"，而是采用直白直观的手法。重视现代科技的运用，在柱子的表面使用了高分子人造石做成的筒体，并在其上镂出了透光的缝隙，柱子透出有趣的光影，可以让人联想到音符、乐谱和旋律。17m 高的星光厅采用了放射形的点光源，显现出星光灿烂的效果。

373

图 032 门厅的柱子

图 033 星光厅内景

二十四、广州歌剧院(广州)

设计者：扎哈·哈迪德

外形宛如两颗圆润的灵石，与地段、草地、水池结合紧密。可以演出歌剧和举办音乐会。内部各空间自由圆滑，富有流动感。大厅、走廊等大量使用清水混凝土，质感朴实、亲切。

图 034　剧院大厅的一角

二十五、北京凤凰传媒中心(北京)

位于北京朝阳区，总建筑面积 6.5 万 m²。有电视节目制作、办公、商务等多种功能。设计的最大特点是演播部分与办公部分融为一体，形成一个完整的空间。内部空间圆润，中部通高，有连续的观景平台及廊桥。整个建筑与朝阳公园相结合。

图 035　传媒中心内景

二十六、上海图书馆新馆(上海)1995 年

设计者：张皆正等

室内设计的定位是："当代的、上海的、文化的"，主题是"中国与世界文明史"。总体格调高雅、简洁、明快，在统一的基调中体现了功能性质，反映了文化的多样性。

全馆共有三个中庭式高大空间，即主入口大厅、中庭式目录厅和西门厅，它们总体上统一，但形态各异，均以暖色为基调，以石材作墙面和地面，以优质微孔板及矿棉板等作顶棚，但同时又以不同手法强调了中外文化交流的意境。主入口大厅用通高玻璃幕墙引入阳光和外景，东墙面镂刻着东方文字和我国少数民族的 12 种文字，西墙面镂刻着西方文字和世界语，内容均为"知识就是力量"。目录厅四层通高，上用拱形天窗，下有电脑终端和座椅。南侧有两片 2.2m 宽、4 层楼高的浮雕墙，内容为"上下五千年，世界文明史"。墙的旁边有轻盈的悬挑梯，各层走廊处理简洁，朝中庭的一面，配着垂吊的植物。

馆内有两个室外庭园，一为中式，一为西式。

图 036　上海图书馆新馆中庭目录厅

二十七、北京外研社大厦(北京)**2002 年**
设计者：崔恺等

建筑空间丰富，建筑个性突出，室内设计的一个重要的出发点就是尊重并理解建筑空间，延续建筑的个性，实现内外的完整性和统一性。

在设计手法上，着重用材料(如红砖、石材、木材等)、色彩及灯光渲染气氛；用东西方不同的建筑装饰符号和东西方文字进行配合与对比，隐喻外研社东西方文化交流的个性，并进一步增加空间的表现力。

图 037　外研社大厅

二十八、中国浦东干部学院(上海)**2004 年**
方案设计：法国 BECHU 建筑事务所
参与设计：王传顺等

浦东干部学院是我国近年来新建的三个干部培训基地之一，位于一圈环状水系围绕的公园里，有一个平和宁静的环境。整个学院包括 15 座大楼，共计 20 多个单体，公共区域集中设在一个红色金属屋盖之下，该部分是整个学院的标志。

内部空间与外部空间相沟通，室内设计的理念是建筑设计理念的延续。设计者强调空间营造，运用材料、色彩、灯光，拉近了内外空间的距离。

图 038　图书馆走廊

二十九、香港城市大学传媒学院大楼

建筑面积 2.45 万 m²，共计九层。空间结构的基本构成是在主要体量上，插入一个倾斜的带有楼梯间的主入口，形成了一个十分复杂的综合体。各层平面不一，窗和洞口多为长条形，一些窗的位置与内部空间没有对应关系。内部空间复杂，富有戏剧性。

图 039　大楼的内部空间

375

三十、广州博士俱乐部(广州)2002 年

设计者：广州华地组环境艺术设计有限公司
曾秋荣等

该俱乐部为广州市知识精英聚会、交流的场所，设计者从功能要求出发，对中国传统文化精神进行探索，强调空间的简约，注意空间的景观化。

三十二、北京香山饭店(北京)1982 年建成

设计者：贝聿铭

设计者努力从中国传统民居和园林建筑中吸取营养，提取相关语言和符号，使宾馆成了既有现代功能又有传统特色的佳作。宾馆空间灵活有序，以具有中国特色的中庭为中心，将客房、会议室、餐厅等合理地组织在一起。在装修中，设计者注重选择材料和色彩，很容易引起人们关于"粉墙黛瓦"的联想。宾馆的窗洞多为菱形，与海棠形、圆形景门、景窗相配合，识别性强。栏杆、园灯、壁灯等细部处理考究。四季厅上为玻璃顶，下有水池、翠竹、叠石，格调自然，富有情趣。整个环境清新、典雅，饱含着浓郁的文化内涵。

图 040　酒吧休息区

三十一、北京饭店西楼(北京)1954 年

设计者：戴念慈、奚小彭等

室内设计金碧辉煌，色彩绚丽，具有浓厚的中国传统风格，柱、梁装修很像北京故宫的太和殿。该饭店是我国建国初期国家级的社交场所，其室内设计代表了当时的最高设计水平。

图 041　西楼门厅

图 042　香山饭店四季厅

三十三、钓鱼台国宾馆芳菲苑(北京)2003 年改建

设计者：菲利浦·黑兹

钓鱼台国宾馆是我国专门用于接待外国元首和其他要政的场所。钓鱼台本是昔日帝王游憩的行宫，至今已有八百多年的历史。1959 年起，沿湖建造了15 所宾馆楼，钓鱼台成了一个规模宏伟的园林建筑群。

芳菲苑是钓鱼台国宾馆中最大的宴客场所，主要空间有门厅、中庭、四季酒廊、会客厅、接见厅、多功能厅、中西餐厅、宴会厅和豪华客房等。改建后的芳菲苑空间连贯、流畅，气氛优雅、闲适，抓住了中国传统文化的精髓，实现了现代与传统的结合。

芳菲苑的共享空间高大。走廊处理富有变化，玻璃橱内陈设着精美的艺术品。休息厅的顶部和外墙大量使用玻璃，空间开敞宽阔，侧墙上的"泼墨"云石成了厅中的神来之笔。宴会厅可容千人用餐，具有唐代风韵。

图 043　芳菲苑共享空间

377

图 044　芳菲苑休息厅侧墙的"泼墨"

图 045　芳菲苑走廊

三十四、中国大酒店（北京）
室内设计：Warren Foster Brown

属改造工程，于 2004 年完成。改造后的大堂设璀璨的水晶吊灯，以金叶装饰天花，巨型廊柱以深红漆饰面，地面为大理石拼花，气氛豪华，其传统图案、花纹和造型又让人深刻地体会到中国的历史与文化。大堂的休息会谈区采用了一个长方形的天窗，以简化了的中国传统花窗的格子为框架，中嵌乳白色印花玻璃，是大堂中另一个具有"中心"意义的空间。在整个大堂设计中，设计师致力于将现代空间、古典序列和传统装饰结合在一起，使大堂成了一个流畅、具有节奏、富有民族特色的空间。

图 046　中国大酒店入口大堂

图 047　中国大酒店休息会谈区

三十五、上海和平汇中饭店（上海）

属改建、整修项目，整体环境展现了原建筑的风格和特征，用料考究，做工精细，有一种高尚典雅的气质。

图 048　和平汇中饭店客房层走廊

图 049　和平汇中饭店细部之一、二

图 050　和平汇中饭店细部之三、四

三十六、广州白天鹅宾馆(广州)**1983 年建成**
设计者：莫伯治等

主要空间是一个顶部采光的中庭，庭内主景为假山，假山之上设金瓦亭，瀑布由亭脚飞流直下，山体一侧刻有"故乡水"三个大字。该景含意深远，引人遐想，非常切合宾馆的功能和性质。中庭周围环置各种厅室，与中庭相互渗透。中庭的假山、水池、曲桥、游鱼、山石、绿化、挑台等构成了一幅十分生动的立体画卷。中庭的沿江一面，是大型玻璃幕墙，珠江景色可以尽收庭内。中庭周围的通道和厅室，使用了隔扇、漏窗、罩和"美人靠"等具有中国传统特色的要素，既让人熟悉又有新意。

图 051　白天鹅宾馆中庭

三十七、长隆酒店(广州)
设计者：广州集美组室内设计工程公司林学明等

位于长隆野生动物园附近，是一个拥有 300 多个客房的中型旅游度假酒店。在室内设计中，大量使用与动物相关的题材，并采用了诸多天然材料，如石板地面、卵石填缝、木制构件和装饰等，致使环境具有强烈的自然气息和森林氛围。

图 052　酒店大堂

图 053　酒店大堂吧

图 054　酒店多功能厅

图 055　酒店"迪斯科"舞厅

三十八、博鳌金海岸温泉大酒店（海南琼海）2000 年

设计单位：海南金海岸装饰工程有限公司

　　位于万泉河入海口，自然风景得天独厚。酒店内设大堂、中餐厅、西餐厅、酒吧、宴会厅、娱乐中心、球场、游泳池、温泉池、网球场和多种类别的客房。大堂空间丰富、内外沟通，用料考究，做工精细，并有大量绿植与水景。宴会厅面积达 $400m^2$，采用井式吊灯和大型石云灯，井格的四周用羊皮灯罩构成反光带。走廊的墙、地以澳洲砂岩为主材，天花以深色壁纸装饰。客房华丽舒适，许多家具都采用了不同寻常的款式。

图 056　内厅式大堂吧

图 057　宴会厅（博鳌厅）

图 058　连廊一侧休息厅

图 059　套房一角

三十九、大连宾馆(大连)1997 年

设计者：何山、陈璞

山东烟台文成装饰公司

原建筑是 20 世纪初期由日本人兴建的欧式风格的饭店，以后的改造使其失去了本来的面目，此次改造强调了欧式风格和功能的合理性，显现了一种完整、明快、严谨的个性。

图 060　大连宾馆大堂

四十、天津万丽达酒店(天津)2004 年

室内设计：LTW

体现豪华、舒适、时尚、新颖的特点，强调对人的关怀，装饰风格融合了东方与西方的特色。

图 061　万丽达宾馆大堂

四十一、新疆君邦天山大酒店(新疆乌鲁木齐)2004 年

室内设计：新疆乌鲁木齐宝德义空间设计有限公司

设计师对新疆的历史及本土文化进行了发掘，以丝绸之路为纽带，以体现民族特色为主旨，从泛阿拉伯建筑中汲取设计元素，创造了异域的、神秘的、浪漫的宫殿印象和有趣的空间效果，使客人能够深切地感受到新疆和西亚的文化氛围。

酒店大堂是设计的重点，马赛克铺成的地面、独特的顶部造型、华丽的亭台等构成了步移景换的场景。弧形大楼梯把人们直接引向了寓意阿里巴巴"芝麻开门"的"财富之门"。

图 062　君邦天山酒店大堂

四十二、北京香格里拉日本餐厅(北京)

室内设计：林伟而

主题是"自然的花园"。大量使用木、竹、沙、石、假山、流水、干树和鹅卵石。环境的最大特点是把建筑设计成艺术品，把艺术品融于建筑中。其中的"隔墙"用夹板做成，上边有手工成型的球体洞口，有强烈的感染力。

图 063　餐厅内景之一

资料来源：《第五届现代装饰国际传媒获奖作品选集》，《现代装饰》杂志社编，大连理工大学出版社。

图 064 餐厅内景之二

图 065 餐厅内景之三

四十三、北极光北欧餐厅冰吧（上海）
室内设计：陈德坚

打造具有北极韵味的室内环境，整体风格原始、自然、古朴，具有立体感。暖吧部分以皮毛铺地，色彩基调偏红，有围炉而坐的气氛。冰吧部分以原木纵横交错搭建"木屋"，以墙上的"雪地森林"为背景。

资料来源：同上。

图 066 原木搭建的"小屋"

图 067 背景"雪地森林"

四十四、"紫茶园"养生茶道场
室内设计：王严钧

一层用水池、石桥、亭榭等打造园林景观。二、三层为品茶场所，采用开敞和半开敞空间，打造了中式茶房和日式包厢。前者以青花瓷饰面，顶棚的结构、灯具以及沙发靠垫等均有中国传统文化的韵味。

资料来源：《现代室内设计》，大连理工大学出版社。

图 068 中式茶房景观

图 069 日式包厢景观

四十五、求是大厦售楼处(深圳)**2003 年**
室内设计：深圳厚夫室内设计公司 陈厚夫等
在满足商业要求的同时，强调个性的表达，塑造了一个充满情感关怀的环境。

图 070 售楼处内景之一

四十六、哈尔滨光谱 SPAR 美容美体中心(哈尔滨)**2004 年**
设计者：哈尔滨唯美源设计公司 王兆明等
以"荷花"为主题，以马赛克等为主材，营造了一个如"荷塘"般宁静的环境。

四十七、登琪尔 Spa 店上海第二店(上海)
这是一家女士美容店。设计理念超凡脱俗，有利于女性净化身心，舒缓精神上的压力。设计中融入了多种东方元素，手法纯粹、洗练，空间环境既有神秘、艳丽的氛围，又有东西文化共融的特色。店的一楼为接待区和一组美容室，二楼有两组美容室，以一个恰似光的隧道的走廊相连接。室内门洞极富特色，来源于欧洲的拱券。接待区空间完整，壁炉造型简洁、细腻。

图 071 中心内景之一

图 072 接待区

383

图 073 从休息区看楼梯

四十八、浦东世纪花园样板房（上海）

设计者：梁志天

　　该样板房定位为"现代中国风"，意图是把中国传统的中式设计与西方的现代理念有机地结合在一起，有效地把古典内涵与时尚魅力同时激发出来。

　　客厅用多种材料交织出纵横的线条，正面用大片镜面玻璃以扩大空间感。

　　餐厅配置梁志天自己设计的家具。

图 074　世纪花园样板房客厅

图 075　世纪花园样板房餐厅

四十九、南京金鼎湾样板房(南京)
设计者：南京市室内装饰设计研究院
　　设计的精彩部分是客厅、过道与次卫生间前室形成的公共区，次卫生间前室的玻璃隔断是一个良好的端景，玻璃仓内的工艺插花具有"画龙点睛"的作用。

图 076　金鼎湾样板房客厅过厅全景　　　　　　　　图 077　金鼎湾样板房次卫生间前室

五十、鱼半别馆附加住宅(日本)佐贺县　**2000 年**
室内设计：FIELD FOUR 设计室
这是一家具有很浓的怀旧气氛的小旅馆，原建筑曾是一位英国富商的疗养场所。

图 078　住宅内景之一

图 079　住宅内景之二

五十一、12 号公寓
室内设计：牧桓建筑

　　以软质木材为主要装修材料，大力保留木材本色，环境典型柔和。客厅淡雅，高贵而不失生活气息。餐厅简洁，电器和餐具全部隐藏于橱柜中。书房以书架作隔墙，很有整体感。

　　资料来源：《现代室内设计》，大连理工大学出版社。

图 080　客厅内景

图 081　餐厅内景

图 082　书房内景

五十二、毕尔巴鄂大酒店(西班牙)
室内设计：贾维尔·迈里斯卡尔

毕尔巴鄂大酒店是西班牙毕尔巴鄂古根海姆博物馆的配套建筑，博物馆由弗兰克·盖里设计，酒店的室内设计师是贾维尔·迈里斯卡尔。设计师以现代感为设计主旨，极力营造现代的图景，公共部分及客房就如一个现代设计艺术的展示场，展示着诸多现代设计大师的作品。它打破了国界，使德国、意大利、西班牙等国家具有的多种风格折中地混合在一起。

大堂的视觉中心是一个高 26m 的、由金属网包裹着 90t 碎石的"碎石树"。接待区休息处画着迈里斯卡尔的作品，鸡尾酒廊有多位现代设计师设计的沙发和桌椅。

五十三、Soonehun Hyanq 大学 Buoheon 医院
(韩国)
室内设计：Joonq Anq 设计有限公司

近年来，中小型医院正沿着以下方向发展：家庭式的舒适病房，安静而温馨的空间，没有机械印象的手术室，让人情绪安定的氛围，由艺术品和自然要素组成的环境。本医院的室内设计充分体现了诸如此类的人性化的原则，舒适的接待室，现代化的引导系统，光线充足，气氛温和，给人以良好的印象。

图 084　医院候诊大厅

图 083　大堂接待处及"碎石树"

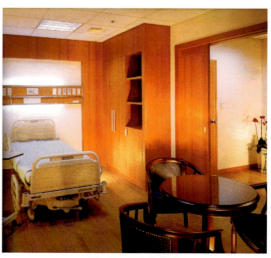

图 085　医院病房

五十四、莫斯科地铁(俄罗斯)**1935 年开通**

莫斯科地铁总长 300 多公里,有 150 多个地铁站,是世界上规模最大的地铁系统,1935 年 5 月正式开通。地铁站中的精彩站点,大都建于斯大林时代,基本出发点是歌颂时代的伟大和光荣,纪念表彰党的领袖和革命英雄。总体设计包含着社会主义的革命内容,古典主义的形式和民族装饰的细节,可以说是豪华的地下宫殿、世界级的艺术珍品。

基辅站于 1953 年竣工,有一排排的拱门,米黄色的墙基和大理石地面。镏金的古典主义雕刻充满门套和墩壁,浮雕画框内为一幅幅反映革命题材的壁画,顶部吊灯如升腾的皇冠,气氛豪华而神圣。

共青团站于 1952 年竣工,主厅由两排罗马式柱廊限定,造型浑厚,细部精巧,红色花岗石地面暗喻共青团的红色之路。古典锻铜吊灯,把站台照得灯火通明。

图 086　基辅站　　　　　　　　　　　　　　图 087　共青团站

五十五、深圳机场新航站楼

设计单位:美国派森斯联合华森建筑与工程设计顾问公司等

建筑面积 6 万多平方米,外形似"飞鱼"。采取参数化设计,空间呈自由曲面体。顶部有 38000 多个天窗,符合当地的气候和日照条件。环境整体气势宏大,充满梦幻色彩。设计施工精准,有些柱被设计成空调柱,有些柱隐藏了音箱,出风口被设计成"莲藕"形。

图 088　航站楼内景

红　　　橙　　　黄　　　　绿　　　　青　　　紫

彩图11-1　标准光带

彩图11-2　光色的原色与混合

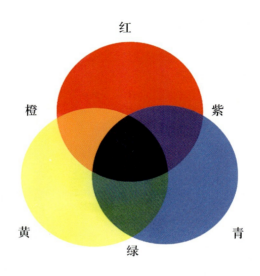

彩图11-3　物色的原色与混合

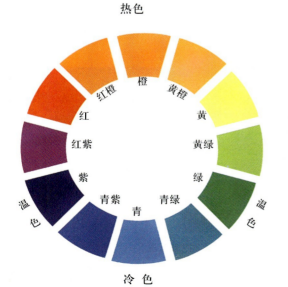

彩图11-4　十二色环

彩图11-5　纯度差的对比

参 考 文 献

[1] 楼庆西. 中国传统建筑装修[M]. 北京：中国建筑工业出版社，1999.

[2] 中国美术全集编委会. 中国美术全集建筑艺术篇[M]. 北京：中国建筑工业出版社，1988.

[3] 薛健. 装饰装修设计全书[M]. 北京：中国建筑工业出版社，1998.

[4] 叶斌. 室内设计图典[M]. 福州：福建科学技术出版社，1999.

[5] 郝维刚，赫维强. 建筑室内设计——创建宜人的室内环境[M]. 天津：天津大学出版社，2000.

[6] 菲莉斯·贝内特·奥茨. 西方家具演变史——风格与样式[M]. 江坚，译. 北京：中国建筑工业出版社，1999.

[7] 冯美宇. 建筑装饰装修与构造[M]. 北京：机械工业出版社，2004.

[8] 香港室内设计协会. 2000亚太地区室内设计获奖作品[M]. 北京：中国林业出版社，2000.

[9] 霍光，侯纪红. 室内装修构造[M]. 海口：海南出版社，1993.

[10] 刘育东. 建筑的涵意[M]. 天津：天津大学出版社，1996.

[11] 张万成. 装饰装修设计施工实例图集 [M]. 北京：中国建筑工业出版社，2002.

[12] 彭亮，等. 建筑装饰设计实务与案例[M]. 南昌：江西科学技术出版社，2003.

[13] 朱钟炎，等. 室内环境设计原理[M]. 上海：同济大学出版社，2003.

[14] 中国建筑装饰协会信息部，中国建筑装饰协会信息咨询委员会. 家庭装饰装修行业技术标准规范汇编[S]. 北京：中国建筑工业出版社，2004.

[15] 建筑设计资料集编委会. 建筑设计资料集5[M]. 2版. 北京：中国建筑工业出版社，1994.

[16] 陈红卫. 手绘效果图典藏[M]. 香港：中国经济文化出版社，2003.

[17] 霍维国，霍光. 室内设计原理[M]. 海口：海南出版社，1996.

[18] 王杰. 美学[M]. 2版. 北京：高等教育出版社，2008.